개·고양이 필수 건강 백과

우리 아이가 아파요!

개·고양이 필수 건강 백과

우리 아이가 아파요!

황철용 지음

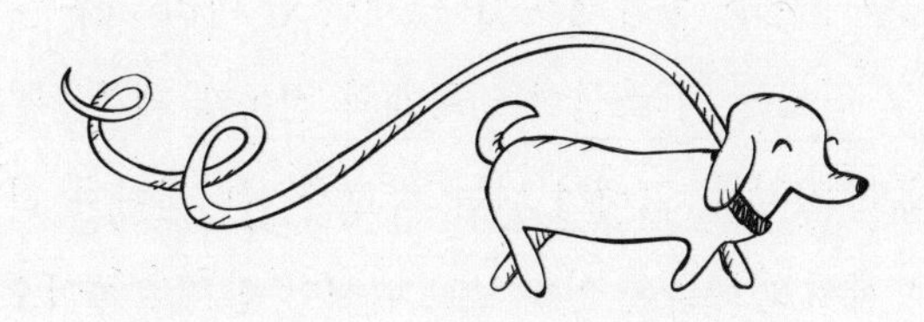

책공장더불어

개, 고양이 수의사입니다

초등학교 3학년이 된 첫날, 키와 몸집이 또래에 비해 조금 큰 친구를 만나 금세 친한 짝꿍이 되었다. 아이답지 않게 차분하고 온화한 그 친구는 나처럼 동물을 무척 좋아했다. 개만 한 마리 키우는 우리 집과는 달리 친구 집에는 막 출산한 진돗개와 진돗개 새끼들뿐만 아니라 금붕어와 새도 있었다. 그래서 나는 학교가 끝나자마자 친구를 따라 친구 집으로 가서 동물들을 실컷 보고 나서야 집으로 돌아오곤 했다.

그러던 어느 여름날, 친구가 자기 집에 염소가 새로 왔으니 꼭 보러 오라고 했다. 그래서 학교가 파하자마자 학교 앞 구멍가게에서 아이스크림을 하나씩 사서 입에 물고는 친구 집으로 향했다. 내가 자란 고향은 도농복합 도시이긴 했지만 도심지 한복판에 살고 있어서 염소를 직접 볼 기회가 없었다. 게다가 새끼 염소라고 하니 보고 싶은 마음이 더욱 간절했다.

마침내 친구 집에 도착해서 어미 진돗개와 짧게 인사하고는 염소 우리로 향했다. 우리에는 짚더미가 얇게 깔려 있었고, 사슴 눈을 하고 귀를 쫑긋 세운 검은색 새끼 염소 한 마리가 앉아 있었다. 너무나 신기하고 귀여워서 넋을 놓고 쳐다보고 있는데 친구가 충격적인 말을 건넸다.

"이 염소, 괴물이야."

이게 무슨 말이지? 이렇게 귀여운 얼굴을 한 염소가 괴물이라니? 의아해하던 찰나 친구가 새끼 염소 배를 잡아 일으켜 세우며 말했다.

"자 봐. 뒷다리가 세 개야. 신기하지? 근데 우리 아빠가 수술해서 다리 하나를 잘라 준다고 했어."

뒷다리가 두 개가 아니라 세 개라는 것도 놀라웠지만 도대체 친구 아빠는 무슨 전지전능한 능력을 가졌기에 다리를 잘라 두 개로 만들어 준다는 거지? 믿을 수 없다고 놀라는 내게 친구는 지금도 들으면 가슴이 쿵하고 내려앉는, 그때까지 한 번도 들어본 적 없는 단어를 또박또박 말해 주었다. 수의사.

"우리 아빠가 동물들이 아프면 고쳐 주는 수의사야."

지금까지 뚜렷이 기억되는 그날을 계기로 나는 수의사가 되기로 굳게 결심했고, 마침내 친구 아버지가 교수로 재직하고 있는 수의과대학에 입학했다. 비록 친구는 함께 수의사가 되자는 초등학교 시절의 결의를 무시(?)하고 치과의사가 되었고, 그때 그 새끼 염소도 기억하지 못하지만. 그래도 친구는 지금은 내 은사님인 아버지와 함께 내가 수의사로 살아가고 있는 것을 누구보다 응원해 주고 자랑스러워한다. 평생 내가 사랑하는 동물들과 함께 살아갈 수 있도록 계기를 마련해 주고 가르쳐 주신 친구와 친구 아버지이자 은사님께 다시 한 번 진심으로 감사 드린다.

나는 수의사이다. 그것도 사람과 가장 친숙한 동물인 개와 고양이 등의 반려동물을 전문으로 치료하는 수의사이다. 사실 주변 사람들은 나를 대학에서 학생들을 가르치고 동물 질병을 연구하는 대학교수로 멋대로 정의하는 경우가 많다. 하지만 나는 지금도 매일 동물병원에서 아픈 동물을 치료하고, 또 그 가족과 만나 슬픔과 기쁨을 나누기를 좋아하는 일명 '개, 고양이 수의사'이다.

언젠가 정부에서 개최한 행사장에서 한 국회의원이 '소동물 내과학, 피부과학 전공 교수'라고 새겨진 내 명함을 보고는 조금 비꼬듯이 "개 수의사시군요."라고 말해 준 것이 무척이나 고마울 정도로 나는 내가 수의사인 것이 한없이 고맙고 자랑스럽다.

수의사로 살아온 지도 어느덧 20년이 되어 간다. 운 좋게 수의과대학을 졸업하고 수의사면허를 따자마자 우리나라에서 가장 규모가 큰 동물병원에서 첫 수의사 생활을 시작했고, 감사하게도 지금도 같은 곳에서 동물 환자와 그 가족을 매일 만나고 있다. 이렇게 한 병원에서 오래 진료를 하다 보니 어미를 잃고 눈도 뜨지 못한 채 내 품에 안겨 인공포유를 받던 강아지가 어느새 늙고 병들어 다시 내 품에서 하늘나라로 가 버리는 일을 겪기도 한다.

사람들이 다니는 병원처럼 이곳도 생로병사가 있고 또 동물과 함께 살아가는 가족들의 슬픔과 기쁨이 존재한다. 때때로 동물과 사람 사이의 희로애락이 사람 사이의 그것과 비교되어 무시당하기도 하지만 모든 생물은 사람과 똑같이 그 나름의 가치를 인정받고 존중받아야 한다. 그러니 마땅히 그들과 함께하는 사람들의 소중한 동물과의 관계 맺음과 그 삶에 대해서도 이해하고 공감해 주어야 한다.

이 책은 짧지도 않고 그렇다고 길지도 않은 수의사 생활 동안 만났던 많은 동물과 그 가족의 이야기를 바탕으로 반려동물의 건강에 관한 지식을 쉽게 전달하고자 신문에 연재했던 글을 바탕으로 정리하고 덧붙여 쓴 글이다. 독자들이 이 책을 통해서 반려동물의 질병에 대한 지식을 얻고, 그들과 생활하고 있는 가족의 슬픔과 기쁨을 이해하는 데 조금이나마 도움이 되기를 바란다.

차 례

2장 스무 살까지 살게 하는 건강한 환경 만들기

사람과 다른 개, 고양이의 습성을 잘 파악해서 건강한 생활환경을 만들어 주어야 병을 예방하고 건강하게 보살필 수 있다.

3장 개, 고양이에게 가장 흔한 질병 공부

모든 병을 피할 수는 없지만 열심히 공부하면 최대한 예방하고 치료할 수 있다.

4장 나이 들어 아파도 끝까지 책임지기

소형견과 고양이는 9~10살이면 노령이고, 그들의 1년은 인간의 5~7년이다.

1장

반려동물은 주문대로 찍어내는 공산품이 아니다

개와 고양이를 가족으로 맞이하려는 가정은
사람과는 다른 이 특별한 가족을 15년 정도 책임지고
보살필 마음가짐이 필요하다.

1

반려동물은 주문대로 찍어내는 공산품이 아니다

강아지 공장을 없애는 소비자의 자세 | 펫숍이나 대형마트에서 판매되는 개에게 많은 질환 | 유기동물 보호소에서 입양할 때 알아 둘 것

동물을 좋아해 수의사가 되었고 매일매일 동물과 함께하는 삶을 살아간다고 하면 동물을 좋아하는 사람들은 더할 나위 없이 행복하고 이상적인 직업으로 바라본다. 그러나 현실은 그렇지 않다.

사실 수의사가 매일 마주하는 동물은 귀엽고 사랑스러우며 보는 것만으로도 행복감을 주는 그런 동물이 아니라 고통스러운 표정이 역력하지만 자신의 단점을 감추기 위해 극도로 위축되고 나약해진 병든 동물이다. 따라서 동물에 대한 애정이 깊은 수의사일수록 아픈 동물을 마주할 때마다 느끼는 감정은 사실 고통에 가깝다. 더구나 아픈 동물의 가족 마음까지 공유하고 치유하려고 하면 고통은 더욱 커진다. 물론 아픈 동물이 수의사의 손길을 통해 다시 건강해져서 행복하게 가족의 품으로 되돌아가는 모습을 보면 직업적 자부심과 무한한 희열을 느끼기도 한다. 하지만 문제는 모든 동물 환자가 이런 자부심과 희열을 느끼게 해 주지 않는다는 데 있다.

한때 우리 동물병원에서 생활했던 다름이는 현재 새로운 삶을 준비하고 있다. 다름이는 원래 노부부와 함께 살았는데 사연이 있어서 치료받던 우리 병원에 눌러앉았다. 이후 병원에서 병원 식구들의 사랑을 듬뿍 받으며 지내다가 예비 수의사인 수의대 학생의 집으로 입양을 가게 된 것이다. 다름이가 흔치 않은 삶을 살게 된 것은 다름 아닌 특별한 건강 문제 때문이다.

작은 사과형 머리, 두 눈 사이의 간격이 넓고 주둥이가 짧은 귀여운 인상의 몰티즈인 네 살 다름이는 초소형 강아지 일명 '티컵Teacup 강아지'이다. 티컵 강아지는 몰티즈, 요크셔테리어, 치와와 등의 초소형 품종으로 분류되는 반려견 중에서도 특히 더 몸집이 작은 개로 컵 속에 들어갈 정도로 작다는 뜻이다. 티컵 강아지는 작은 개를 선호하는 사람들에게는 한없이 귀여워 보일 수 있지만 대다수 수의사들에게는 한없이 안쓰러운 존재이다.

다름이의 예쁜 사과형 머리는 정상보다 훨씬 많은 뇌척수액으로 채워진 뇌실로 인해 머리가 부풀어 보이는 뇌수두증의 산물이다. 또한 눈은 눈물 분비량이 부족한 건성 각결막염을 심하게 앓고 있고, 뒷다리 무릎뼈가 원래 위치해야 할 곳에서 자꾸 벗어나는 슬개골탈구증도 앓고 있다. 이뿐 아니다. 아직 증상이 미미하지만 나이가 들어가면서 기관의 연골이 변형되어 눌러앉는 기관허탈증도 앓고 있다. 이 모든 질환이 태어나면서부터 나타나는 선천적 질환이며 자손대대로 유전될 확률이 매우 높은 유전성 질환이다. 이런 이유로 다름이의 원래 주인이었던 노부부는 평생 병원 신세를 져야 하는 상황에 부담을 느껴 이후의 치료와 관리를 전적으로 병원에 맡겼다.

티컵 강아지들의 상황은 다름이와 다를 바 없다. 잘못된 인간의 기호에 편승해서 철저히 상업적으로 계산되어 번식된 티컵 강아지는 이처럼 심각한 건강상 문제를 안고 태어난다. 물론 반려견 품종 개량의 짧은 역사 속에서 다양한 순혈 품종이 인간의 기호에 따라 탄생했다. 다행히 지금은 품종의 고유 모습을 유지하면서 품종이 가진 건강상의 문제를 최대한 개선해 나가려는 자정 노력이 나타나고 있다. 의식 있고 양심적인 강아지 브리더(개, 고양이에 대한 해박한 지식을 바탕으로 목적의식과 윤리의식을 가지고 번식하는 사람)들은 번식 전에 부모견의 유전질환 여부를 확인하고, 유전될 확률이 높은 질환에 대해서는 유전자 검사를 실시하기도 한다. 그래서 검사 결과에 문제가 있을 시에는 번식시키지 않는다.

그런데 아쉽게도 국내에서는 양심적인 강아지 브리더에 의해 신중하게 번식된 강아지를 만날 확률이 거의 없다. 반면 오로지 상업적 이익만 추구해 밀집되고 불량한 환경에서 마구잡이식으로 번식된 일명 강아지 공장puppy mill 출신의 강아지들이 인터넷이나 대형마트에서 무이자 할부 상품처럼 판매되는 것이 현실이다.

반려동물은 공장에서 대량생산하는 물건이 아니다. 더구나 표준체형과는 한참 거리가 먼 몸집이 작고, 머리가 둥글며, 눈이 크고, 주둥이는 극도로 짧은 기형에 가까운 강아지를 생산할 목적으로 번식되어서는 안 된다. 더 이상 다름이를 보며 느낀 슬픔과 분노를 다른 반려동물에게서 느끼고 싶지 않다. 최소한 유전성 선천적 질환으로 고통 받는 반려동물이라도 줄어들기를 간절히 바란다.

오늘 아침, 병원 복도에서 얼마 전 실시한 수의사 국가고시에 당당히 합격해 이제는 우리 동물병원의 외과 수련과정 선생님이 된 다름이 오빠를 만나 다름이의 안부를 물었다.

"다름이의 안구건조증이 예상보다 심해서 하루에 안약 네 가지를 넣어 주고 있습니다."

그래도 안구건조증 이외에 무릎이 아프거나 뇌수두증에 의한 뇌압 상승으로 경련을 하는 경우는 없다고 하니 다행이었다. 오히려 근래에는 몸에 살도 좀 붙고 성격도 활발해져서 아픈 다리가 무색하게 소파와 침대를 점프해 오르내리곤 해서 걱정이라고 했다.

"그런데 아무래도 다름이를 부모님이 계신 고향집으로 내려 보내야 할 듯합니다."

사정을 들어보니 시간에 맞춰 하루에 안약을 다섯 번 넣어 주어야 하고, 슬개골탈구증으로 인해 점점 약해지는 뒷다리근육을 조금이나마 강화시키려면 수중재활요법(물을 채운 욕조에서 네 다리가 살짝 바닥에 닿을 정도로만 해서 몸통을 잡고 물속에서 걷게 하는 재활요법. 관절에 무리가 가지 않으면서 다리근육을 강화시킬 수 있다)을 해 주어야 하는데, 직장 생활을 하는 남매가 감당하기가 어렵다고 했다. 다름이를 돌보기 위해서 필요한 시간이 절대적으로 부족했다. 고향으로 내려 보내면 보고 싶지 않겠냐고 물으니 부모님이 훨씬 잘 돌봐 주실 거라고 했다.

"다름이를 위해서라도 2년간은 공부에 집중해서 훌륭한 외과 수의사가 되려고요. 어차피 몇 년 내에 직접 다름이의 슬개골탈구증 수술도 해 주어야 할 테고, 그 이후 또 눈이나 머리를 수술해야 할지도 모르니까요."

온 가족이 새로운 가족인 다름이를 위해 노력하고, 혹시 생길지 모를 미래의 일들을 미리 준비하는 자신감 넘치는 목소리를 들으니 절로 미소가 번졌다. 이제 더 이상 제2의 다름이를 만나는 일이 없기를 간절히 바란다.

강아지 공장을 없애는 소비자의 자세

어리고 귀여운 인기 종 강아지만 찾지 마라

오로지 경제적 이득을 위해 개를 번식시키는 강아지 공장은 흔히 이야기하는 공장식 축산(사육되는 가축의 특성을 무시한 채 경제적 측면에서의 생산성만 강조하는 가축 사육 형태)과 다를 바 없다. 공동주택이 많은 우리나라는 몸집이 작은 강아지를 선호한다. 이로 인해 소형 견종을 집중적으로 번식하는 강아지 공장과 애견 경매장, 애견 판매업이 성업 중이다. 원하기만 하면 굳이 발품을 팔지 않아도 가까운 대형마트, 애견 센터, 심지어 인터넷으로도 사진만 보고 물건을 사듯 강아지를 살 수 있다.

그러나 이런 식으로 반려동물을 사는 것은 반려동물이 불결한 환경에서 밀집 사육되고, 평생 케이지 속에서 생활하며, 번식기마다 매번 강아지를 기계적으로 출산하는 강아지 공장 어미견의 고통을 용인하는 것임을 알아야 한다.

또한 이런 경로를 통해 생산되는 강아지들은 대부분 너무 어리다. 최소한 수 주 동안은 어미의 보살핌 아래에서 형제들과 함께 지내야 하는 연령대이다.

그러나 어미의 보살핌을 충분히 받고 독립하기에 적당한 나이(최소 3개월령 이상)가 되면 강아지는 젖먹이 특유의 인형 같은 외모가 사라져 상품성이 현저히 떨어진다.

또한 매스컴 등을 통해 인기를 얻는 특정 견종만 찾으니 강아지 공장에서는 소비자의 요구에 맞춰 인기 견종만 단시간 내에 집중적으로 대량 번식시킨다. 따라서 사람들이 어리고 인기가 많은 견종의 강아지를 선호하는 한, 기계적으로 번식시켜 얻은 강아지를 빨리 팔고, 번식을 반복하는 공장식 동물생산 판매업의 폐해를 없앨 수 없다.

순종 강아지에 대한 집착

흔히 잡종이라 일컬어지는 혼종 개에 비해 순종이 가지는 장점이 있는 것은 분명하다. 순종 개는 견종 특성이 어느 정도 고정되어 있어서 외모도 비슷하고 자질도 비슷하다. 그래서 어느 정도 예측 가능한 성장을 하므로 크면서 어떤 모습일지 어떤 성격일지 대략 상상할 수 있다. 반면 혼종 개는 성견이 되면 강아지 때 모습이 어떻게 변할지 예측하기 어렵고, 어떤 성격을 가질지도 상상하기 어렵다.

그러나 이런 것이 순종과 혼종의 선택을 결정하는 이유가 되어서는 곤란하다. 견종이 아니라 개라는 동물에 집중한다면 순종이든 혼종이든 모두 개라는 사실은 변함이 없다. 따라서 어떤 개를 선택하든 상관없이 사랑과 관심을 가지고 보살핀다면 분명 충성스럽고 사랑스러운 가족의 일원이 되어 멋진 선물을 안겨 줄 것이다.

혼종이 순종보다 건강하다?

흔히 순종 개, 고양이보다 혼종이 건강하다고 알고 있는 사람들이 많다. 이는 절반은 맞고 절반은 틀린 말이다. 현재 순종이라고 불리는 개, 고양이 중 일부는 자연발생적으로 생겨난 종이 아니라 인간에 의해 선택교배된 것이다. 이러한 인위적 종 만들기는 극단적인 근친교배와 외모 개량(예를 들어 불도그처럼 코가 극도로 눌리고 다리가 짧고 가슴이 벌어진 모습으로 개량번식 된 경우)의 과정을 거친다. 그러다 보니 특정 순종에서는 유전질환과 종 특이질환이 혼종보다 높게 나타나는 게 현실이다.

반면 최근 미국에서 조사 연구한 보고에 따르면 불도그처럼 바람직하지 않은 방향으로 발전한 종을 제외하면 순종과 혼종 사이의 질병 발생 정도는 차이가 없는 것으로 판명되었다.

펫숍이 아닌 윤리의식이 있는 브리더를 찾아라

그럼에도 불구하고 자신이 원하는 종의 개와 고양이를 꼭 입양해야겠다면 책임감 있고 윤리의식을 가진 좋은 브리더를 찾아야 한다. 아직 우리나라에는 반려동물 선진국에 비해 윤리의식이 있는 브리더를 찾기 어려운 편이지만 특정 종의 발전 방향을 고민하면서 유전질환에 대한 대비 등 철저한 계획을 바탕으로 번식시키는 브리더가 생기고 있다. 특정 개나 고양이 브리더는 순종 개와 고양이를 선발하는 도그쇼, 캣쇼에서 만날 수 있다.

펫숍이나 대형마트에서 판매되는 개에게 많은 질환

강아지 공장에서 태어난 반려동물을 입양하지 말자는 것이 이 글의 취지이지만 강아지 공장에서 태어난 동물을 판매하는 펫숍, 대형마트 등에서 반려동물을 데려오는 경우가 많은 것이 현실이다. 따라서 강아지 공장에서 태어난 동물들이 많이 걸리는 질환 대처법에 대해 소개하겠다.

내부기생충성 장염

회충 및 원충 감염에 의한 내부기생충성 장염은 구충을 하지 않은 어미에게서 태어난 강아지이거나 출생 후 위생 상태가 불결한 곳에서 자란 어린 강아지에게 흔히 나타나는 질환이다. 강아지가 내부기생충에 감염되면 구토, 설사 증상을 보이며, 잘 먹어도 살이 찌지 않고 털이 푸석푸석하다. 심한 경우 분변이나 구토물에 기생충이 살아 있는 채로 나오기도 한다. 구충제와 원충구제제로 쉽게 치료할 수 있다.

파보 바이러스성 장염

파보 바이러스 감염에 의한 장염으로 주로 면역력이 약한 6개월 미만, 특히 생후 12주 미만의 어린 강아지에게서 많이 발생한다. 면역력이 떨어지고 스트레스를 많이 받는 펫숍, 대형마트 분양 강아지에게서 많이 발생하니 주의해야 한다.

초기에는 구토만 하는 경우가 흔하지만 곧 점액이 섞인 폭발적인 설사와 함께 특유의 냄새가 나는 혈액성 설사가 나타나는 것이 특징이다. 몸집이 작은 소형종 강아지에게는 치명적인 질환이므로 강아지가 구토를 하면 즉시 동물병원에 데려가 진료를 받아야 한다.

바이러스 질환의 특성상 치유할 수 있는 특효약은 없지만 항혈청요법(파보 바이러스 항체를 가진 개체로부터 채취한 혈청 투여)이나 수액요법 등의 대증처치를 중심으로 치료할 수 있다. 너무 어리거나 몸집이 작은 소형종 강아지가 이 질환을 앓는 경우 치료해도 목숨을 잃는 경우가 많다.

개 디스템퍼

사람의 홍역 바이러스와 같은 계열의 바이러스 감염에 의해 야기되는 질환으로 호흡기, 소화기, 신경계에 침범하여 폐렴을 일으키거나, 구토 및 설사를 일으키고 경련 등의 신경 증상을 일으킨다. 주로 면역력이 약한 어린 강아지나 예방접종을 하지 않은 성견에게서 발생한다.

초기에는 고열, 눈 충혈, 콧물 증상을 보이다가 점차 식욕부진, 심한 기침, 구토, 설사 증상이 나타난다. 말기에는 바이러스의 신경계 침범으로 경련, 혼수상태 등의 증상이 나타난다. 발병하면 치료가 어려워 대부분 사망하거나 생존하더라도 신경계 증상의 후유증을 평생 가지고 살아야 한다.

유기동물 보호소에서 입양할 때 알아 둘 것

반려견을 가족으로 맞이할 계획이라면 우선 자치단체에서 운영하거나 위탁 중인 유기동물 보호소나 사설 보호소부터 방문해 보자. 비록 아직 선진국에 비해 보호소의 시설과 동물의 관리 상태가 좋은 편은 아니지만 보호소에서 보호 중안 대부분의 반려동물들은 새로운 가족으로 맞이하기에 충분할 정도로 사랑스럽고 건강하다. 실제로 보호소에서 반려동물을 입양하기로 결정했다면 다음의 몇 가지를 유념해야 한다.

첫째, 보호소에 있는 반려동물은 이미 어떤 방식으로든 사람들에게 버림받은 아픈 과거를 가지고 있다. 물론 과거랑 상관없이 여전히 활기차고 삶 자체를 즐기는 아이도 많지만 때로는 먹을거리나 사람, 특정 물건에 집착하거나 경계하는 등 성격 문제를 가지고 있는 경우도 있다. 따라서 무엇보다 이런 성격 문제도 사랑으로 보듬고 개선시키겠다는 의지, 기다려줄 수 있는 마음가짐이 필요하다.

둘째, 보호소에서 반려동물의 건강 상태를 어느 정도는 파악하고 있지만 확연하게 표출되는 증상이 없는 질환에 대해서는 미처 모르는 경우가 있다. 분양 후 질병을 앓으면 다시 보호소로 돌려보내는 경우도 있는데, 이렇게 되면 그 아이는 또다시 버림받으면서 또 마음의 상처를 입는다. 따라서 유기동물 보호소에서 반려동물을 입양하기로 결심했다면 자신이 선택한 반려동물이 이후 어떤 문제가 있더라도 다시 보호소로 돌려보내지 않겠다는 굳은 마음가짐이 필요하다. 그래서 유기동물 입양은 순간적인 연민이 아니라 이성적이고 신중하게 판단해야 한다.

셋째, 신중하게 판단한 후 보호소에서 유기동물을 입양했다면 며칠 동안 유심히 관찰해야 한다. 대부분 새로운 가정에 잘 적응하지만 적응에 어려움을 겪는 경우도 있다. 특히 대소변을 잘 가리지 못하거나, 특정 가족 구성원(사람 및 다른 반려동물)을 유난히 멀리하거나, 공격적인 성향을 보이는 경우도 있다. 이런 경우 중요한 것은 빠른 시간에 반려동물이 적응하길 기대하지 말고 조심스럽게 관찰하면서 바뀐 환경에 스스로 적응하도록 시간을 충분히 주는 것이다. 잘못된 행동이나 실수를 하더라도 화내거나 큰 소리로 명령하지 말고 차분한 어투와 표정으로 아기를 달래듯 대해야 한다. 시간이 오래 걸리더라도 분명 효과가 있을 것이다.

넷째, 어느 정도 시간이 지나서 가족을 두려워하지 않고 편하게 지내고, 외출을 즐거워한다면 새로운 환경에 잘 적응했다고 판단할 수 있다. 이 시기에 동물병원을 방문해서 건강검진을 받는다. 특히 내·외부기생충 감염 여부 확인 및 예방, 예방접종 스케줄에 대해 집중적으로 진료를 받는다.

2

선물로 주고받은 개, 고양이는 쉽게 애물단지가 된다

반려동물을 가족으로 맞이하기 위한 준비 | 초보 반려인이 알아야 할 필수 지식 | 반려인이 갖춰야 할 매너

주말 아침, 평소와 다름없이 우리 집 아이인 반려견 둘을 데리고 동네 산책을 나갔는데 고등학교 동창한테서 전화가 왔다. 졸업 후 연락이 없다가 최근 모임에서 다시 만났는데 일요일 아침부터 요란하게 전화를 하니 조금 의아했다.

"우리 딸이 강아지를 키우고 싶어 해. 그래서 이번 생일에 소원을 들어주고 싶은데 네가 잘 아는 곳을 소개시켜 주거나 아예 네가 구해줄 수 있어?"

내가 수의사이고 개도 키우고 있으니 당연히 이런 문제를 해결해 줄 수 있으리라고 기대하는 지인들이 가끔 있다. 하지만 기대와 달리 내 대답은 늘 사뭇 차갑다.

"꼭 강아지를 생일선물로 딸에게 안겨 줘야겠어? 제수씨는 동의한 거야?"

반려동물이란 개, 고양이 등을 소유하고 기르며 즐기는 개념인 애완동물에서 평생을 인간과 함께 생활하며 삶을 공유하는 동반자적 개념으로 부르는 말이다. 이런 의미에서 고등학교 동창은 아직 강아지를 딸이 원하는 생일선물 후보인 애완동물 정도로 인식하고 있는 듯했다.

국내에서 개, 고양이를 입양하는 이유 중 상당 부분이 자녀의 성화 때문이다. 인형같이 예쁜 강아지와 고양이를 싫어하는 아이는 없으니 아이들이 가장 받고 싶은 선물 중 하나임에 틀림없다. 그러나 강아지와 고양이는 큰 눈과 긴 금발머리에 예쁜 옷을 입은 바비인형과는 달리 움직이고, 소리 내며, 먹고 자고 배설하고 사랑받길 원하며, 또 슬픔을 표현할 줄도 아는 살아 있는 생명체이다.

가정에 아이가 태어나면 보통은 육아 정보를 부지런히 섭렵하고 사전에 육아에 필요한 용품 등을 준비하는 것이 상식이다. 그런데 엄마와 형제 곁을 떠나 지금까지와는 전혀 다른 생활을 해야 하는, 이제 겨우 생후 두 달 정도 된 강아지와 고양이를 맞이하기 위해서 사전에 이런 준비와 마음가짐을 하는 가정이 얼마나 될까?

개와 고양이를 가족으로 맞이하려는 가정은 사람과는 다른 특별한 가족을 길게는 15년 정도(요즘은 수의학의 발달로 수명이 많이 늘었다) 책임지고 보살필 마음가짐이 필요하다. 자녀가 원한다고 선물로, 아무 준비 없이, 쉽게 흥미를 잃는 아이 대신 뒷수발을 담당해야 하는 엄마의 동의 없이 입양한다면 개와 고양이는 순식간에 성가신 애물단지가 될 뿐이다. 동물보호단체인 동물자유연대에서 실시한 설문조사에 따르면 반려동물을 가족으로 맞이한 후 끝까지 책임진 경우는 12퍼센트였다. 충격적인 결과이다. 반려동물을 책임질 여건과 각오가 되어 있지 않으면 반려동물을 가족으로 맞이하는 일이 사람이나 반려동물 모두에게 상처가 될 수 있음을 알아야 한다.

경제적인 문제도 중요하다. 사람 아이처럼 반려동물도 나이에 맞춰 각종 전염병에 대한 예방접종도 해야 하고, 사료 등 먹을거리와 필요한 용품을 구입하는 데도 적잖은 비용이 든다. 행여 건강에 문제라도 생기면 의료보험이 되지 않아 사람보다 훨씬 비싼 병원비가 들어간다. 이 모든 것을 기꺼이 감수하고 진정한 가족으로 받아들여서 사랑으로 보살펴 줄 수 있을 때에야 비로소 반려동물은 인간과 함께 행복할 수 있다.

내 도움으로 딸의 생일선물을 해결하려 했던 친구는 의외의 잔소리를 듣고는 생각을 곧 바로잡았다. 대신 딸이 개와 놀고 싶을 때 우리 집에 오라고 했다. 아쉽게도 친구가 우리 집을 직접 방문하지는 않았지만 친구 가족은 이후에 아파트 단지에서 어미를 잃고 방황하다 경비 아저씨에게 구조된 예쁜 아기 고양이를 가족으로 맞이했다. 물론 이 또한 준비 없는 입양이었지만 아기 고양이가 첫날부터 스스로 대소변도 가리고 별 보살핌 없이도 초보 가정에 잘 적응해 나가고 있다니 그나마 다행이다.

봄, 가을에 수의대 학생들과 함께 사설 유기동물 보호소로 매달 의료봉사를 나간다. 주로 보호소 터줏대감인 개와 고양이에게 예방접종과 구충을 해 주는데, 매번 갈 때마다 새로 들어온 개, 고양이를 만나게 된다. 새로 온 아이들은 보호소 환경이 낯설어 구석에서 웅크리고 부들부들 떨고 있다. 부디 책임감을 갖고 반려동물을 입양하는 준비된 반려인이 많아져서 더는 보호소에서 고통에 찬 아이들의 모습을 보지 않게 되기를 바란다.

반려동물을 가족으로 맞이하기 위한 준비

가족 구성원 모두의 동의가 필요하다

반려동물이 가족 구성원이 되려면 반드시 가족 모두의 동의가 필요하다. 그렇지 않으면 반려동물은 순식간에 애물단지, 구박덩이가 되기 싶다. 특히 어린 자녀가 원해서 입양한 경우 자녀를 대신해서 반려동물을 돌보고 책임질 수 있는 부모의 동의와 지원이 절대적으로 필요하다. 가족 모두가 반려동물을 사랑할 때 반려동물과 가족 모두 진정 행복하게 살 수 있다.

주거 형태 등 생활환경을 고려한다

주거 형태 또한 반려동물과 함께 생활하기에 적합해야 한다. 공동주택이 많은 우리나라의 경우는 소음으로 인해 이웃들의 민원이 제기될 수 있으므로 신중해야 한다. 실제로 아파트는 반려동물과 함께 사는 데 큰 문제가 없는데도 문제가 발생하고, 조금 더 밀집된 주거 형태인 원룸, 오피스텔은 문제가 더 심각하다.

따라서 가족들이 집을 오래 비우는 경우라면 반려견보다는 반려묘가 좋다. 물론 고양이도 혼자 있는 시간이 너무 길면 좋지 않지만 개보다는 잘 적응한다.

반려동물에 대해 공부한다

반려동물을 가족으로 맞이하기로 결정했다면 공부를 시작한다. 다행히 반려동물에 관한 정보는 책과 인터넷 검색을 통해 쉽게 얻을 수 있다. 특히 자녀가 있는 경우라면 입양 전에 반려동물의 습성, 생명을 입양하는 책임감 등에 대해 함께 공부하도록 한다. 반려동물과 함께 사는 지인의 집을 직접 방문해 보는 것도 좋다.

초보 반려인이 알아야 할 필수 지식

새끼는 대부분의 시간을 잠을 자며 보낸다

사람과 마찬가지로 새끼 동물도 잠이 많다. 이는 성장을 위한 자연스러운 생리 현상이므로 조용하고 쾌적한 장소에서 잠을 푹 잘 수 있도록 전용 보금자리를 마련해 준다. 반려동물 전용 집과 방석이 판매되고 있으므로 제품을 구입하면 좋은데 장식이 지나치거나 세탁이 쉽지 않은 재질보다는 실용적인 제품이 좋다.

배변훈련, 어렵지 않다

배변 전용 모래상자를 마련해 주면 스스로 대소변을 가리는 고양이와는 달리 개는 반복적인 학습을 통해서 배변훈련을 시켜야 한다. 우선 배변 장소와 배변 도구(배변 패드, 배변판 등)에 개가 적응하는 것이 중요한데 처음에는 배변 패드가 성공률을 높일 수 있고 위생적이다.

강아지는 대부분 잠을 자고 일어난 직후나 밥을 먹은 후에 대소변을 보는 습성이 있다. 따라서 강아지가 잠에서 깨거나 음식을 먹은 후 바닥에 코를 대고 우왕좌왕하면 배변 패드가 깔린(처음에는 넓게 깔고 패드에 대소변을 본 다음에는 패드의 면적을 줄여 나간다) 장소로 유도해서 자연스럽게 대소변을 보도록 한다.

대형견은 실내 배변이 어려울 수 있으므로 야외의 풀숲, 잔디밭 등에서 대소변을 보게 훈련시키는 것이 좋다. 처음에는 산책을 하면서 하루 6회 정도 대소변을 보게 하고, 적응이 되면 하루 3회 내외로 빈도를 줄여 나간다. 이때 다른 사람들이 불쾌하지 않도록 뒤처리를 깨끗하게 해야 한다.

어떤 밥을, 어떻게 먹일까?

어린 강아지나 고양이를 집으로 데리고 온 며칠은 이전에 먹던 브랜드의 사료 등 같은 밥을 먹이는 것이 좋다. 일주일 정도가 지나 강아지, 고양이가 새로운 환경에 어느 정도 적응했을 때 천천히 먹을거리에 변화를 준다. 단, 급하게 새로운 것으로 바꾸지 말고 이전에 먹던 것과 새로운 것을 혼합해서 먹이면서 점차 새로운 먹을거리의 비율을 높이는 방법으로 준다.

다양한 재료와 조리법을 공부해서 직접 먹을거리를 만들어 주는 방법도 있고, 영양적으로 균형 잡힌 시판 사료를 먹이는 방법도 있다. 하지만 제대로 공부하지 않고 만들어 먹이면 영양 불균형을 초래할 수 있으므로 제대로 공부해서 밥을 만들어 줄 것이 아니라면 사료를 먹이는 것이 좋다.

밥을 주는 방법은 먹을 것을 항상 밥그릇에 담아 주고 스스로 먹고 싶을 때 먹게 하는 자율급식 방식과 정해진 시간에만 먹이를 주는 제한급식 방식이 있다. 자율급식 방식은 개, 고양이가 배고픔을 느낄 때마다 언제든지 먹을 수 있는 장점이 있지만 음식물을 장시간 신선하게 유지하기 힘들고 비만해지거나 배가 고플 시간이 없으니 가려 먹어서 입맛이 까다로워질 수 있다는 단점이 있다. 그러므로 제한급식 방식으로 길들이는 것이 좋다. 제한급식으로 밥을 줄 경우 어릴 때는 하루 급여량을 3~4회로 나누어 소량씩 자주 주고, 완전히 자란 후에는 하루 1~2회 준다.

기본 용품을 준비한다

반려동물을 입양할 때 준비해야 하는 기본 용품은 다음과 같다. 집, 방석 등의 보금자리, 연락처가 적힌 목걸이, 외출 시 필요한 가슴줄이나 목줄(목에 부담이 적은 가슴줄이 좋다. 간혹 목줄과 가슴줄이 갑상샘 관련 질병을 유발하고 갈비뼈 성장에 좋지 않다고 하여 외출 시 착용을 꺼리는 경우가 있으나 모두 근거 없는 말이다), 밥그릇과 물그릇, 목욕을 위한 샴푸와 린스, 치약과 칫솔, 귀 세정제, 털 손질을 위한 빗, 반려동물 전용 발톱깎기, 병원 방문이나 여행 때 필요한 이동장 등이다.

건강검진과 예방접종

입양한 후 며칠이 지나서 반려동물이 집에 잘 적응하고 안정되었다면 일단 동물병원을 방문한다. 병원에서 기본적인 건강검진과 예방접종 스케줄을 체크한다.

반려인이 갖춰야 할 매너

동물 등록을 한 후에 외출 시 인식표, 목줄, 가슴줄을 한다

외출 시 목걸이와 목줄은 각종 위험으로부터 반려동물을 보호할 뿐 아니라 동물을 싫어하는 사람을 만날 경우 불필요한 접촉을 통제할 수 있다. 또한 반려인 이름과 주소 등 간단한 정보가 담긴 인식표는 외출 시 사고로 반려동물을 잃어버릴 경우 다시 찾는 유용한 수단이 될 수 있다. 반드시 지자체에 동물 등록을 한 후에 수령한 인식표(내장형 인식표를 한 경우라도 따로 정보가 담긴 인식표를 단다)를 달도록 한다.

외출 시 반려동물의 배설물은 즉시 처리한다

외출 시에는 배설물을 처리할 수 있는 배변봉투, 물이 담긴 페트병 등을 준비한다. 개가 배변을 본 경우 즉시 깨끗하게 처리한다. 간혹 길가 풀밭 등에 배변을 봤을 경우에도 보행자에게 불쾌감을 줄 수 있으므로 바로 처리한다.

동물을 싫어하는 사람들을 배려해야 한다

세상 모든 사람이 동물을 좋아하고 사랑한다고 생각해서는 곤란하다. 소형견도 만지는 걸 싫어하거나 무서워하는 하는 사람이 있다. 이를 이상하게 여기지 말고 반려인이 먼저 이해하고 배려한다.

반려견에게 기본 교육을 시킨다

반려견이 익혀야 할 기본 교육에는 배변훈련 및 기본 복종훈련 등이 있다. 그런데 가족을 위한 배변훈련은 철저하게 시키는 반면 남을 위한 배려 차원의 기본 복종훈련은 소홀히 하는 경우가 많다. 외출 시 목줄, 가슴줄을 한 상태에서 반려인 옆에서 얌전히 걷는 훈련 및 '앉아', '기다려' 등의 훈련이 되어 있으면 타인에게 피해를 주는 것을 사전에 통제할 수 있다.

개, 고양이 예방접종에 관한 모든 것

1. 개, 고양이 예방접종 기본 스케줄

개, 고양이의 예방접종은 여러 방법이 제안되고 있지만 현재 세계적으로 가장 많이 통용되고 권장되는 것은 세계소동물수의사회 접종 권고안WASAVA Vaccination Guideline이다. 이를 간략히 요약하면 다음과 같다.

◆ 필수 종합예방접종 : 모든 개와 고양이가 반드시 접종해야 하는 종합예방접종

개 : 디스템퍼 바이러스, 파보 바이러스-2, 아데노 바이러스-2.
권고안에는 현재 국내에서 맞추고 있는 필수 종합예방접종 백신(DHPPL)에서 파라인플루엔자, 렙토스피라가 빠져 있다. 하지만 국내에는 파라인플루엔자, 렙토스피라가 빠진 종합 예방접종 백신이 없어서 렙토스피라만 빠진 DHPPi만 맞출 수 있다.

고양이 : 허피스 바이러스(헤르페스 바이러스), 칼리시 바이러스, 파보 바이러스(범백혈구감소증).
권고안은 현재 국내에서 맞추고 있는 필수 종합예방접종과 같다.

◆ 비필수 예방접종 : 필수는 아니지만 지역적인 발생 양상과 주변 환경에 따라 접종이 권장되는 예방접종

개 : 파라인플루엔자, 렙토스피라, 보데텔라(켄넬코프), 코로나 바이러스, 신종인플루엔자(비필수 예방접종이지만 국내에서 산발

적으로 발생하므로 접종이 권장된다)

고양이 : 클라미디아, 백혈병

◆ 생후 16주 이하의 강아지, 새끼 고양이 예방접종 기본 스케줄

강아지와 새끼 고양이는 모두 필수 종합예방접종을 생후 8~9주에 시작해서 3~4주 간격으로 14~16주가 될 때까지 실시한다. 이 스케줄대로 접종하면 14~16주 무렵에 3차 예방접종을 마치게 된다. 단, 고양이는 이 스케줄의 마지막 접종을 16~17주에 하면 좋다.

이렇게 필수 종합예방접종을 마치고 한 달이 지날 무렵인 생후 18~20주 때 항체가 잘 생성되었는지 항체가검사를 받는 것이 좋다. 이후 마지막 예방접종 1년 후 다시 한 번 더 예방접종을 한다.

2. 예방접종을 늦게 시작할 경우

만약 생후 8~9주 무렵에 예방접종을 시작하지 못했다면 어떻게 해야 할까? 아직 생후 16주 이하라면 가능한 한 빨리 필수 종합예방접종을 시작한다. 3~4주 간격으로 총 3회 반복 접종한다. 마지막 예방접종을 마치고 한 달이 지날 무렵에는 항체가검사를 받고 항체가 잘 생성되어 있다면 1년 후에 다시 한 번 예방접종을 한다.

생후 16주 이상이라면 가능한 한 빨리 접종을 시작하고 3~4주 후에 재접종을 한다. 총 2회 접종한다. 역시 마지막 접종 한 달 후에는 항체가검사를 통해서 항체 생성 여부를 알아보는 것이 좋다. 1년 후 다시 한 번 예방접종을 한다.

3. 유기동물 입양 등 이전의 접종 스케줄을 알 수 없는 경우

생후 16주 이상이라면 필수 종합예방접종을 3~4주 간격으로 총 2회 접종한다. 또한 마지막 접종 한 달 후에는 항체가검사를 통해 항체 생성 여부를 알아본다. 1년 후 한 번 더 접종한다.

4. 광견병 접종은 꼭 해야 하나?

세계소동물수의사회 접종 권고안은 광견병이 발생하고 있는 지역인 경우 필수적으로 접종하도록 권장하고 국가에서 법으로 의무접종으로 규정한 경우 국가의 지시를 따르도록 권고한다. 우리나라는 광견병 발생국으로 '가축전염병예방법'에 따라 모든 개, 고양이의 광견병 접종을 법으로 의무화하고 있다. 따라서 우리나라에서 살고 있는 개, 고양이는 반드시 광견병 예방접종을 매년 의무적으로 실시해야 한다.

5. 매년 예방접종을 꼭 해야 하나?

앞서 설명한 필수 종합예방접종 기본 스케줄을 생후 16주 무렵에 끝마치고 1년 후 추가접종을 한 경우에는 이후 매년 접종할 필요는 없다. 이후에는 3~4년에 한 번씩 접종하는 것이 권장되며, 더 좋은 것은 항체가검사 후 재접종 여부를 판단하는 것이다. 이는 과학적 검증을 통해 이미 판명된 사실로 세계소동물수의사회 접종 권고안에서도 필수 종합예방접종의 매년 접종은 권장하지 않는다.

단, 매년 예방접종을 하지 않을 경우 최소 1년에 한 번 이상은 동물병원에서 기초적인 건강검진과 더불어 항체가검사를 통해 항체 지속 여부를 반드시 확인해야 한다. 항체가검사에서 항체가가 질병 방어에 충분하지 못하게 나왔다면 재접종을 해야 한다.

6. 항상 항체가검사를 한 후에 접종을 결정해야 하나?

생후 16주 무렵에 필수 종합예방접종을 끝내고 1년 후 재접종을 했다면 매년 예방접종을 할 필요는 없다. 이는 대부분의 개, 고양이에서 필수 종합예방접종에 대한 항체가 최소 3~4년 동안 질병을 예방하기에 충분할 정도로 유지되기 때문이다. 단, 이는 어디까지나 평균적인 기간이기에 매년 항체가검사를 실시한 후 항체가가 기준 이하로 나왔다면 재접종을 해야 한다.

7. 고양이 예방접종은 의미가 있을까?

고양이도 필수 종합예방접종은 반드시 해야 한다. 단, 개와는 달리 고양이에게 치명적인 몇몇 질환은 예방법이 개발되어 있지만 접종의 효과가 완전하지 않고 때때로 접종 부위 종양 발생 등 부작용이 발생할 확률이 높아서 필수 종합예방접종 이외에는 접종을 권장하지 않는다. 대표적으로 치명적인 질환인 전염성 복막염, 백혈병, 면역부전증 등에 대한 예방접종이 개발되어 있으나 효과가 극히 떨어지거나 부작용 발생 위험이 커 권장하지 않는다.

3

대한민국 캣맘, 캣대디를 응원합니다

길고양이 TNR이란? | 길고양이 입양 시 유의할 점

"어머 교수님도 캣대디시군요?"

그렇다. 길고양이와 인연을 맺은 나는 한동안 분명 캣대디였다. '캣맘', '캣대디'라는 말은 길에서 주인 없이 살아가는 고양이를 돌봐 주는 사람들을 일컫는 신조어이다. 물론 고양이에게 관심 있는 사람 사이에서만 이해되는 말로 아직 널리 통용되는 단어는 아니다. 반면 '고양이 집사'라는 단어는 고양이 반려인이 스스로를 표현하는 말로 고양이의 독립적이고 우아한 기품에 반해 주인이 한없는 사랑과 정성을 쏟을 것을 각오한다는 일종의 다짐이다.

언제부터인지 주변에는 고양이 집사뿐 아니라 캣맘, 캣대디(이하 캣맘)가 많아지고 있다. 이미 고양이는 우리나라에서 개 다음으로 확고

한 반려동물 지위를 차지하고 있으며, 관련 분야 또한 매년 폭발적으로 성장하고 있다. 고양이 집사와 더불어 캣맘이 는다는 것은 무엇을 의미할까?

일반적으로 반려동물 중 개, 고양이의 소유 비율은 그 나라의 소득 수준과 관련이 있다. 유럽, 미국, 일본을 기준으로 했을 때 국가의 경제 성장기에는 확연하게 개의 개체 수가 증가하다가 이후 선진국에 진입하는 단계부터는 고양이가 차지하는 비율이 증가했다. 따라서 점차 고양이를 반려동물로 맞이하는 가정이 느는 우리나라의 실정도 선진국 대열에 진입하는 징조로 받아들일 수 있지 않을까.

사실 우리나라는 오래전부터 '개는 무조건 실외에서 먹여 키워야 한다'는 믿음(?)이 강한 데 비해 고양이는 비교적 실내 출입에 관대했다. 단독주택 생활이 보편적이었던 불과 얼마 전만 해도 주택 안팎으로 들끓는 쥐를 방제하기 위해 고양이를 가까이 두었다. 내가 어릴 때 살던 지방 소도시에서도 거의 대부분의 집에 기특한 '나비' 한두 마리가 집 안을 들락거리곤 했다.

현재 도시에서 야생계와 인간계의 미묘한 벽을 넘나드는 길고양이는 그 시절 나비의 후손일지 모른다. 하지만 이 후손들은 쥐잡기 천적으로 칭송받던 선조의 빛나던 시절을 전설로만 간직한 채, 사라져 버린 목적 속에서 인간에게 외면당하고 있다. 그래서 현재 그들은 외롭고 힘든 삶을 하루하루 이어 나가고 있다.

동물의 가축화 역사 속에서 가장 성공한 종은 역시 개이다. 개는 원종의 모습과는 아주 다른 수많은 견종으로 개량되도록 인간에게 종족 운명을 완전히 맡겨 버려서 99퍼센트의 개는 먹고 자고 놀며 '인간의 가장 친한 친구'의 지위를 굳건히 이어가고 있다. 반면 고양이는 개와 비슷한 가축화 역사에도 불구하고 아직도 인간과 일정한 거리를 둔 채 자신들만의 삶의 방식을 고수하면서 위태롭게 종족을 이어가고 있다.

그래서 캣맘이 느는 추세는 우리 안에 예전의 나비에 대한 관심이 돌아왔음을 의미하는 것처럼 보인다. 사람들은 사랑스럽지만 자기 고집으로 똘똘 뭉친 독립성 강한 동물인 길고양이를 보면서 예전의 나비를 추억하는 게 아닐까?

더불어 캣맘은 밥만 챙겨 주는 것이 아니라 인간과 길고양이의 평화로운 공존을 위해 체계적이고 전문적인 TNR(길고양이를 포획해서 중성화수술을 시킨 후 다시 원래 서식시에 방사하는 것. 지역 내 길고양이의 개체 수를 관리하는 가장 이상적인 방법으로 알려져 있다) 사업도 함께 하고 있다. 이와 같은 적극적인 보호 활동은 각박한 세상에서 우리와 함께하는 주변 생명체에 대한 인간의 최소한의 관심과 사랑의 표현일 것이다. 대한민국의 모든 캣맘, 캣대디를 응원한다!

길고양이 TNR이란?

길고양이 TNR이란 길고양이를 포획Trap한 다음, 중성화수술Neuter을 실시하고 원래 생활하는 장소로 돌려보내는 것Return을 뜻한다. 때에 따라서는 TTVARTrap-Test-Vaccination-Alter-Release이라는 용어를 사용하는데 포획 후 질병 여부 검사와 백신 접종을 강조한 용어로 의미는 TNR과 같다.

길고양이 개체 수를 줄이기 위해 과거에 시행했던 포획한 후 안락사시키는 방법과는 달리 인위적인 살생 과정 없이 개체 수를 줄일 수 있는 방법이지만 효과를 나타내려면 장기간에 걸쳐 꾸준히 추진되어야 한다.

일반적으로 TNR 과정에 의해 중성화된 길고양이는 표식으로 한쪽 귀 끝을 조금 자른다. 현재 지자체, 동물보호단체에 의해 TNR 사업이 실시되고 있는 지역이 많으므로 길고양이 보호사업에 관심이 있다면 지역의 TNR 사업에 동참해 보자. 각 지자체, 지역별로 캣맘 모임이 있는데 그곳에 가면 TNR 정보도 얻고, 같은 마음의 캣맘을 만날 수도 있으니 인터넷에서 검색해 보자.

농림부에서 운영하는 동물보호관리 시스템(www.animal.go.kr.)에 접속하면 길고양이 TNR 상황을 직접 확인할 수 있다.

길고양이 입양 시 유의할 점

길고양이 중에서도 의외로 사람을 잘 따르는 고양이가 많다. 길고양이도 훌륭한 집고양이가 될 수 있는데 아래의 몇 가지 사항만 유념하자.

길고양이의 본성을 강제로 억제하지 않는다

사람을 잘 따른다고 해서 길고양이가 하루아침에 집고양이로 급변하는 경우는 드물다. 집으로 데리고 와서 온전히 실내 생활만 하기를 원하지만 새끼 고양이가 아니라면 쉽지 않다. 특히 중성화수술을 시켜 주지 않으면 발정기 무렵 다시 밖으로 나가 길고양이로 살아갈 확률이 높다. 일단 가족으로 맞이하기로 결정했다면 고양이가 정말 실내 생활을 좋아하는지 며칠간 관찰하면서 외출 고양이로 살게 할 것인지, 완전히 집고양이로 살게 할 것인지 두 가지 경우를 염두에 둔 채 생활방식을 고양이에게 스스로 선택하도록 하는 것이 좋다.

건강검진을 받는다

고양이가 실내 생활에 어느 정도 적응했다면 동물병원에서 건강검진을 받는다. 특히 예방접종을 받고 구충제 처방을 받는 게 중요하다. 또한 증상이 없더라도 피부사상균(곰팡이감염증)에 감염되었을 가능성이 있으니 피부사상균감염증 여부를 알아본다.

반드시 중성화수술을 시킨다

실내에 정착한 고양이가 발정기에 접어들면 짝을 찾아 집을 나갈 확률이 높다. 수컷인 경우에는 자기 영역을 표시하기 위해서 소변을 흩뿌리는 스프레이 행위를 실내에서도 할 수 있으므로 중성화수술을 통해서 예방한다.

'고양이탕'이 관절염에 도움이 된다?

아직도 고양이를 먹으면 관절염에 효과가 있다고 믿는 사람들이 있다. 이는 고양이가 유연한 신체를 가지고 있다는 점에서 미루어 짐작한 미신적 믿음으로 절대 사실이 아니다. 관절염의 가장 좋은 치료는 병원에서 의사의 진찰을 받고 그에 맞는 처방과 치료를 꾸준히 받는 것이다. 그러므로 애꿎게 관절염 치료약으로 어린 고양이나 불법적으로 포획된 길고양이들이 희생되는 일은 없어야 한다.

4

눈먼 길고양이 시도

엘라이신은 길고양이에게 만병통치약인가? | 업둥이 새끼 고양이 돌보기 | 고양이 범백혈구감소증

"여보, 큰일 났어요! 동엽이가 아이들을 모두 물어 죽였어요."

집에서 걸려온 전화 속 목소리는 다급했다. 이 무슨 살벌한 소리인가?

우리 집은 아파트 밀집 지역의 1층이다. 결혼하면서 덩치 큰 아프간하운드 두 마리, 고양이와 함께 도시의 작은 아파트에서 살고 있다. 독특한 가족 구성 덕분에 신혼집은 1층이어야만 했고 작지만 각종 나무와 자연석으로 조경된 작은 마당이 딸린 이 집이 우리에게는 최선의 선택이었다. 잘 분양되지 않는 아파트 1층을 분양해 보려는 시공사의 꼼수에 우리가 걸려든 것인지도 모르지만.

이사 온 날, 우린 이 작은 마당의 주인이 따로 있음을 알았다. 베란

다를 통해 아프간하운드들이 마당으로 내려가 찾아낸 깊은 구멍 속에 검은색과 흰색의 모색 조합이 멋진 여자 고양이 한 마리가 살고 있었던 것이다. 우리는 흔히 이런 모색 조합의 고양이를 부르는 턱시도라는 단어에서 '시도'라는 이름을 생각해 냈다. 당시 시도는 우리 집 마당을 본거지로 삼고 부지런히 활동하는 어리고 건강한 길고양이였기에 따로 먹이를 챙겨 주는 등의 관심은 오히려 불필요해 보였다.

다음 해 시도는 이른 봄 자신을 꼭 닮은 딸과 아들을 마당에서 출산했고 막 젖을 떼고 있었다. 이유식 구하기가 쉽지 않을 거라는 생각에 우리는 어린 고양이용 사료를 아침저녁으로 굴 입구에 놓아 주었다. 새끼들은 굴 입구로 걸어 나와 먹고는 후다닥 굴속으로 들어가곤 했다.

그런데 오늘 아침, 시도의 아지트인 이곳에 종종 출몰하는 우리가 동엽이라 부르는 덩치 큰 수컷 고양이가 시도의 새끼들을 공격해서 몰살시켜 버린 것이다. 주변에 다른 수컷 고양이가 없어 우리는 동엽이가 시도 새끼들의 아비라 생각했는데 그 생각이 잘못되었거나 아니면 젖뗄 무렵 다시 찾아온 시도의 발정기에 짝을 맺기 위해 그랬는지(보통 수컷 고양이는 새끼를 돌보는 암컷 고양이에게 발정이 오면 새끼를 해치고 암컷과 교배하려는 습성이 있다) 모르지만 이 사건은 충격이었다.

하루아침에 새끼를 잃은 시도는 어떨까? 시도는 이후 가을이 될 때까지 마당을 찾지 않았다. 그러다가 늦은 가을 어느 날 반갑게도 다시 우리 마당, 자신의 굴을 찾아왔다. 그러고는 마치 아무 일도 없는 듯 매년 봄, 마당에서 피는 튤립 꽃대에 몸을 기대고, 베란다 계단에 누워 따사로운 햇살에 잠들고, 가을 낙엽 무더기 속을 파고들어가 얼굴만 내미는 행동을 반복하며 나름 행복하게 우리 마당에서 지냈다.

그런 시도가 2년 전 가을부터 달라지기 시작했다. 편하게 마당에서 쉬거나 노는 모습은 사라지고 이상하게 움직임이 부자연스러워 보였다. 워낙 사람을 경계해서 4년 동안 한 번도 만져 볼 수 없었던 시도였는데 조심조심 다가가는 내게 반응하지 않았다. 시도는 양쪽 눈에 심한 손상을 입고 눈이 먼 고양이가 되어 있었다.

시도가 어떻게 눈이 멀어 버렸는지는 정확히 알 수 없다. 길고양이에게 각결막염을 일으켜 눈에 손상을 입히는 허피스 바이러스 감염에 대한 징후가 시도에게는 없었으니 나름 동네에서 명당인 우리 집 마당을 차지하기 위해 다른 고양이들과 영역다툼을 벌이다가 눈에 상처가 생긴 게 아닐까 추정할 뿐이다.

보통 정상적인 길고양이도 2~3세를 넘기기 힘들다고 하는데 시도는 우리와 함께 4년을 살았다. 하지만 눈이 먼 길고양이가 앞으로 제대로 생존할 수 있을까? 이날부터 우리는 시도에게 매일 물과 먹을거리를 제공했다. 그토록 곁을 주지 않던 시도였는데, 자신의 처지를 받아들이는 듯 물과 음식을 먹을 때 자신을 만지는 내 손을 거부하지 않았다.

길고양이에게 먹을거리를 준다는 걸 안 이웃의 항의도 있었고, 집에서 먹다 남긴 음식물 쓰레기를 가져다놓는(먹고 살라는 걸까? 죽으라는 걸까?) 무지한 이웃도 있었지만 마치 보란 듯이 시도는 또 2년을 잘 견뎌냈다.

그렇게 우리와 함께 지내던 시도가 우리가 추정하기에 여덟 살이 되었을 때 장마가 시작되어 굵은 빗줄기가 내리던 시기에 어디론가 사라졌다. 매일 시도의 밥그릇은 비워지지 않은 채 그대로였다. 그렇게 그녀는 장마가 끝나고 그토록 좋아하던 낙엽이 가득한 가을이 와도 다시 나타나지 않았다. 내년에는 올까? 아니면 하늘나라에서 다시 만나게 될까? 보고 싶다, 시도야!

: 엘라이신은 길고양이에게 만병통치약인가?

- 엘라이신l-lysin은 허피스 바이러스가 자가증식할 때 이용하는 아미노산인 아르기닌arginine과 분자구조가 유사한 아미노산이다. 따라서 허피스에 감염된 고양이에게 먹이면 허피스 바이러스가 증식할 때 아르기닌 대신 엘라이신을 이용해서 허피스 바이러스의 증식을 억제한다. 이는 허피스 바이러스의 감염 증상을 완화시킬 수 있다. 이런 효과에 대해 학계에서는 일부 논란이 되고 있지만 대체적으로 효과를 인정하고 있다.
- 예방접종을 하지 않은 길고양이가 허피스 바이러스에 감염되어 있을 확률은 매우 높다. 하지만 허피스 바이러스는 평상시에는 잠복 감염 상태로 숨어 있다가 면역력이 약해지면 활발하게 증식하여 병원성을 띤다. 그러므로 길고양이를 돌볼 때에는 깨끗한 물, 먹을거리와 함께 엘라이신을 급여하면 건강에 도움이 될 수 있다.
- 엘라이신은 건강한 고양이가 장기간 먹을 경우에도 부작용이 없다. 그러나 허피스 바이러스에 감염되지 않은 건강한 집고양에게 엘라이신을 일부러 챙겨 먹일 필요는 없다.

업둥이 새끼 고양이 돌보기

길에서 새끼 고양이를 함부로 구조하지 마라

길을 가다가 혼자 울고 있는 새끼 고양이를 발견할 경우 대부분 어미에게 버려진 고양이로 생각하기 쉽다. 그러나 길고양이는 분만 후 분만 장소가 마음에 들지 않거나 주변 환경이 위험하다고 느끼면 새끼를 한 마리씩 입에 물고 옮기는 습성이 있다. 따라서 홀로 남겨진 새끼 고양이를 발견했다면 얼마 동안 관찰이 필요하다. 그러다가 어미 고양이가 돌아와 새끼를 데려가면 다행이다. 그러나 한 시간 이상 어미가 돌아오지 않는다면 버려지거나 사고로 어미와 떨어진 고양이일 확률이 높으므로 구조해야 한다.

떨어진 체온을 회복시킨다

새끼 고양이가 추운 날 또는 비 오는 날 발견되었다면 즉시 드라이어나 마른 수건으로 털을 말린다. 이때 화상을 입을 수 있으므로 드라이어를 가능한 한 고양이에게서 멀리 떨어뜨리고 좌우로 빠르게 흔들어 가며 짧은 시간에 털을 말린다. 드라이어 사용이 어려우면 마른 수건으로 온몸을 마사지하면서 말리고 따뜻한 곳에 둔다. 몸이 마르고 체온도 회복되었다면 깨끗한 수건으로 몸을 감싸서 수건이나 헌옷을 담은 상자에 담아 보살핀다. 뜨거운 물을 담은 페트병을 수건으로 잘 감싸 보금자리에 넣어 주면 더 좋다.

더러운 상태로 구조되었다면 스팀 타월로 닦는다

새끼 고양이는 바로 목욕시키지 않는 것이 좋지만 배설물이나 다른 오염물질로 더러워진 상태로 구조되었다면 우선 스팀 타월(수건을 물에 적셔 전자레인지에 넣고 돌리거나 온수에 수건을 적셔서 짠 수건)로 오염물질을 닦아낸 후 드라이어로 털을 말린다. 스팀 타월로도 더러운 게 사라지지 않는다면 목욕을 시킨다. 단, 이때 목욕은 조심스럽고 빠르게 진행해야 한다. 약간 따뜻하게 느껴지는 온수로 빠른 시간 내에 목욕을 끝내고 즉시 드라이어로 털을 말린다.

인공포유를 한다

생후 20일령 미만의 새끼 고양이(눈을 뜨지 못했거나 이가 나지 않은 경우)라면 동물병원이나 고양이 용품점에서 인공유(분유 형태와 액상 형태가 있다. 액상형은 바로 데워서 먹일 수 있지만 개봉 이후에는 빠르게 변질된다)와 전용 젖병을 구입해서 인공포유를 한다. 젖병의 고무젖꼭지는 바늘 끝을 불로 달구어 살짝 구멍을 내거나 면도칼로 일자나 열십자 형태로 홈을 내어 물린다. 적당한 구멍 크기는 새끼 고양이에게 물려보면서 보정하면 된다. 급여 전에 사람 체온보다 조금 높게 조정하는데 손등에 몇 방울 떨어뜨려서 따뜻한 감이 느껴질 온도라면 적당하다. 먹이는 양과 간격은 개체 차이가 있지만 3~4시간 간격으로 배가 살짝 빵빵해질 때까지 먹인다.

배변, 배뇨를 유도한다

생후 25일 미만의 새끼 고양이는 생식기와 항문을 자극해 주지 않으면 배변, 배뇨를 하지 못한다. 따라서 인공포유 후에 젖은 수건이나 물에 적신 화장지 등으로 생식기 주변을 가볍게 두드려서 배변을 유도한다. 이때 수건이나 화장지로 너무 문지르면 항문, 생식기, 피부가 짓무를 수 있으므로 가볍게 톡톡 두드린다. 간혹 인공포유 중인 경우 대변이 잘 나오지 않는 경우가 있지만 너무 배가 불러 있지 않고 포유도 잘하고 있다면 크게 걱정할 필요는 없다. 단, 이틀 이상 변을 보지 않으면서 배가 너무 불러 있는 경우에는 동물병원에 데려가는 것이 좋다.

생후 20일, 이유식을 병용한다

생후 20일 무렵이 되어서 이가 나기 시작하면 가볍게 이유식을 시작하는 것이 좋다. 처음에는 잘게 간 삶은 닭가슴살, 소고기 등으로 이유식을 만든다. 이유식은 인공포유 사이에 적은 양으로 시작하고 양을 조금씩 늘려 나간다.

생후 30일, 스스로 건사료를 먹고 대소변을 가리기 시작한다

생후 30일이 되면 활동량도 늘어나고 건사료도 잘 먹게 되므로 인공포유를 완전히 끊고 어린 고양이용 건사료와 캔사료를 먹인다. 이 무렵에는 스스로 대소변을 가리지만 완벽하지는 않다. 새끼 고양이 보금자리 옆에 고양이 화장실용 모래나 잘게 자른 신문지 등으로 채운 박스로 전용 화장실을 만들어 준다.

생후 40일, 건강검진을 받고 예방접종 및 구충을 한다

생후 40일이 넘어가면 동물병원을 찾아 건강상 문제가 없는지 건강검진을 받는 것이 좋다. 이 무렵에 첫 예방접종도 하고(인공포유를 하면 모유를 통해서 물려받은 항체가 없으므로 정상적인 경우보다 일찍 접종을 해야 한다) 구충도 한다. 병원 방문 시에는 평소 고양이를 돌보며 궁금했던 점을 미리 정리하여 수의사에게 질문하면 좋다.

즉시 동물병원에 가야 하는 상황

일반적으로 생후 40일 무렵까지는 새끼 고양이를 돌보면서 동물병원을 방문할 필요는 없다. 하지만 다음과 같은 상황이라면 바로 동물병원으로 가야 한다.

- 식욕부진 증상이 하루 이상 지속될 때
- 설사가 이틀 이상 지속될 때
- 움직임이 둔화되고 먹지 않고 잠만 잘 때
- 연속해서 구토를 할 때
- 고개를 들지 못하는 탈진 상태일 때

고양이 범백혈구감소증

흔히 고양이홍역으로 불리는 고양이 범백혈구감소증은 개의 파보 바이러스 장염을 일으키는 파보 바이러스와 유사한 바이러스에 의해 장염, 고열 등의 특징적인 증상을 보이는 전염병이다. 어린 고양이가 걸리게 되면 치사율이 매우 높다. 일반적으로 면역력이 불안정한 어미로부터 태어난 고양이나 길고양이 새끼들이 잘 걸리는 편이다. 종종 예방접종을 하지 않은 어린 집고양이도 걸리는 경우가 있는데 어미로부터 물려받은 항체가 부족하거나 예방 접종을 통해 얻는 항체가 존재하지 않을 때 걸린다.

고양이가 범백혈구감소증에 걸리면 질병 이름처럼 바이러스가 백혈구를 공격해서 다른 병원체에 저항할 수 없게 되어서 장염으로 인해 심한 구토와 혈액성 설사가 나타나게 된다. 발병한 고양이는 심한 고열과 복통으로 인해 심하게 고통 받는다.

가능한 한 일찍 발견하는 것이 중요하며 치료 방법은 장염에 의한 탈수를 교정하기 위한 수액요법, 추가적인 병원체 감염 방지를 위한 항생제요법, 영양공급요법 등을 기본으로 실시한다. 때에 따라서는 혈장요법 및 수혈요법을 실시하기도 한다.

고양이 범백혈구감소증 예방을 위한 최선의 방법은 필수 종합 예방접종 스케줄을 철저히 지키는 것이다.

5

대형견과 함께 도시를 활보할 날이 올까?

한국에서 대형견과 살기 위해 필요한 것

2002년 11월 4일, 갑자기 닥친 한파로 무척 추웠던 날이다. 얼굴 가득 강아지 털이 수북한 아프간하운드 종 수컷 강아지 한 마리가 비행기를 타고 한국으로 왔다. 나는 평생 가족이 될 녀석을 만나 무척 기뻤지만 집으로 돌아오는 꽉 막힌 올림픽대로 한복판에서 마음은 무겁기만 했다.

다 자라면 25킬로그램에 육박하는 대형종 수컷 강아지와 결혼도 안 한 총각이 이 복잡하고 분주한 인구 천만의 대도시에서 어떻게 살아갈까?', '당장 살고 있는 원룸 주인 아저씨와 이웃을 어떻게 설득할까?' 당시 나는 겨우 먹고 자고 쉴 수 있는 12평짜리 원룸에서 살고 있었다.

대형견은 고사하고 어떤 반려동물과도 함께 생활하기조차 쉽지 않은 조건이었지만 행운의 여신은 내 편이었다. 우선 여느 대형견처럼 타이는 아주 온순하고 조용하며, 철저한 교육으로 대소변을 완벽히 가리는 것은 물론 헛짖음이 전혀 없는(처음에는 벙어리인 줄 알았다) 수도승 같은 강아지였다. 덕분에 주인 아저씨는 조용하고 점잖은 개에게 흔쾌히 원룸 입성을 허락해 주셨고, 이웃들(지역 특성상 고시생들이 많다)은 내가 먼저 말하기 전까지 개가 있다는 사실조차 몰랐다며 놀라워했다.

또 하나, 내 직장이 수의과대학이라는 점이다. 이곳에는 하루에도 수십 마리의 동물들이 들락거리기에(학교에는 부속 동물병원도 있고 학생 실습이나 여러 이유로 동물의 왕래가 잦다) 대부분의 구성원이 동물에 대한 반감이 없었다. 병원 옆에는 동물들의 재활치료 산책로와 안전 펜스가 둘러쳐진 넓은 잔디밭도 있다. 나는 타이와 함께 출근해서 하루 종일 같이 생활하다가 퇴근 후에는 산을 끼고 있는 캠퍼스를 같이 산책하거나 넓은 잔디밭에서 실컷 논 후 집으로 돌아오곤 했다.

지금은 결혼을 하고 사람 둘에 털북숭이 셋인 가족을 이루게 되었지만 주거하는 곳의 공간이 조금 더 넓어진(그래봤자 소형 아파트이다) 것을 제외하면 총각 때나 지금이나 상황은 별로 변한 게 없다.

주기적으로 산책과 운동을 시킬 수 있는 공간이 주변에 있다면 대형견과 대도시에서 생활하는 것이 불가능하지만은 않다. 세계에서 가장 복잡한 도시인 미국 뉴욕 맨해튼의 거리에서도 대형견과 함께 걷는 사람을 만나는 것은 그리 어렵지 않다. 아마 그 정도 크기의 대형견을 서울 광화문이나 홍대 거리에 데리고 나가면 주위의 시선과 눈총을 받을지 모르지만 뉴욕에서는 일상적인 일이다. 그 복잡한 거리에서 주인과 함께 걷는 대형견을 보면 부러웠다. 대형견과 많이 사는 뉴요커들은 대부분 단독주택이 아니라 스튜디오(우리나라의 원룸과 비슷함)나 레지던스 형태의 아파트에 거주한다.

비슷한 광경을 학회 참석 차 방문한 오스트리아 빈에서도 목격했다. 바쁜 출근 시간에 반려견과 함께 출근하는 시민들을 종종 보았는데 지하철 제일 끝 칸이 통째로 반려견과 동행하는 승객을 위한 전용 객실이었다. 시 조례에 따라 대형견이 입마개를 하고 조용히 주인과 지하철로 출근하는 모습은 진귀한 풍경이었다.

그렇다면 뉴욕 맨해튼, 빈 등의 도시와 서울의 차이는 뭘까? 첫째는 우선 반려인의 마음가짐이다. 내가 좋아하는 것을 남들도 모두 좋아할 수는 없다. 그렇기 때문에 반려인은 항상 타인에 대한 배려심을 가지고 자신의 개가 타인과 잘 지낼 수 있도록 최소한의 예절을 지켜야 한다. 그런 관점에서 보면 우리나라 반려인은 평균적으로 아직 조금 무례한(?) 편임을 부인할 수 없다.

아직도 일부 반려인은 반려견과 외출할 때 배설물을 처리할 봉투를 구비하지 않는다. 특히 어리고 몸집이 작은 개의 경우 배변 처리를 하지 않고 지나치는 경우가 많은데 아마도 배변 양이 작으니 문제가 없다는 생각인 것 같다. 하지만 그게 남들에게는 극도의 불쾌감을 줄 수 있다.

목줄이나 가슴줄을 하지 않은 채 외출하는 경우도 무례한 경우이다. 인식표를 부착한 목걸이, 목줄, 가슴줄을 착용하고 외출하는 것은 개를 보호하는 것이기도 하고 개를 싫어하거나 무서워하는 사람들에 대한 최소한의 배려이다. 하지만 아직도 이를 개를 구속하는 수단으로만 생각해서 꺼리는 경우가 있어서 안타깝다. 소형견이 반갑게 꼬리 치며 다가오는 모습에 놀라 도망가는 사람을 이상하게 생각할 게 아니라 누군가에게는 공포가 될 수 있음을 알아야 한다.

아직 우리나라는 반려동물에게 관대하지 않다. 대형견은 무조건 사납다는 편견, 동물은 병을 옮기고 지저분하니 공원 등의 공공장소 출입은 당연히 금지해야 한다는 생각이 우세한 게 현실이다.

반갑게도 2012년 서울시는 지자체로는 처음으로 동물복지과를 신설하여 반려동물 등록제를 전담하고, 인간과 동물이 대도시에서 공존할 수 있는 정책을 수립하고 있다. 복잡한 대도시에서 인간과 반려동물, 모든 주변 동물이 시민과 함께 평화롭게 공존하는 날을 기대해 본다.

한국에서 대형견과 살기 위해 필요한 것

아직 한국에서 대형견과 사는 것은 힘든 점이 많다. 그러므로 대형견을 입양하기 전에 다음과 같은 사항을 사전에 고려해야 한다.

적합한 공간을 제공해 줄 수 있나?

대형견과 살려면 일단 공간이 필요하다. 물론 마당이 없는 아파트에서도 대형견과 함께 살 수 있지만 마당을 대신할 수 있는 운동 장소를 제공할 수 있는 경우에만 가능하다. 실내에서만 오랜 시간을 보내는 대형견은 신체적·정신적으로 건강할 수 없다.

세인트버나드, 그레이트데인, 그레이트피레니즈 등 초대형견과 아파트 등의 공동주택에서 생활하는 것은 바람직하지 않다.

함께 보낼 수 있는 시간적 여유가 있나?

소형견과는 달리 대형견은 반드시 주기적으로 운동을 해야 한다. 대형견은 짧게라도 매일 산책을 해야 하고, 최소 1주일에 1회 이상 마음껏 뛰놀 수 있어야 한다. 이렇게 함께 보낼 수 있는 시간적 여유가 있는지 입양 전에 고민해야 한다.

대형견은 운동뿐만 아니라 목욕, 훈련 등에도 시간이 많이 소요된다. 따라서 직장일로 바쁘거나 자주 집을 비우는 경우에는 대형견을 올바로 관리할 수 없다.

특히 우리나라는 대형견을 맡길 수 있는 애견 호텔도 거의 없어서 출장, 여행으로 집을 비울 경우에 개를 맡아 줄 곳이 없다면 함께 살기 힘들다.

경제적 여유가 있나?

대형견은 소형견과는 달리 먹을거리 준비에도 많은 비용이 든다. 또한 소형견에 비해 동물병원 진료비도 비싸고, 미용비도 비싸다. 때에 따라 대형견 진료가 가능한 병원이나 애견 미용사를 직접 찾아야 한다면 비용은 더 많이 발생한다.

6

고양이와 톡소플라스마의 잘못된 공포

인수공통전염병이란? | 임신 중 톡소플라스마 감염을 막는 예방법 | 반려동물과 함께하는 안전한 임신과 육아

동물병원이 오전부터 무척 바쁘게 돌아가던 어느 날, 원무과를 통해 진료실로 문의 전화가 쇄도한 적이 있다. 질문의 요지는 전날 밤 한 TV 저녁 뉴스에 고양이로부터 인간에게 전염 가능한 기생충성 질환이 보도되었는데, 뉴스 내용처럼 그 질환이 정말 위험하고 고양이를 통해 인간에게 전염되는 게 맞느냐는 것이었다.

정확한 정보에 바탕을 두지 않고 단지 감염 가능성에만 초점을 맞춰 보도되는 '반려동물을 통한 질환 감염 위험성'에 대한 뉴스가 이전에도 종종 있어서 또 그런가 보다 생각했다. 그런데 이번에는 이전 보도와는 뭔가 달라 보였다. 우선 공중파 3사 중 하나였고, 시청률이 가장 높은 저녁 뉴스에 심도 있게 보도되었으며, 외국의 자료가 아닌 국내 자료를 인용했고, 위험성도 유산, 기형아 출산, 망막신경손상 등 실로 무시무시하게 제시되었기 때문이다.

문제가 된 기생충은 톡소플라스마로 톡소포자충이라고도 불린다. 이 기생충이 주목을 받은 이유는 동물과 인간이 함께 감염될 수 있는 인수공통전염병이고, 고양잇과 동물이 최종 숙주라는 점이다. 즉, 고양잇과 동물에서 기생충의 최종 생활사인 번식이 이루어지고, 다른 동물을 감염시킬 수 있는 충란을 배설한다는 것이다.

사실 이 기생충에 인간이 감염되면 감염된 사실을 모를 정도로 대부분 경미한 증상이 나타나거나 증상 없이 지나간다. 하지만 면역억제제 또는 항암치료를 받고 있는 환자나 면역력이 엄청 떨어진 사람에게는 망막변성, 림프절염 등의 증상이 발현되기도 한다. 또한 아주 드물지만 항체가 없는 임산부가 임신 초기에 감염되면 유산이나 태아뇌수두증과 같은 태아 기형이 유발될 가능성이 있다.

이렇게 무서운 기생충의 최종 숙주가 고양이인데, 이 기생충에 대한 한국인의 항체 생성률이 20퍼센트가 넘는다는 보도 내용은 고양이와 함께 생활하는 사람들은 물론 모든 사람에게 무섭게 전달되었다. 기자는 병명도 '고양이기생충'이라는 과학적으로 바르지 않은 용어를 사용했다.

톡소플라스마의 최종 숙주가 고양잇과 동물인 것은 맞다. 그러나 고양이는 이 기생충에 감염되면 2주 정도만 인간을 포함한 다른 동물에게 감염을 일으키는 충란을 배출하며, 그 이후에는 충란을 배출하지 않는다. 즉, 감염되었더라도 몇 주 지나면 인간에게 톡소플라스마를 전파할 위험이 없다는 말이다.

인간의 톡소플라스마 감염은 고양이로부터 유래되었다기보다는 대부분 완전히 익히지 않은 육류, 제대로 씻겨 나가지 않은 톡소플라스마 충란에 오염된 야채와 과일, 오염된 물과 흙에 접촉해 이루어진다는 게 정설이다. 즉, 톡소플라스마의 충란은 우리 주변의 흙과 물에 광범위하게 존재하며, 충란이 우리가 섭취하는 과일, 채소, 육류 등을 통해 인간에게 감염을 일으킨다는 것이다. 심지어 장갑을 끼지 않은 상태에서 정원 관리 등 흙을 다루는 일을 하는 경우에도 감염될 수 있다.

방송에서 언급한 것처럼 톡소플라스마 항체를 보유한 사람이 과거에 비해 증가했다는 것은 사실인 듯하다. 그러나 방송에서 언급한 내용은 강원도와 경기도 지역 등 특정 지역에 대한 조사 자료여서 전국적인 상황을 대표할 수 없다. 또한 항체가 형성된 것이 곧 현재 감염 상태인 것처럼 보도했지만 항체는 예방접종을 통해서도 생성될 수 있고, 그 자체가 감염 상태를 뜻하지도 않는다. 항체가 생성되었다는 것은 대부분 자신도 알아채지 못한 상태에서 감염된 후 회복되어 항체가 형성되었다는 것이지 톡소플라스마를 보유한 보균자라는 말이 아니다.

그리고 톡소플라스마 감염이 길고양이의 증가에 기인한 것처럼 보도한 것은 분명 잘못된 것이다. 고양이의 수가 미국과 비슷한 유럽 국가의 토양 내 톡소플라스마 오염 정도가 미국에 비해 훨씬 높다는 사실은 지역 내 고양이 수와 톡소플라스마 항체율이 서로 관련이 없음을 보여 준다.

또한 톡소플라스마 항체가 없는 임신부가 임신 초기에 톡소플라스마에 감염되면 톡소플라스마가 태반을 통과해 태아 기형을 야기할 수 있지만, 함께 생활하고 있는 고양이를 통해 감염되어 기형아를 출산할 확률은 거의 없으며 실제 사례를 찾기도 어렵다. 톡소플라스마 감염은 감염된 고양이가 감염 초기 2주 정도 배설하는 충란에 오염된 고양이 분변을 손으로 직접 만진 후 손에 묻은 충란을 입으로 가져가서 그 충란을 삼켰을 경우에 감염이 이루어질 수 있다. 즉, 고양이 분변을 손으로 만진 후 손을 입에 넣거나 그 손으로 다른 음식을 집어먹는 경우에만 해당되므로 상식적인 위생 관념만 준수한다면 설령 감염된 고양이와 생활하고 있다 해도 감염될 가능성은 매우 낮다.

따라서 톡소플라스마 감염이 걱정된다면 고양이를 멀리 할 게 아니라 매일 먹는 채소나 과일을 좀 더 신경 써서 세척하고, 물은 가능한 한 끓여 마시고, 육류 생식을 삼가고, 육류를 조리할 때 장갑을 끼고 조리 후에는 조리기구를 다른 조리기구와 분리해서 완벽히 세척하는 것이 더욱 현명한 예방법이다.

게다가 요즘 실내에서만 생활하는 우리나라 고양이들은 대부분 태어나면서부터 톡소플라스마에 노출될 기회 자체가 희박하다. 설령 어느 순간 감염되었더라도 사람에게 유해한 충란을 계속 배출하고 있는 고양이는 없다고 봐도 무방하다. 그러니 이 도도하지만 사랑스러운 털뭉치를 톡소플라스마 감염의 원흉으로 보고 멀리하지 않기를 바란다.

방송이 나간 후, 고양이 반려인뿐 아니라 각 동물 관련 단체 및 학계 전문가들의 강력한 반발로 결국 며칠 지나지 않아 정정보도가 나왔다. 그 정정보도를 우리 집 고양이 공주를 무릎에 올린 채 지켜보면서 잘못된 반려동물에 대한 인식 변화의 필요성을 다시 한 번 실감했다.

인수공통전염병이란?

인수공통전염병이란 개의 광견병이나 고양이의 톡소플라스마처럼 동물과 사람 모두에 감염을 일으키는 질병을 말한다. 반려동물과 생활하면서 인수공통전염병을 염려하는 경우가 많은데 크게 걱정할 필요는 없다. 수의사와 함께 평소 반려동물의 건강관리를 철저히 하고 위생에도 신경 쓴다면 이 질병에 노출되어 고통받을 확률이 거의 없기 때문이다.

또한 임신, 출산 때 반려동물을 멀리하는 경우가 있는데, 이 또한 과한 염려이다. 임신, 출산을 준비하거나 어린 아이가 있는 가정이라면 본인과 가족의 청결뿐 아니라 반려동물도 조금 더 청결하게 관리하는 정도면 된다. 주거환경도 청결하게 유지될 수 있도록 청소를 자주 하고, 매일 환기를 하고, 반려동물의 분비물이나 배설물에 신체가 노출되었을 때 물과 세정제를 이용해서 깨끗이 닦아서 세균감염과 같은 이차적인 오염이 발생하지 않도록 노력하면 된다.

▪ 임신 중 톡소플라스마 감염을 막는 예방법

임신 중 톡소플라스마에 의한 기형아 출산을 예방하려면 임신 전 톡소플라스마 항체 검사를 받은 후 다음의 내용을 참고한다.

① 반려인이 항체가 있다

반려인이 항체가 있다면 안심해도 된다. 이는 이전에 자신도 모르게 톡소플라스마에 감염되었음을 의미하며, 앞으로 감염되어도 아무런 문제가 되지 않기 때문이다. 또한 고양이가 항체가 있다면 감염원이 될 수 없으므로 안심할 수 있다.

② 반려인은 항체가 없고 고양이는 항체가 있다

이런 경우는 고양이를 통해서 감염될 가능성은 없고 생활 속에서 톡소플라스마에 감염될 수 있으므로 감염되지 않도록 노력해야 한다. 임신기에 생고기나 생야채를 만질 때 감염 예방을 위해서 장갑을 끼고, 맨손으로 만졌을 경우에는 즉시 비누로 손을 깨끗이 씻는다. 생선회나 육회 등 날음식 섭취를 삼가고, 야채 또한 익혀서 섭취하거나 흐르는 물에 여러 번 깨끗하게 씻은 후 먹는다. 임신 기간 중에는 흙을 맨손으로 만지는 일을 해서는 안 된다. 흙을 만진 후에는 반드시 손을 깨끗이 씻고 음식을 먹는다.

③ 반려인과 고양이 모두 항체가 없다

반려인과 고양이 모두 항체가 없다면 ②의 유의사항과 더불어 고양이에게는 반드시 가공된 음식(건사료, 캔사료 등의 가공음식 및 직접 열로 조리한 음식)만 급여하고 고양이는 실내에서만 생활하도록 한다. 고양이 배설물 처리를 직접 하지 않는 것이 좋지만 불가피한 경우에는 고양이가 배변을 본 즉시 장갑을 끼고 배설물을 처리한 후 비누로 손을 깨끗이 씻는다.

반려동물과 함께하는 안전한 임신과 육아

출산 전 준비

- 환기와 청소를 자주 한다. 특히 반려동물이 머무는 장소와 보금자리 주위는 신경 써서 청소한다. 출산 이후에도 꾸준히 집안 환기와 청소 등 위생 유지에 신경 써야 한다.
- 동물병원에서 반려동물의 예방접종 상태, 구충 여부, 치아 상태 등을 점검받고 필요한 진료를 미리 받는다.
- 개와 고양이가 임산부의 배 위로 뛰어오르는 행동을 하지 않도록 충분히 교육시킨다.
- 평소 물건을 과도하게 물거나 씹는 버릇이 있는 개는 전문가의 도움을 받아서 교정해 주는 것이 좋다.
- 고양이는 가족이 아기에게 관심을 더 쏟는 것에 대부분 별다른 관심을 두지 않지만, 개는 자신에게 보이는 관심을 아기가 받고 있다는 느낌을 가질 수 있다. 특히 평소 산모와의 유대감이 강한 경우에는 아기에게 질투심을 느낄 수 있으므로 질

투심을 유발하지 않도록 사전에 준비해야 한다. 출산 전에 먹이를 주거나 산책시키며 함께 놀아 주는 사람을 임산부가 아니라 다른 가족으로 바꾼다. 이때 너무 급작스럽게 바꾸면 오히려 임산부에게 더 집착할 수 있으므로 천천히 시간을 두고 변화를 주어야 한다.

- 아기 방 등 출산 후 출입을 못하게 될 장소를 사전에 미리 알려 주는 것이 좋다.
- 출산일을 전후해서 며칠 다른 곳에 맡겨야 한다면 맡아 줄 사람이나 애견 호텔, 펫시터 등을 알아 둔다. 출산 전에 미리 반려동물이 맡겨질 곳을 찾아서 적응할 수 있도록 해 주는 것도 좋다.

아기가 태어난 후

- 생후 한 달 이전이라면 평소보다 자주 손을 씻고 반려동물을 만진 직후에는 반드시 손을 씻은 후 아기를 보살핀다. 이러한 위생습관은 아기가 커도 지키는 것이 좋다.
- 개, 고양이에게 아기를 소개해 준다. 반려동물이 아기의 냄새를 맡을 수 있도록 자주 포대에 감싸서 천천히 다가간다. 개와 고양이가 아기에게 과도하게 반응하지 않으면 간식을 주면서 칭찬한다.
- 어른이 지켜보지 않은 상황에서 아기와 반려동물만 같은 공간에 두지 않는다.

- 개, 고양이가 왕래하는 바닥에 스스로 앉고 움직일 수 없는 아기를 두지 않는다.
- 개, 고양이가 아기 용품에 접촉하지 않도록 한다. 아기가 있는 보행기나 흔들침대에 개가 과도하게 흥분하는지 감시한다.

7

교육 잘 받은 개가 사랑받고 건강하다

사회화 훈련과 복종훈련은 언제, 누가 시킬까?

오늘도 영달이가 헉헉거리며 흥분한 채 진료실로 뛰어들어 온다. 뒤이어 큰 숨을 연신 내쉬며 아주머니도 들어온다. 일반적으로 동물병원에 내원하는 동물은 병원 특유의 분위기와 예전에 진료를 받았던 기억으로 인해 위축되게 마련인데 이 당당한 열 살 퍼그 종 아이는 전혀 그렇지 않다. 문제는 행동 자체가 당당함을 넘어 남들에게 피해를 줄 정도로 막무가내라는 점이다.

영달이는 태어나서 지금까지 개라면 당연히 해야 하는 목걸이와 목줄을 한 적이 없다. 강아지 시절 몇 번 시도했지만 너무 싫어해서 10년이 지난 지금까지 한 번도 한 적이 없다. 목걸이와 목줄이 없으니 외출 시에 마음대로 거리를 활보하는 영달이를 통제할 수 없고, "이리와.", "안 돼."라고 소리 높여 외쳐도 통제되는 경우보다 되지 않는 경우가 더 많다고 아주머니는 하소연한다.

이런 영달이는 수의사에게도 버거운 환자이다. 아토피성 피부염으로 인한 귀의 염증 상태를 살펴보려면 길쭉한 깔때기처럼 생긴 검이경이라는 검사기구를 귀 안쪽 깊숙이 넣어야 하는데, 영달이는 검이경의 접근 자체를 허용하지 않았다. 마취제 성분의 약물을 이용해서 진정시킬 수 있지만 일주일에 세 번이나 해야 하는데 매번 그렇게 하기도 곤란했다. 으르렁거리고, 심지어 물기까지 하는 영달이를 어르고 달래가며 귀 검사, 귀 세척, 약물 투약을 30분 만에 겨우 끝냈다.

그런데 문제는 집에서 하루에 두 번 귀 속에 약을 넣어 주어야 하는데 영달이는 아주머니의 접근을 허용하지 않고, 가족이 합심해서 약을 넣어 주려고 하면 아예 식탁 위로 올라가 맹렬히 반항한다고 했다. 평소에도 심기가 불편하면 높은 곳에 올라가 맹렬히 짖고 무는 영달이를 가족들도 포기한 지 오래라고. 이처럼 교육이 잘 되지 않은 개는 건강에 문제가 생겼을 때 제대로 치료를 받기가 어렵다.

영달이가 병원을 다녀간 오후, 젊은 부부가 어린 자녀를 유모차에 태우고 병원 문을 들어섰다. 옆에서 얼굴 털이 하얗게 센 비글 한 마리가 따라 들어왔다. 이 아름답고 사랑스러운 개는 올해로 열세 살인 제인으로 병원 대기실 한쪽에서 바닥에 턱을 대고 엎드려 조용히 자기 차례를 기다렸다. 가끔 아기가 울면 고개를 들어 걱정스러운 표정으로 쳐다볼 뿐 복잡한 동물병원 대기실에서도 침착함을 잃지 않았다.

귀의 염증을 치료할 때도 수의사들의 "앉아.", "기다려."라는 지시에 순순히 따르면서 수의사에게 자신의 몸을 맡겼다. 진료가 끝난 후에는 잊지 않고 자신을 괴롭힌(?) 수의사의 얼굴을 연신 핥는 것으로 고마움을 표현했다. 국내에서 정신 없는 개로 악명 높은 비글의 모습이라고는 믿기 어렵다.

제인은 부부가 미국 유학 시절부터 함께한 반려견으로 강아지 때에는 여느 비글 강아지 못지않게 말썽꾸러기였다고 한다. 온 집 안을 쑥대밭으로 만드는 제인을 위해 부부는 강아지 훈련 관련 책자를 섭렵했고 매주 주말이면 두 시간가량의 거리를 운전해 반려견 복종훈련 과정obedience class에도 참가했다. 덕분에 두 살 무렵에는 미국애견클럽이 수여하는 훌륭한 반려견상Canine Good Citizen(반려견의 복종도와 사회성 정도를 평가하여 사회생활에 문제가 없는 반려견으로 인정하는 것)도 획득했다.

사람이나 다른 동물과 조화롭게 살아가기 위해서 개에게도 교육이 필요하다. 강아지는 태어나면서부터 어미의 행동 및 형제자매들과의 관계를 통해 사회성을 습득한다. 이후 생후 2개월 무렵부터는 본격적으로 인간과의 생활에 필요한 사회성을 경험을 통해 습득하게 된다.

특히 생후 1년까지의 시기는 신체적 변화뿐만 아니라 정신적 변화 또한 왕성한 시기여서 이 기간 동안 집중적으로 긍정적 경험들을 통해 규범 등을 익혀 나가는 것이 중요하다. 사람이나 다른 동물과의 만남은 즐거운 것이지만 때로는 참거나 기다릴 수 있어야 한다는 것을 가르쳐야 한다.

물론 아무 데에서나 대소변을 보고 자신이 마음대로 행동하는 것을 자제시키는 것이 결코 쉬운 일은 아니다. 하지만 대부분의 개는 부드러운 말투로 반복해서 알려 주면 사람이 원하는 것이 무엇인지 금방 알아채고, 한 번 익히면 잘 잊어버리지 않을 만큼 똑똑하다. 즉, 개의 훈련에서 가장 중요한 것은 긍정적 태도와 꾸준함을 동반한 반복학습이다. 칭찬과 적절한 보상을 기본으로 하는 훈련방법은 개가 훈련을 놀이로 이해하기 때문에 가능하다. 이런 긍정적인 교육방법이 윽박지르고 물리적 힘으로 제압하는 훈련에 비해 초기 학습속도는 느리더라도 장기적으로는 효과가 훨씬 좋다.

잘못된 행동을 교정할 때도 마찬가지이다. 공포감, 체벌을 통해 잘못된 행동을 인지하게 하는 것은 바람직하지 않다. 잘못된 행동을 할 때마다 매번 단호하게 행동을 제지하되 제대로 한 경우에는 즉시 보상과 칭찬을 아끼지 말아야 한다.

당장 개와 함께 산책도 하고 놀아 주면서 간간히 '앉아', '기다려' 등의 기본 예절훈련부터 해보자. 사랑하는 가족과 함께 시간을 보내고 놀면서 무한한 칭찬, 맛난 간식 등 보상이 동반되는 재미있는 훈련시간을 개가 좋아하지 않을 리 없다. 차근차근 교육을 통해서 개와 의사소통을 해 나간다면 우리 개도 제인처럼 멋진 견공이 될 수 있을 것이다.

사회화 훈련과 복종훈련은 언제, 누가 시킬까?

사회화 훈련은 강아지 때부터

강아지 때부터 주변 환경과 상황에 익숙해지도록 사회화 훈련을 시킨다. 개를 포함한 다른 동물에 대해서도 공격할 대상이 아님을 알려 주려면 가능한 한 다른 동물과 자주 만나야 한다. 만약 강아지가 다른 동물을 두려워하거나 공격적 행동을 보인다면 시간을 갖고 천천히 동물과 대면하게 하면 공포심과 공격성이 사라질 수 있다. 특히 공포심을 나타낼 때는 억지로 다른 동물을 만나게 해서 공포심을 고착화시키지 않도록 주의한다.

사회화 훈련이 안 된 성견을 입양한 경우

어린 시절 사회화 훈련이 제대로 되지 않은 성견을 가족으로 입양한 경우에는 훈련 전문가나, 행동학 전공 수의사와 상담을 한 후 필요한 훈련처방을 받는 것이 좋다. 이 경우에는 절대로 조바심을 내서는 안 된다. 단기간에 이상행동이 교정되는 것이 쉽지 않기 때문이다. 또한 행동교정 과정을 전적으로 전문가에게만 맡겨서도 안 된다. 전문가의 도움을 받으면서 반려인이 개와 함께 꾸준히 노력해야 문제행동이 자연스럽게 교정될 수 있다.

간단한 복종훈련은 누구나 쉽게 할 수 있다

복종훈련을 위해서 전문 훈련소에 개를 맡기는 경우가 많은데 '앉아', '엎드려', '기다려'와 같은 기본 복종훈련은 가정에서도 충분히 직접할 수 있다. 함께 생활하는 가족과 함께하는 훈련과정을 통해서 개는 자신이 가장 신뢰하는 사람과의 행위 자체에 행복해 한다. 또한 훈련과정을 통해서 가족을 자신을 보호하고 사랑해 주는 존재로 여기게 되므로 기초 교육은 가족이 직접하는 게 좋다.

8

벌거숭이 콩삼이, 민간요법이 병을 키웠다

위험한 민간요법 및 자가 치료법 3가지

내가 근무하는 대학 부속 동물병원 피부과는 주로 일반 동물병원에서 해결하기 어려운 난치성 피부질환을 앓고 있는 동물 환자가 내원한다. 대부분 수도권에서 오는데 간혹 먼 지방에서 오는 경우도 있다. 그날도 대구에서 아침 일찍 첫 KTX를 타고 상경한 콩삼이가 조용히 주인 아저씨 품에 안겨서 대기실에서 진료를 기다리고 있었다. 그런데 대기실에 잠시 다녀 온 실습생이 걱정스러운 표정과 말투로 진료실 밖 풍경을 알려 주는데, 그 말을 들으니 잠시 후 맞이할 환자가 얼마나 심각한 상태인지 대충 짐작이 갔다.

아니나 다를까, 잠시 후 진료실로 들어온 올해 여덟 살 된 암컷 포메라니안 콩삼이는 포메라니안 특유의 풍성하고 탐스러운 털은 온데

간데없고 얼굴 일부를 제외한 신체 모든 부위에 맨살이 드러난 벌거숭이 상태였다. 피부질환을 앓고 있는 수많은 동물 환자를 보아 온 내게도 충격적이고 안타까운 모습이었다.

하지만 콩삼이의 현재 상태를 야기한 원인은 의외로 간단하게 파악할 수 있었다. 콩삼이의 투병기를 장황하게 늘어놓는 아저씨가 각종 연고와 정체 모를 액체로 가득 찬 병들을 내밀었기 때문이다. 그걸 보니 원인은 너무나 확연했다.

콩삼이의 피부 문제는 3년 전, 등 위에 동전만 한 이상증상이 나타나면서 시작되었다. 당시 동네 병원을 방문한 아저씨는 병원 진료비가 부담스러워 자가 진료를 결심했다. 동네 약국에서 구입한 피부질환 치료용 연고제와 피부에 좋다고 알려진 각종 액체류(○○액, ○○추출액)로 직접 치료를 시작했다. 그러나 이상증상을 보이던 피부는 털이 빠지면서 면적이 더 넓어졌고 그럴 때마다 연고 종류를 바꾸면서 더욱 열심히 연고와 액체 목욕을 병행했다.

검진 결과 콩삼이의 피부는 모낭이 모두 파괴되거나 극도로 위축되어 있고 피부 두께가 얇아져 모세혈관이 도드라져 보이는 동시에 풍선처럼 부푼 전형적인 호르몬성 탈모증으로 진단되었다. 흔히 이 질환은 부신이라고 하는 몸 속 장기에서 분비하는 호르몬 과다에 의해 발생하지만, 콩삼이의 경우는 피부질환 치료를 위해 아저씨가 매일 발라준 피부질환 치료용 연고가 원인이었다. 병을 고치기 위해 선택한 치료법이 오히려 병을 키운 것이다.

개와 고양이의 피부는 사람과 매우 다르다. 몸에 털이 있고 없고의 차이를 떠나서 개와 고양이의 피부 산도는 약산성인 사람 피부와는 달리 중성에 가깝다. 이런 이유로 사람용 샴푸 제품을 개와 고양이에게 사용해서는 안 된다는 것을 많은 사람이 알고 있는데, 이외에는 잘 알지 못하는 것 같다.

개와 고양이의 피부는 사람에 비해서 피부 표피층의 두께가 얇아서 훨씬 연약하며 세균감염에도 취약하다. 따라서 사람 피부에 사용해서 효능이 좋고 부작용이 없는 약물이나 기능성 제제들이 개와 고양이에게는 심각한 문제를 야기하는 경우가 흔하다. 물론 수의학에서도 특정 피부질환의 치료를 위해서 사람용 피부치료 연고를 사용하지만 이는 오랜 검증을 거쳐서 용법, 용량의 보정을 통해서 사용하고 있음을 알아야 한다.

콩삼이의 보호자는 다른 약물이나 처치 없이 원인이 되는 약물을 끊으라는 처방만 한 나를 못내 못미덥다는 표정을 지으며 진료실을 나섰다. 그런데 6개월이 지난 어느 날 콩삼이의 보호자로부터 깜짝 이메일이 왔다. 이메일에는 오렌지빛 찬란한 사자 갈귀처럼 풍성한 털을 가진 전형적인 포메라니안 사진이 첨부되어 있었다. 민간치료법을 끊은 것만으로도 제 모습을 찾은 벌거숭이 콩삼이의 모습이 얼마나 반가웠는지 모른다.

위험한 민간요법 및 자가 치료법 3가지

피부병 치료를 위한 식초, 목초액 약욕

식초와 목초액 모두 강한 산성제제로 중성에 가까운 개, 고양이 피부에는 자극이 심해서 약욕제로 사용해서는 안 된다. 식초와 목초액은 정상적인 피부에 사용해도 자극이 심한데 이미 감염되거나 손상되어 약해진 동물의 피부에 사용하면 심각한 피부손상을 일으킬 수 있다.

물론 강한 산성제제가 피부의 산성도를 낮추어 세균감염을 억제하는 효과가 있긴 하지만 더불어 피부조직을 자극해서 피부손상을 야기하는 단점이 있다. 이는 빈대 잡으려다가 초가삼간 태우는 것과 같다. 심한 경우 화학적 화상을 입어서 평생 화상후유증으로 고통받는 사례도 종종 있다. 그러니 피부병이 있다면 동물병원에서 진단을 받고 안전성과 효과가 검증된 전문 약욕제를 이용해야 한다.

사람용 해열·진통제 사용

개와 고양이의 열을 내리고 통증을 완화시키기 위해 사람용 해열·진통제를 사용하는 경우가 있다. 하지만 사람용 해열·진통제인 아세트아미노펜(상품명 타이레놀)은 개, 고양이에게는 치명적인 중독증을 일으킬 수 있으므로 주의해야 한다. 특히 개보다 고양이에서 중독 증상이 잘 나타나며 간손상이나 혈액 내 적혈구손상으로 인해 소량만 먹어도 사망할 수 있다. 개, 고양이가 열이 나고 통증을 보이면 즉시 동물병원을 찾아야 한다.

또한 해열제 성분과 기침억제제가 복합 처방된 사람용 종합감기약도 먹여서는 안 된다. 포함된 성분 중에 개, 고양이에게 약효를 보이는 성분이 있긴 하지만 같이 포함된 다른 약제 성분으로 인해 위험해질 수 있으므로 절대로 투약해서는 안 된다.

심장사상충에 블랙월넛 등 천연 허브 사용

심장사상충 감염 예방과 치료를 위해 블랙월넛 등 천연 허브를 투약하는 반려인들이 있다. 미국심장사상충협회는 최근 발표한 개, 고양이의 심장사상충에 관한 지침에서 그동안 논란이 되어 온 블랙월넛 등 약초 성분을 함유한 천연 허브 중 어떠한 것도 심장사상충의 예방과 치료에 안전하지도 효과적이지도 않다고 명시했다. 특히 우리나라는 심장사상충 감염이 만연해 있으므로 효능과 안정성이 검증된 예방약을 통해 연중 투약하는 것이 좋다.

9

할까 말까…
반려동물의 중성화수술

개, 고양이 중성화수술에 대한 모든 것 | 중성화수술로 개의 전립샘비대증을 예방한다 | 중성화수술로 개, 고양이의 자궁축농증을 예방한다

퇴근해서 집에 돌아오면 가장 먼저 두 마리 견공이 현관 앞에서부터 열렬히 꼬리를 흔들어대며 나를 반긴다. 그런데 평소에는 이런 모습을 한 발짝 떨어져 지긋이 지켜보는 것으로 인사를 대신하는 고양이 공주가 보이지 않았다. 이름을 부르고 고양이 소리도 내봤지만 아무런 반응이 없었다. 공주의 보금자리인 방석에도 없고 집 안을 뒤졌지만 공주의 행방은 오리무중이었다. 그때 베란다 쪽에서 나지막한 고양이 울음소리가 짧게 들려왔다.

넓지 않은 집에서 숨바꼭질하듯 찾아 헤매다가 발견한 기쁨도 잠시, 어렵사리 발견된 공주는 눈물과 콧물로 얼룩진 모습으로 나를 보자마자 큰 소리로 울어대기 시작했다. 아픈 고양이가 내는 신음소리에 가까운 울음이었다. 공주를 진정시켜 조용히 이곳저곳을 살펴보니 열이 심해서 눈이 충혈되었고, 아파하는 배에서 딱딱한 덩어리가 만져졌다.

공주를 아프게 한 것은 자궁 내 세균감염으로 발생한 염증과 그로 인한 농이 자궁 내에 쌓이는 자궁축농증이었다. 주로 중성화하지 않은 암컷 개와 고양이에게 종종 발생하며 심하면 목숨까지 잃을 수 있는 무서운 질환 중 하나이다. 다행히 공주는 곧바로 자궁을 적출해 내는 중성화수술을 받고 곧 건강을 회복했다. 이렇듯 중성화수술을 통해 예방하지 않으면 수의사가 돌보는 반려동물도 걸릴 수 있는 질병이 바로 자궁축농증이다.

반려동물과 함께 살면서 가장 결정하기 힘든 문제 중 하나가 바로 중성화수술이다. 사람의 입장에서 생각하면 말 못하는 동물의 생식능력을 인위적으로 빼앗는 거라서 잔인하고 자연스럽지 않다고 느낄 수 있다. 그래서 망설이게 된다.

하지만 절제되지 않는 생식본능을 보이는 반려동물과 함께 생활하는 것은 여간 불편한 것이 아니다. 수술을 하지 않으면 일정주기로 끊임없이 발정기가 되풀이되는 암컷 고양이의 울음소리에 잠을 설치거나 온 집 안을 소변으로 얼룩지게 만들고, 주인의 팔과 다리에 올라타 교미행위와 유사한 성적 행동을 시작하게 된다. 그런데 수술을 하면 이러한 행동이 사라지고 성격 또한 온순해진다.

이런 것과 더불어 중요한 것은 중성화수술이 반려동물의 건강에 도움이 된다는 것이다. 어린 나이에 중성화수술을 하면 자궁축농증을 비롯해 유선종양, 전립샘비대증과 같은 노령의 반려동물에게 흔하게 발생하는 질환의 발병위험을 현저히 줄일 수 있다.

따라서 반려동물을 번식해서 자손을 모두 좋은 가정으로 보낼 구체적인 계획이 없다면, 미리 중성화수술을 하는 것이 현명하다. 치명적인 질병도 예방하고, 원치 않는 생명이 태어나서 버림받을 가능성도 줄일 수 있기 때문이다.

난 새끼를 볼 마음도 없으면서 바쁘다는 핑계로 공주의 중성화수술을 미뤘던 것이 부끄러웠다. 아니 좀 더 솔직히 말하면 나름 훌륭한 조상의 피를 이어받은 순종 아메리칸쇼트헤어 종인 공주가 자신의 부모처럼 캣쇼에 출전해서 챔피언 타이틀을 따서 명문가(?) 후손임을 동네방네 자랑하고 싶은 허황된 꿈을 당시에는 버리지 못했기 때문이었음을 고백한다. 중성화수술을 하게 되면 캣쇼 참가에 제약이 따르기 때문이다.

물론 반려동물의 중성화수술은 단점도 있다. 수컷의 중성화수술은 비교적 간단하고 안전하지만 자궁과 난소를 모두 제거하는 암컷의 중성화수술은 개복수술의 특징상 때로는 수술 후유증을 수반하기도 한다. 또한 중성화수술 후 호르몬 분비 변화와 대사변화로 인해서 비만해지는 경우가 흔한데, 이로 인해 퇴행성 관절질환, 당뇨병 등의 발생률이 높아질 수 있다. 따라서 중성화수술 이후에는 철저한 식이조절과 운동을 통해 비만을 예방해야 한다.

반려동물에게 중성화수술을 반드시 해 주어야 하는가에 대한 물음에는 사실 정답이 없다. 각자 자신의 가족이 처한 상황과 여건 등을 종합적으로 고려해 중성화수술의 장점과 단점을 파악한 다음 신중히 결정해야 하는 문제이다.

그러나 중요한 현실 중 하나는 오늘도 유기동물 보호소에는 한때 어느 가정의 소중한 가족이었을 반려동물이 안락사라는 판결을 받아든 채로 힘들게 하루하루를 살아가고 있다는 것이다. 만약 중성화수술을 시키지 않고 새끼를 보았다면 그 새끼들이 앞으로 이런 처지가 되지 않으리라고 누가 장담할 수 있을까? 또한 반려동물을 한 마리 더 키우고 싶은 사람이 새끼를 낳게 하지 않고 보호소에서 유기동물을 입양한다면 소중한 생명을 살리는 것이니 얼마나 행복한 일인가?

그러니 굳이 새끼를 보겠다고 고집하지 말자. 적절한 시기에 중성화수술을 시켜서 질병도 예방하고 인간과 동물 모두 편안하게 삶을 공유하는 게 가장 좋을 것이다.

개, 고양이 중성화수술에 대한 모든 것

적절한 중성화수술 시기는?

의학의 발달로 개, 고양이 모두 생후 8주가 지나면 중성화수술을 할 수 있다. 그러나 수컷은 최소 생후 8주 이후 고환이 완전히 제자리에 위치한 것이 확인된 후 하는 것이 좋고, 암컷은 수컷보다 조금 늦은 생후 4~6개월 무렵에 하는 것이 좋다.

다만 최근 미국에서 장기간에 걸쳐 조사 발표한 연구논문에 따르면 성성숙이 완료되지 않은 어린 개와 고양이에게 중성화를 실시하면 이후 호르몬장애와 함께 비만, 당뇨 등 이에 수반된 질환 발생 위험이 증가하는 것으로 보고되었다. 그러므로 중성화수술을 늦추면 좋지만 성성숙이 완료된 이후 중성화수술을 하면 성적 행동 및 소변 마킹 등의 행동이 수술 이후에도 계속 나타날 수 있다는 단점이 있다.

그래서 대다수 수의사들은 성적 행동, 마킹 등의 행동이 보이기 직전(개 : 생후 5~9개월, 고양이 : 생후 5~6개월)에 중성화수술을 하도록 권하고 있다.

잠복고환의 중성화수술

생후 8주 이후에도 양쪽 고환이 고환 집에 위치해 있지 않으면 고환이 복강 내나 다른 곳에 위치해 있을 가능성이 높으므로 일반적인 방법이 아닌 다른 수술법으로 중성화수술을 한다. 만약 잠복고환을 제거하지 않고 나머지 고환만 제거하면 복강 내 남아 있는 고환이 이후 악성 종양으로 발전해 생명을 위협할 수 있다. 그러므로 반드시 잠복고환제거술과 중성화수술을 동시에 해야 한다.

수컷과 암컷의 중성화수술 방법

수컷의 중성화수술은 두 개의 고환을 제거하는 간단한 수술이므로 수술의 위험성이나 후유증은 거의 없다. 암컷은 배를 여는 복강수술을 통해 자궁뿐만 아니라 난소도 제거한다. 예전에는 난소를 남기기도 했지만 난소를 제거하지 않으면 임신은 불가능하지만 주기적으로 번식기가 반복되어서 유선종양의 발생 위험이 수술을 하지 않았을 때와 비슷해서 최근에는 난소와 자궁을 함께 적출한다.

중성화수술을 하지 않았을 때 나타나는 문제

개 : 수컷은 소변을 실내 곳곳에 분사하는 마킹 행위를 끊임없이

할 수 있다. 또한 사람의 팔이나 다리에 몸을 올리고 생식기를 비비는 행동을 자주 하고, 생식기가 보기 흉하게 포피에서 노출되기도 한다. 또한 짝을 찾아서 끊임없이 가출을 감행해서 유기견이 될 확률도 높아진다.

암컷도 수컷과 같은 생식기를 비비는 행동을 흔하게 하며 번식기에는 생식기에서 분비되는 분비물로 집 안을 더럽히기도 한다.

고양이 : 수컷인 경우 냄새가 강한 소변을 집 안 곳곳에 뿌리는 행동이 나타나기 쉽다. 개의 소변과는 달리 수컷 고양이의 냄새는 무척 강해서 가구나 커튼에 묻은 경우에 냄새를 제거하기가 쉽지 않다.

암컷은 평균 수일, 길게는 몇 주 동안 밤낮 구분 없이 처량한 목소리로 끊임없이 울고 얼굴과 몸을 사람에게 비벼대는 행동을 나타내며 괴로워한다.

개와 달리 암컷 고양이는 발정기 중에 교배가 되지 않으면 발정기 행동이 끊임없이 지속되어서 신체적으로 힘들기 때문에 더욱 중성화수술이 권장된다.

❚ 중성화수술로 개의 전립샘비대증을 예방한다

개도 전립샘비대증을 앓는다

중년 이상의 남성에서 전립샘비대증이 흔히 발생하는 것처럼 수컷 개도 나이가 들면 전립샘이 비대해져 문제를 일으키는 경우가 많다. 전립샘비대증은 중성화수술을 하지 않은 수컷 개에게 나타나는데 이는 나이가 들면서 남성 호르몬에 변화가 생기기 때문이다. 정도의 차이가 있을 뿐 중성화를 하지 않은 거의 모든 수컷 개에게 전립샘비대증이 나타나므로 어린 나이에 중성화수술을 해 예방하는 것이 좋다.

전립샘비대증의 증상

전립샘은 방광 바로 뒤쪽에 있으며 위쪽에 결장이 있다. 개의 전립샘비대는 초기에 통증이 동반되지 않아서 알아채기 어렵다. 그러나 심해지면 방광에서 요도로 내려오는 길목을 압박하면서 오줌을 원활히 보지 못하고 통증 또한 심해진다. 오줌에 피가 섞여 나오는 혈뇨 증상과 세균감염이 동반되어 방광과 전립샘에 염증이 생긴다. 때로는 전립샘이 결장을 압박해서 배변을 제대로 보지 못하는 경우도 생길 수 있다.

전립샘비대증의 치료

개의 전립샘비대증을 가장 완벽히 치료하는 방법은 중성화수술이다. 중성화수술 이후에는 평생 재발을 걱정하지 않아도 될 정도로 완벽하게 치료된다. 호르몬요법 등을 시도할 수 있으나 중성화수술에 비해서 치료효과가 떨어지고 약물에 의한 부작용이 발생할 위험이 높다.

중성화수술로 개, 고양이의 자궁축농증을 예방한다

발정기가 지난 직후에 걸릴 확률이 가장 높다

자궁축농증은 암컷 개, 고양이의 자궁에 농이 가득 차게 되는 질환이다. 개와 고양이가 발정주기를 거듭하면서 호르몬 변화를 통해 자궁의 상태가 외부 세균의 감염에 쉽게 노출되고 세균이 정착하여 살기에 적합하도록 변하면서 걸리게 된다.

특히 발정기가 끝난 직후가 가장 감염에 취약한 시기로 발정이 끝나고 2~8주 무렵에 자궁축농증이 가장 빈번히 발생한다. 또한 나이가 많아지면 자궁축농증에 걸릴 위험성도 동시에 증가한다.

따라서 중성화를 하지 않은 암컷이라면 평생 자궁축농증의 발병 위험에 노출되어 있는 것이나 마찬가지이다. 유럽에서 발표된 한 논문에 따르면 중성화를 하지 않은 암컷 개인 경우 10세 이전에 자궁축농증에 걸릴 확률이 25% 이상인 것으로 나타났다.

자궁 내 염증으로 끝나지 않고 전신적으로 심각한 증상을 일으킨다

자궁이 세균에 감염되는 자궁축농증에 걸리면 외음부로 출혈성의 농성 분비물이 배출되는 증상이 나타나는데 대부분 자궁 내 염증으로 끝나지 않고 전신적으로 심각한 증상을 일으키게 된다. 초기에는 물을 많이 마시고, 소변량이 증가하고, 식욕도 점차 떨어진다. 이후에는 패혈증(세균감염과 그로 인해 발생한 독소들이 혈액을 통해 전신으로 퍼져 나가는 것)으로 인해 급작스럽게 몸에서 열이 심하게 나고 탈수증을 보이면서 쓰러지게 된다. 심하면 경련증상과 함께 의식을 잃는 경우도 있다.

난소와 자궁을 적출하는 자궁축농증의 치료법

자궁축농증은 급작스럽게 증세가 악화되는 질환이어서 증상이 의심되면 가능한 한 빨리 동물병원에서 치료를 받아야 한다. 초기에는 별다른 증상을 보이지 않는 경우도 있으나 세균 감염이 심해지고 이로 인해 패혈증 증상이 나타남에도 불구하고 치료를 하지 않으면 대부분 사망하게 된다. 완벽한 치료는 세균감염으로 인해 염증이 발생한 자궁을 난소와 함께 적출하는 난소자궁적출수술(중성화수술과 동일하다)을 하는 것이다.

대부분 수술 전에 충분한 수액요법과 항생제 투약을 하면 패혈증 증상과 탈수 상태는 안정된다. 그런 다음 상태가 어느 정도 안정되면 가능한 한 빨리 수술을 실시한다. 수술 후에도 탈수증과 패혈증으로 인한 증상을 완화시키기 위해 며칠 간 지속적으로 수액요법과 항생제 투약을 해야 한다. 다행스럽게도 수술 전 증상이 아주 심한 상태가 아니고 수술 시기가 너무 늦지 않았다면 수술 후에는 대부분 빠르게 회복된다.

수술 말고 다른 치료법은 없을까?

간혹 자궁축농증에 걸린 일부 개, 고양이가 패혈증 증상을 보이지도 않고 자궁입구가 열려 있어 자궁 내 농이 원활하게 배출되고 있는 경우에는 수술을 하지 않고 자궁을 수축하는 호르몬제와 항생제를 이용해서 내과적으로 치료를 실시하기도 한다. 하지만 이는 합병증이 없거나 심하지 않은 경우 일시적으로 증상을 완화시키기 위해 시도되는 한시적 치료법이고, 이 경우에도 가능한 한 빠른 시기에 난소자궁적출수술을 실시해야 한다.

나이 든 개, 고양이의 자궁축농증도 수술해야 할까?

고령의 개, 고양이에게 자궁축농증이 발생한 경우 마취 위험성에 대한 염려로 수술을 꺼리는 경우가 많다. 하지만 마취 위험으로 생명을 잃을 수 있는 확률보다 자궁축농증이 악화되어 생명을 잃을 확률이 월등히 높다. 그러므로 나이가 많은 반려동물이라도 자궁축농증 진단을 받았다면 하루라도 빨리 수술을 하는 것이 좋다. 물론 나이 든 개, 고양이 암컷에게 자궁축농증이 나타날 위험이 높으므로 나이 들기 전에 미리 중성화수술을 해 주는 것이 가장 현명한 방법이다.

중성화수술이 가장 확실한 자궁축농증 예방법

자궁축농증을 예방하는 가장 확실한 방법은 중성화수술을 하는 것이다. 하지만 중성화수술을 하지 않았다면 발정기를 전후해서 스트레스를 받지 않도록 하고, 면역력이 떨어지지 않도록 체력을 관리해 주는 것이 예방에 도움이 된다. 그러나 중성화수술을 하지 않으면 자궁축농증에 대한 위험성이 항상 존재하므로 중성화수술을 미리 해 주는 것이 가장 좋다.

10

덩치가 작다고 하찮은 생명이 아니다

햄스터·고슴도치·기니피그·거북·이구아나 입양 시 주의점

주말 저녁에 동네 산책에 나섰다. 우리 집 노견 두 마리도 평소처럼 잡초로 덮인 흙길로 들어가 땅 냄새도 맡고 이상한 냄새가 나는 곳을 앞발로 파면서 놀았다. 그런데 두 녀석이 갑자기 멈춰 서더니 바위틈 위를 노려보며 킁킁 냄새를 맡기 시작했다. 평소와 다른 이상행동이었다. 아무리 줄을 끌어당기며 갈 길 가자고 재촉해도 꼼짝도 하지 않고 흥분해 있었다. 개의 시선이 머무는 곳을 조심스럽게 살펴보니 '쉭쉭' 하는 거친 소리와 함께 시커먼 물체가 꿈틀대고 있었다. 이미 해는 저물어 무엇인지 바로 알아챌 수 없었지만 생물체임이 분명했다.

서울 도심 한복판 주택가에서 이런 소리를 내는 동물을 만난다는 것이 쉽지 않기에 산책을 포기하고 집으로 돌아와 손전등을 챙겨 다시 그 장소를 찾았다. 꽃과 잡초더미를 조심스럽게 헤치고 손전등을 비추니 놀랍게도 고슴도치 한 마리가 공처럼 몸을 동그랗게 만 채 가시를 바짝 세우고 있었다. 야생 고슴도치인가 했지만 밝은색의 가시 색깔을 보니 요즘 가정에서 많이 기르는 외래종 고슴도치였다.

걸음이 느리고 겁이 많은 동물인 고슴도치가 살던 집을 탈출해 그곳까지 오는 것은 불가능하니 유기된 것이 분명했다. 버린 사람은 그나마 수풀이 우거지고 바위틈이 있는 이곳을 선택했겠지만 우리 개들에게 발견되지 않았다면 고슴도치는 곧 목숨을 잃었을 것이다. 야생의 고슴도치는 땅을 헤집거나 고목 주위에 서식하는 지렁이나 작은 곤충을 잡아먹고 생활하지만 반려동물로 개량된 외래종 고슴도치는 스스로 먹이를 찾을 확률이 거의 없다. 또한 외래종 고슴도치는 추위에도 약하기 때문에 우리나라 야생에서는 겨울을 날 수 없다. 집으로 데리고 와서 물과 함께 고양이 사료를 주고 자리를 피하니 허겁지겁 물과 사료를 먹었다. 아마도 유기된 지 며칠 지난 듯 보였다.

다음날 병원에서 간단하게 검진한 결과 고슴도치는 다 자란 수컷으로 평소 보살핌을 잘 받았는지 흔한 피부질환 하나 없이 건강했다. 그래서 혹시 탈출한 고슴도치인가 싶어서 아파트 단지 내에 전단지도 붙였지만 끝내 가족은 나타나지 않았다. 아쉽게도 사냥 본능이 강한 개 두 마리와 고양이가 있는 우리 집에서도 함께 생활할 수 없으니 새로운 가족을 찾아 주어야 했다.

마침 동네에 고슴도치를 분양하는 가게가 있어서 그곳에 찾아가서 입양할 곳을 찾아 달라고 부탁했다. 하지만 새로운 가족을 찾는 일은 쉽지 않았다. 현실은 냉혹했다. 고슴도치 가게를 운영하는 분의 말에 따르면 이 시기에 버려진 고슴도치가 넘쳐 난다고 했다. 대부분 어린이날을 전후해 반려동물로 맞이했다가 여름방학 무렵이 되면 집에서 쫓겨나는 고슴도치들이 많아진다는 것이다.

한 조사에 따르면 어린이날 선물로 아이들이 가장 선호하는 것은 개와 고양이라고 한다. 그런데 요즘은 비용이 많이 들고 보살피기 힘든 개와 고양이를 대신하여 구입비용도 저렴하고 생활공간도 많이 차지하지 않는 햄스터나 고슴도치와 같은 소형 설치류와 포유류가 인기를 끌고 있다.

사실 개와 고양이를 반려동물로 맞이하기에 부담스러운 사람들에게 소형 설치류나 포유류는 또 하나의 훌륭한 반려동물이 될 수 있다. 필수 용품을 구비하고 제대로 보살펴 주면 초등학생도 큰 어려움 없이 건강하게 기를 수 있기 때문이다. 이를 통해 생명의 신비는 물론 생명체에 대한 사랑과 존중을 배울 수 있어서 교육효과도 크다.

하지만 이를 위해서는 먼저 부모의 반려동물에 대한 생각이 올바라야 하고 아이들이 책임감 있게 동물을 보살필 수 있도록 지도해야 한다. 자녀가 반려동물을 원하면 부모와 자녀가 함께 책이나 인터넷을 통해서 동물의 습성과 기르는 법을 미리 공부해야 한다. 그렇지 않고 아이의 성화에 쇼핑하듯 동물을 사서 관리를 아이에게 다 맡긴다면 아이들은 냄새 나고 말을 못 알아듣는 동물에 곧 싫증을 낼 것이다. 그러면 이후 처리는 부모의 몫이 된다. 그날 우리 개들이 발견한 고슴도치도 이러한 과정을 거쳐서 유기된 것은 아닐까?

다행스럽게도 고슴도치는 좋은 주인을 만났다. 로즈라는 이름을 얻고 매일매일 주인 앞에서 쳇바퀴를 열심히 돌리면서 애교 많은 반려동물로 행복하게 살아가고 있다. 하지만 모두 로즈처럼 행복한 삶을 새로 시작할 수는 없다. 작은 동물이라고 하찮게 생명을 사고 버리는 문화가 사라지기를 바란다.

햄스터 · 고슴도치 · 기니피그 · 거북 · 이구아나 입양 시 주의점

햄스터

야행성 동물로 평균수명은 2~3년 정도이다. 가능한 한 넓은 사육장에서 바닥에 톱밥 등 설치류 전용 시판 바닥재를 넉넉히 깔아 주고 단독으로 생활할 수 있게 한다. 햄스터는 번식력이 뛰어난 동물이므로 한 케이지에 두세 마리를 키우다가 순식간에 불어나는 경우가 많다. 햄스터는 암수 구별이 어려운데 펫숍에서 분양할 때 같은 성별이니 괜찮다는 말을 믿었다가는 낭패를 볼 수 있다. 햄스터는 '햄스터 한 마리에 케이지 하나'라는 원칙을 지키는 것이 키울 때 무엇보다 중요하다.

또한 편히 쉬거나 잘 수 있는 보금자리, 쳇바퀴 등 놀이기구, 항상 신선한 물을 먹을 수 있는 물그릇이나 급수기도 마련한다. 바닥재는 최소 주 1회 교체한다. 여러 가지 곡류와 씨앗 사료가 혼합된 시판되는 햄스터 전용 먹이를 주고, 때때로 과일과 야채도 급여해 주면 좋은데 급여량이 많을 때는 설사를 하는 경우가 있으므로 배변 상태를 관찰하면서 먹인다. 단백질 공급을 위해 때때로 밀웜을 급여해 주면 좋다.

고슴도치

야행성 동물로 평균 수명은 4~6년 정도이다. 후각이 예민해서 일반적으로 냄새를 통해서 주인을 인지한다. 사육장은 넓은 것이 좋으며 바닥에는 톱밥 등의 바닥재를 깔고, 은신처와 밥그릇, 물그릇, 먹이그릇, 쳇바퀴와 같은 놀이기구를 준비한다. 사육장은 최소 주 1회 이상 청소하고 바닥재도 교체한다. 먹이는 전용사료가 좋지만 어린 고양이용 사료도 무방하다. 밀웜, 귀뚜라미 등을 종종 간식으로 줘도 좋다. 몸에 난 가시를 세우면 사람도 상처를 입을 수 있으므로 손 위에 올려놓으려면 손 냄새를 맡게 한 후 놀라지 않게 손을 배 쪽으로 넣고 들어올리는 훈련을 꾸준히 해야 한다.

기니피그

단독생활보다는 여러 마리가 모여 사는 것을 좋아하는 동물로 평균 수명은 5~10년 정도이다. 몸집보다 훨씬 큰 사육장에서 길러야 하는데 도약력이 약하므로 높이 30센티미터 정도의 덮개 없는 사육장에서도 기를 수 있다. 초식성이라서 건초(어릴 때는 알파파 건초, 완전히 자라면 티모시 건초)를 주식으로 하면서 여러 가지 푸른 식물의 잎과 줄기, 야채, 과일을 번갈아 먹인다. 기니피그는 비타민C를 스스로 합성하지 못하므로 비타민C가 많이 함유된 야채, 과일을 항상 공급해 줘야 한다. 단, 수분이 많은 야채, 과일을 많이 먹으면 설사할 수 있다. 많이 먹기 때문에 대소변 양도 많으므로 사육장을 매일 청소하고 바닥재도 매일 교체해서 청결을 유지해 준다.

거북

거북은 크게 물과 땅을 오가며 생활하는 반수생 거북과 땅에서만 생활하는 육지거북으로 분류한다. 반수생 거북은 물을 담은 수조에 물을 여과할 수 있는 여과기를 설치하고 물에서 반드시 나와 쉴 수 있는 쉼터를 마련해야 한다. 실내에서만 키우면 자외선 부족으로 인해 대사성 골질환이 발생할 수 있으니 자외선등을 설치한다. 잡식성이므로 전용사료를 바탕으로 때때로 모기 유충을 말린 간식거리로 주면 좋다.

육지거북은 박스 형태의 사육장에 특성에 맞는 바닥재(레오파드와 설가타 종과 같은 아프리카육지거북은 건조한 모래 바닥재, 열대우림이 원산지인 별거북 같은 종은 수분을 일정 함유해 습도를 유지할 수 있는 나무토막 바닥재)와 자외선등을 설치한다. 대부분의 육지거북은 원산지가 열대지방이기에 온열등을 설치해 주는 것이 좋다. 초식성이므로 건초와 잎이 푸른 신선한 야채를 급여한다. 여름에 제초제가 뿌려지지 않은 클로버나 민들레를 풀밭에서 뜯어 주어도 좋다.

거북은 대표적인 장수동물로 가정에서도 10년 넘게 장수하는 경우가 흔하다.

이구아나

가정에서 많이 기르는 이구아나는 그린이구아나로 남아메리카 열대지방이 원산지이며 평균수명은 5~8년 정도이다. 다 자라면 1미터 이상 되므로 입양 전에 염두에 두어야만 한다. 사육장은 탈출할 수 없게 덮개가 있는 파충류 전용이 좋고, 사육장 온도 유지를 위한 온열등과 함께 자외선등도 반드시 설치해 주어야 한다.

초식성이므로 잎이 푸른 야채와 건초를 공급해 준다. 단, 시금치, 근대와 같은 야채는 결석을 유발할 수 있다. 여름에 제초제가 뿌려지지 않은 클로버나 민들레를 풀밭에서 뜯어 주어도 좋다. 발톱에 의해 사람이 다칠 수 있으므로 핸들링할 때 조심해야 한다.

11

유기견의 해외입양

해외입양 예정인 개들의 임시보호자가 되어 보자

한겨울의 추위가 기승을 부리는 2월, 미국에서 열리는 학회 참석을 위해 집을 나섰다. 평소에는 비행기 출발 시각 두 시간 전후로 공항에 도착하는 편인데 이날은 조금 서둘러야 했다. 공항으로 가는 버스에 올라타자마자 전화벨이 울렸다. 밝은 목소리의 루이스가 영어 인사를 건넨다.

"안녕하세요? 곧 도착하시나요? 저희는 준비가 다 되었습니다. 도착하시면 공항 동물검역소로 오시면 됩니다."

행여 약속 시간보다 늦을까 봐 무려 비행기 출발 네 시간 전에 전화를 한 것이다.

미국 학회에 참석할 때는 대부분 동료 교수나 대학원생과 동행하지만 이날은 조금 색다른 친구와 함께 로스앤젤레스행 비행기에 올랐다. 그의 이름은 리프, 올해 두세 살로 추정되는 잘 생긴 크림색 수컷 아프간하운드 종이다. 한 달 전 인천의 한 재래시장을 떠돌다가 구조된 유기견이다. 다행히도 리프는 아프간하운드, 그레이하운드 등의 시각 하운드sighthound 계통의 유기견을 구조해서 외국으로 입양 보내는 주한외국인 단체인 팀인치Team Inch의 보살핌을 받다가 평생 주인을 찾아 태평양을 건너게 된 것이다. 나는 출국부터 미국 도착 때까지 리프의 서류상 주인이 되어서 리프를 미국까지 안전하게 데려가는 항공운송 자원봉사 일을 맡았다.

잘 알려지지 않았지만 최근 리프처럼 한국에서 가족을 찾지 못한 유기견들이 해외로 입양되는 사례가 점차 늘고 있다. 특히 국내에서 새로운 가족을 만나기 힘든 대형견과 잡종견, 신체장애를 가진 유기견이 해외로 많이 입양된다. 진돗개의 입양 사례도 많은 편이다.

몇 년 전부터 유기견을 가정에서 임시보호 하다가 미국, 일본 등으로 입양 보내는 일을 하는 분을 몇 번 만났지만 내가 직접 돕게 될 줄은 몰랐다. 개인적으로 우리나라의 고아 해외입양처럼 유기견의 해외입양 또한 일종의 나라망신이라 생각했기 때문이다. 그러나 우연히 페이스북에서 보게 된 검은색 아프간하운드 사진 한 장은 나를 이 길로 이끌었다.

평소 아프간하운드와 사는 외국인들과 교류하기 위해 페이스북을 이용하는데 어느 날 너무나 마른 검은색 아프간하운드 사진과 함께 미국으로 갈 수 있도록 도와달라는 글이 올라오기 시작했다. 이 개는 심장사상충 감염 상태로 병원에서 입원 치료를 받고 있는데 검역 준비기간이 끝나면 미국으로 가니 병원비와 항공비를 후원해 달라는 내용이었다. 병까지 걸린 한국의 아프간하운드가 미국으로 간다는 글에 조심스럽게 답글을 달았다.

"한국에서도 충분히 좋은 가정에 입양될 수 있을 텐데 왜 굳이 미국으로 보내려 하는지 이해가 안 됩니다."

내 글에 기다렸다는 듯 속사포처럼 외국인들의 답글이 올라왔다.

"우린 미국의 아프간하운드구조협회에 소속된 봉사자들인데 활동 범위를 넓혀 한국, 대만 등 아시아 국가에서 버림받은 아프간하운드를 미국으로 데려와 새로운 가족을 만나게 해 주고 있습니다.

당신이 한국에서 아프간하운드에게 새로운 가족을 만나게 할 수 있다면 우리는 한국에서 아프간하운드를 구조하는 일을 하지 않을 겁니다."

다소 공격적인 답글에 다시 답글을 달며 난상토론 끝에 나는 이렇게 답했다.

"그럼 제가 이 아프간하운드의 새로운 가족을 한국에서 찾아볼 테니 조금만 기다려 주세요."

당시에는 설마 아프간하운드 한 마리 데려갈 사람이 없을까라는 생각으로 답을 한 것이었는데 내 제안이 얼마나 실현 불가능한 것이었는지를 깨닫는 데는 그리 오래 걸리지 않았다.

작은 아파트에서 두 마리 아프간하운드를 간신히 돌보고 있는 우리 집과 마찬가지로 한국의 아프간하운드 반려인은 더 이상 새로운 아프간하운드를 가족으로 맞이할 수 없는 상황이었다. 그렇다고 다른 견종보다 예민한 아프간하운드를 키워 본 적이 없는 가정으로 입양 보내는 것은 개, 사람 모두에게 피해를 줄 수 있었다. 결국 아프간하운드는 한국에서 새로운 가족을 만나지 못하고 예정대로 미국의 아프간하운드 구조단체 중 한 곳인 남부캘리포니아아프간하운드구조협회를 통해 미국 가정으로 입양되었다.

사실 그 아이를 한국에서 품지 못했다는 깊은 자괴감으로 한동안 마음이 무거웠다. 하지만 한 마리 유기견의 새로운 삶을 위해 수많은 사람들이 보상 없이 헌신적으로 노력하고 있다는 사실에 감사하며 그 일에 동참할 수 있어서 다행이라고 생각하게 되었다. 특히 한국인 봉사자들과 함께 헌신적으로 유기견 구조와 해외입양을 위해 노력하고 있는 주한 외국인들(한국 주재원인 남편을 따라 한국에 온 부인과 교사, 유학생이 많다)에게 감사를 드린다. 그들의 노력이 없었다면 버려진 아프간하운드가 잔디에서 근육을 맘껏 사용하며 뛰어다니는 삶을 살 수 없었을 것이다.

이 개뿐만 아니라 모란시장에서 개고기로 팔릴 처지였던 그레이트피레니즈는 구조자들이 주인에게 고깃값을 지불하고 구조한 덕분에 외국의 눈 덮인 정원에서 아이들과 뛰놀며 지극히 반려견다운 삶을 살고 있다.

내 연구실에는 색다른 달력이 하나 있다. 매달 아름다운 아프간하운드가 모델로 등장하는데 모두 사연 많은 유기견 출신이다. 매년 미국의 아프간하운드 클럽에서 그 해에 구조되어 새 삶을 살고 있는 아이들의 이야기를 선정해 달력으로 만든 것이다. 판매 수익금은 다시 유기견 구조에 사용한다.

그 달력의 10월 모델은 미남이라는 한국 이름을 가진 오리건 주에 사는 크림색 수컷 아프간하운드이다. 팀인치에 의해서 남양주 유기견 보호소에서 구조된 후 한 달 동안 우리 동물병원에서 보살핌을 받다가 미국으로 입양된 아이이다. 여행과 캠핑을 좋아하는 미남이의 새 가족은 여행가방을 꾸릴 때마다 자기도 가겠다고 시위하는 미남이를 어디든 데려가려고 노력한다고 적혀 있다. 지저분하게 엉킨 털을 한 채 보호소 철장 케이지에서 초점 없는 눈동자로 카메라를 바라보던 미남이는 이제 꽃이 만발한 정원 옆 데크에 앉아 너무도 당당하게 정면을 바라보고 있다. 볼 때마다 가슴이 뭉클하고 기회가 된다면 다시 미남이를 만나고 싶다.

모든 유기동물을 구조해서 새로운 가족이 되거나, 새로운 가족을 찾아주기는 어렵다. 또한 모든 사람이 만사 제쳐두고 유기견을 구조하고 보살피는 일만 할 수도 없다. 하지만 자신이 할 수 있는 범위 안에서 재정적 후원이나 주말을 이용한 유기견보호소 봉사활동을 권한다. 아울러 국내에서 입양이 힘든 개들의 해외입양을 색안경을 끼고 보지 말고 도움을 주면 좋겠다.

아직도 많은 해외입양 후보 유기견들이 출국 전 잠시 머물 수 있는 임시보호 가정과 외국으로 데려가 줄 자원봉사 운송자를 애타게 기다리고 있다. 자원봉사 운송자는 자신의 항공권을 이용해서 수화물로 애견과 함께 출국한 후 현지의 구조단체 관계자에게 전달만 하면 된다. 관심이 있다면 다음의 인터넷 주소로 접속해 보자.

- 팀인치
  teaminch.org

- 애니멀레스큐코리아Animal Rescue Korea
  www.animalrescuekorea.org
- 펫츠온어플레인Pets on a plane
  www.facebook.com/groups/1476787085882995

해외입양 예정인 개들의 임시보호자가 되어 보자

해외로 입양이 결정된 개들은 대부분 임시보호 가정에서 출국 전까지 보살핌을 받는다. 이러한 임시보호 과정은 입양 대상 개의 구조 및 해외운송 과정과 더불어 가장 중요한 입양 진행과정 중 하나이다. 구조된 개는 임시보호를 통해 다시 한 번 사람의 따뜻한 정을 느끼게 되어 정신적으로나 육체적으로 안정을 찾을 수 있기 때문에 유기견 구조 봉사활동에서 임시보호 봉사의 보람과 성과는 무척 크다.

따라서 상처받은 개를 어루만져 줄 수 있는 마음과 여건과 시간이 허락된다면 해외입양 임시보호 봉사를 해보는 것도 좋다. 단, 해외입양이 예정된 개를 임시보호 하는 경우에는 다른 유기견보다 더 세심하게 관리해야 한다.

해외입양이 예정된 개들은 검역에 필요한 예방접종과 검사 등이 완료된 상태라서 운송을 도와줄 봉사자가 생기면 급박하게 출국해야 되는 상황이 생길 수 있기 때문에 항시 비행기 탑승에 무리가 없도록 건강상태를 유지해야 한다. 또한 공항을 오갈 때는 차를 타고, 이어서 장거리 비행도 해야 하기 때문에 사전에 이동장 적응과 차 타기 연습을 시켜 주는 것이 좋다.

하지만 무엇보다 중요한 것은 버려진 기억으로 인해 두려움과 의구심이 가득한 상처받은 마음을 최대한 회복시켜 주어야 한다. 임시보호 기간이 대부분 짧아서 상처가 완전히 회복되지 않은 채 해외로 떠나는 경우도 있지만 임시보호자가 최선을 다해서 상처를 어루만져 준다면 외국에서 새 가족을 만나 다시 행복을 누리는 데 큰 도움이 될 것이다.

2장

스무 살까지 살게 하는 건강한 환경 만들기

사람과 다른 개, 고양이의 습성을 잘 파악해서 건강한 생활환경을 만들어 주어야 병을 예방하고 건강하게 보살필 수 있다.

1

개, 고양이는 사료만 먹어야 건강하다?

집에서 직접 만든 개, 고양이 건강식단

해리는 올해로 두 살이고, 몸무게가 겨우 3킬로그램밖에 나가지 않는 반려견이다. 몸집이 좀 작지만 검은색의 코와 눈이 흰 털과 대비되어 아주 귀엽다. 그런데 이 귀여운 아이를 품에 안고 진료실을 찾은 노부부의 얼굴에는 근심이 가득했다.

"우리 해리가 새벽에 구토를 자주하고 사료를 잘 먹지 않아요. 아무래도 내시경검사를 해봐야 되겠지요?"

구토를 자주 한다는 건 정상이 아니지만 진료실에서 의사들에게 꼬리치고 연신 까불거리는 모습을 보니 수의과대학 동물병원에서 정밀검사를 해야 할 정도로 위중(?)해 보이진 않았다.

"사료만 안 먹나요? 아니면 다른 음식도 전혀 안 먹나요?"

기다렸다는 듯이 답이 돌아왔다.

"사람 음식은 개들에게 나쁘다고 해서 사료만 주려고 하는데 잘 먹지를 않아요. 그러다가 먹지 않은 날 새벽이면 어김없이 구토를 해요."

대답을 들으니 큰 병은 아닌 것 같아 안심이 되었다. 개나 사람이나 먹지 않으면 살 수 없다. 해리의 경우는 단지 사료가 싫어서 먹지 않는 것이고, 그로 인해 공복시간이 길어져서 생긴 구토증으로 추정되었다. 큰병에 걸리지 않았을지 걱정하는 노부부에게 나는 해리에게 줄 수 있는 다양한 음식물을 권하면서 식단의 변화로 증상이 호전되는지 지켜보자고 했다.

흔히 개에게는 사람 음식을 급여하면 좋지 않으니 사료만 급여하라는 말이 있다. 심지어 수의사도 반려인에게 이 점을 지나치게 강조하기도 한다. 물론 반려견 사료는 필요한 영양소와 칼로리를 완벽히 포함하고 있는 완전식품에 가깝지만 한편으로는 지극히 인간 편의에 의해 개발된 먹을거리 중 하나일 뿐이다. 정해진 양을 정해진 시간에 급여하고 보관이 용이하고 보관기간이 긴, 어찌 보면 사람의 간편식에 가까운 먹을거리이다. 하지만 사람도 매일 간편식과 함께 완전 균형식으로 선전하는 시리얼만 먹고 살지 않듯이 반려견도 평생 밋밋한 맛의 사료만 먹고 살 수는 없지 않은가?

일반적으로 사람과 비교해 개의 미각은 떨어지는 것으로 알려져 있다. 그러나 개도 맛을 구분할 수 있고, 맛있는 음식에 반응을 보이며, 특히 자신의 선조가 주 먹을거리로 삼았던 육류에는 이성을 잃고 반응할 정도로 육식에 바탕을 둔 잡식성 동물이다. 일부 개는 아이들처럼 좋아하는 음식에만 집착하는 편식 성향을 보이기도 하는데 이는 우리나라에서 인기 많은 소형견에게서 많이 볼 수 있는 현상이다.

해 줄 수만 있다면 개에게도 다양한 음식 재료로 만든 먹이를 주는 것이 좋다. 단백질원으로 중요한 신선한 육류와 탄수화물 공급원인 삶은 감자나 고구마, 쌀밥을 주 원료로 해서 각종 야채를 조금 첨가해 향신료나 소금 첨가 없이 약간 따뜻하게 조리한 먹이를 거부하는 반려견은 거의 없다. 여기에 해바라기씨유나 육수를 조금 첨가해 준다면 더욱 좋은 식단이 된다. 단백질과 탄수화물과 야채를 조금씩 바꿔 준다면 맛이 각기 다른 여러 식단이 가능하다.

문제는 바쁜 일상에 개밥까지 신경 쓰며 조리하는 게 힘들다는 것이다. 그렇기 때문에 대부분 간편하게 급여할 수 있는 사료를 이용하는 것이지 반드시 사료만 급여해야 건강하다는 말은 옳지 않다. 특히 사료 먹기를 거부해서 공복에 의한 구토증까지 유발하는 해리의 경우에는 더 이상 사료만 고집할 이유가 없다.

한 달이 지난 후 다시 진료실에서 만난 해리 가족은 행복해 보였다.

"교수님 말씀처럼 사료 대신 직접 조리한 음식을 주니 해리가 아주 좋아하고 이제 새벽에 구토하는 일도 없어졌습니다. 소꿉장난하듯 우리 부부가 먹는 음식에서 재료를 조금 나누어 해리 밥을 따로 작은 그릇에 조리해 주는 재미가 아주 그만입니다."

예정된 해리의 내시경검사는 취소되었다. 모든 개가 해리처럼 영양가와 정성 가득한 밥을 매일 먹고 살 수는 없겠지만 사료를 주더라도 종종 특별식을 만들어 주면 좋겠다.

집에서 직접 만든 개, 고양이 건강식단

중간에 멈추지 말고 꾸준히 만들어 먹인다

편한 사료 대신 가정에서 직접 만든 음식을 먹이기로 결심했다면 꾸준히 줘야 한다. 단순한 맛인 사료에 비해서 직접 준비한 음식은 기호성이 뛰어나다. 따라서 자연식을 먹이다가 다시 사료로 돌아가거나 사료와 가정식을 번갈아 주면 반려동물 입장에서는 혼란스럽고 결국 편식 성향을 가중시킬 위험이 높다. 한 번 결심했다면 꾸준하게 가정식으로 급여하도록 노력한다.

다양성이 중요하다

사람도 일일 섭취 영양권장량에 맞춰서 식사를 하지 않는다. 그래도 대부분 큰 문제없이 살아갈 수 있는 이유는 섭취하는 음식이 다양하기 때문이다. 이 점은 반려동물 식단을 짤 때도 매우 중요하다. 몇 가지 대표 레시피에 얽매이지 말고 다양한 재료와 조합으로 가능한 한 다양한 식단을 짠다. 소고기만 해도 각종 부위별 고기를 다양하게 사용하고, 간, 내장 부위 등도 다양하게 이용할 수 있다.

신선하고 믿을 수 있는 재료를 이용한다

사람이 먹기에 부족한 음식 재료는 반려동물에게도 주면 안 된다. 가격이 조금 비싸더라도 신선하고 믿을 수 있는 유기농 식재료를 이용하는 것이 좋다. 특히 닭고기, 오리고기 등의 가금육은 사람이 소비할 수 있는 수준으로 안전하게 유통되는 것을 이용해야 한다.

먹이면 안 되는 식재료

채소 중 대파, 양파, 부추 등은 용혈성 빈혈을 야기할 위험이 높으므로 식재료로 이용해서는 안 된다. 시금치 또한 결석을 유발할 수 있으므로 이용하지 않는 것이 좋다. 동물의 생간을 다량으로 장기간 급여하면 칼슘 부족과 비타민 A 과잉이 나타날 수 있으므로 소량씩 가끔 이용한다. 고양이는 대구, 광어와 같은 흰살생선을 날것으로 먹이면 비타민 B_1 결핍증이 발생할 수 있으므로 주의한다.

입맛 까다로운 고양이의 가정식

일반적으로 고양이는 개보다 식성이 까다롭고 가정식을 잘 먹지 않는 경우가 많아서 더욱 세심하게 준비해야 한다. 우선 음식을 체온보다 약간 낮은 35도 내외 정도로 따뜻할 때 주는 것이 좋다. 해동해서 줄 때는 전자레인지로 살짝 가열하거나 따뜻한 물을 첨가한 후 만졌을 때 미지근한 온기를 느낄 수 있는 정도가 좋다.

또한 고양이는 질감이 거칠고 모양이 있는 음식보다는 통조림처럼 반죽 형태로 된 음식의 질감을 좋아한다. 따라서 각종 음식재료를 믹서(블랜더)로 갈아 찰흙반죽과 같은 질감으로 만들어서 먹이면 좋다. 입맛이 아주 까다로운 경우에는 닭육수(생닭을 사서 육수를 내어 냉동실에 보관)나 참치캔에 들어 있는 육즙을 첨가해서 만들어 본다. 단, 이때 음식이 너무 국처럼 되지 않도록 유의한다.

영양제가 꼭 필요할까?

다양한 식재료를 이용해 다양한 음식을 꾸준히 급여하고 있다면 따로 영양제를 음식에 첨가할 필요가 없다. 특히 천연재료로 만들지 않은 영양제와 비타민류는 자연식 급여의 의미를 퇴색시킬 수 있다. 다양한 야채와 신선한 과일을 충분히 급여한다면 필요한 미네랄이나 비타민 섭취는 대부분 충족된다. 단, 음식재료에서 다량으로 얻기 힘든 오메가 3 지방산(동물용, 사람용 모두 무방하다)은 따로 챙겨 주면 건강 유지에 도움이 된다.

2

개에게 북엇국은 최고의 보양식?

개, 고양이 보양식 및 생식에 관한 모든 것

"똘이가 요즘 기운 없어 하는 듯해서 북엇국을 끓여 먹였습니다."

동물병원 진료실을 찾는 반려인들에게 종종 듣는 말이다.

"다른 음식보다 북엇국을 주신 특별한 이유라도 있나요? 북엇국 먹고 나서 똘이가 기운을 좀 차렸나요? 먹고 나서 응가는 예쁘게 나왔나요?"

웃으면서 너무나 당연한 일에 질문을 쏟아내는 내가 이상하다는 듯 똘이의 보호자는 고개를 갸웃거린다. 북어, 즉 말린 명태는 사람들이 술 마신 다음 날 해장국으로 사랑받는 음식 재료 중 하나이다. 그런데 이 북어가 우리나라 반려인 사이에는 최고의 반려견 보양 재료가 되었다. 정말 그럴까?

이 물음에 대한 정확한 근거는 아쉽게도 없다. 북어는 단백질 함유량이 높고 지방이 적어서 영양 구성면에서는 사람뿐만 아니라 반려견에게도 좋은 음식재료임에는 분명하다. 알코올 해독에 좋은 아미노산 성분이 풍부해서 사람의 숙취해소에 도움이 된다는 말은 간의 해독 작용을 돕고 간 보호에 중요한 아미노산이 많다는 의미이니 반려견의 간 기능 보호와 개선에도 도움이 된다고 할 수 있다.

다만, 주의할 점은 북어의 상대적으로 높은 열량과 나트륨 함량이다. 열량이 높아서 비만 경향의 반려견은 조심해야 하며 소금기도 많아서 소금기를 완전히 제거하는 작업을 꼭 해야 한다. 또한 단백질 함유량이 높기는 하지만 양질의 소고기, 닭고기에 비해서 개에게 소화흡수율이 더 뛰어난지는 객관적으로 연구된 바가 없다. 따라서 북어 음식을 반려견에게 먹였다면 반드시 변 상태를 확인해야 한다. 특별히 해가 되는 성분이 없고, 영양소 측면에서도 훌륭하니 소금기를 완전히 제거한 후 만든 요리를 잘 먹고 예쁜 변을 보았다면 보양식이라 할 만하다.

사실 육식성 잡식동물인 개에게 가장 좋은 음식 재료는 육류이다. 인간에게 대표적인 육류인 소고기와 닭고기는 반려견에게도 가장 훌륭한 단백질원이다. 특히 껍질을 제거한 닭가슴살은 소고기보다 저렴하면서 반려견이 소화를 잘 시키는 좋은 재료이다. 반면 돼지고기는 단순 조리 후 먹이면 잘 소화시키지 못하는 경우가 많으므로 기름기를 뺀 수육 형태로 소량만 먹이거나 아예 먹이지 않는 게 좋다.

최근에는 육류를 조리 과정 없이 생으로 급여하는 생식이 인기를 얻고 있다. 신선하고 안전하게 처리된 육류를 화식 조리방법을 배제하고 급여하는 것은 원재료의 식감과 영양소를 그대로 보존하는 이점이 있고, 개의 육식 본능을 자극해서 정서적 만족도를 높일 수 있는 제3의 긍정적 효과도 기대할 수 있는 좋은 식단이다. 다만, 원재료인 육류가 기생충과 식중독 유발 세균에 오염되었을 가능성이 있으므로 원재료의 보관과 관리에 신경을 써야 한다. 특히 오리고기, 닭고기 같은 가금육은 생산과 가공이 엄격하게 관리된 것으로 구입해서 가능한 한 빨리 소비해야 한다.

"똘이는 항상 응가도 편하게 보고 색도 황갈색이랍니다."

맛있게 먹고 편안히 소화되고 기운 회복과 즐거움을 주는 음식이 보양식이라고 한다면, 매일매일 먹는 똘이의 평소 식단과 북엇국은 보양식임에 분명한 듯하다.

개, 고양이 보양식 및 생식에 관한 모든 것

사료가 주식이라면 주기적으로 신선한 육류를 먹인다

만약 사료를 주식으로 먹인다면 주기적으로 신선한 육류를 급여해 주는 것이 좋다. 단, 갑자기 너무 많은 양의 육류를 먹이면 소화장애를 일으킬 수 있으므로 주의한다. 가끔은 한 번에 삼킬 수 없을 정도로 크기가 크고 살점이 일부 남아 있는 뼈를 주는 것도 좋다. 주의할 점은 냉동 상태의 뼈나 조리된 뼈는 날카롭게 갈라져 문제를 일으킬 수 있으므로 생뼈를 먹인다.

생식은 위생이 중요하다

생식 원재료는 사람이 먹을 수 있을 정도로 안전하게 가공되고 유통되는 재료만 이용해야 한다. 육류를 냉동 보관해서 이용하려면 최소한 먹이기 하루 전에 해동시키고 조리 시 사용하는 칼, 도마 등 조리기구는 다른 음식을 만들 때 사용하지 않는다. 냉동 육류는 한두 달 이내로 소비한다.

돼지고기는 기생충 감염을 조심해야 한다

다른 육류에 비해서 돼지고기를 생식하게 되면 기생충 감염에 노출될 위험성이 크다. 따라서 식단에 돼지고기를 이용한다면 가열 조리하여 소량만 이용하도록 한다.

고양이 생식 급여 시 주의할 점

개와 달리 고양이는 생식을 먹인다면 톡소플라스마 감염의 위험이 높다. 대부분 고양이와 사람 모두 별다른 문제를 일으키지 않지만 가능성은 항상 존재하므로 고양이에게 생식을 먹인다면 영하 20도 이하에서 냉동된(톡소플라스마의 낭포가 사멸될 확률이 높다) 육류를 사용해야 한다. 가능하면 생식보다는 열로 가열한 육류를 먹이는 게 좋다.

3

개는 좋아하지만 위험한 포도

개, 고양이에게 위험한 음식 | 반려동물의 안전사고 예방법

유난히 더웠던 여름이 끝나갈 무렵 마트에서 거봉 포도 한 송이를 사왔다. 일반 포도에 비해서 알맹이도 크고 무게도 꽤 되어 한 송이만 먹어도 배가 부른 거봉을 우리 부부는 끝내 먹지 못했다. 우리 집 아프간하운드 두 녀석 때문이다.

우리 집 반려견 타이와 키씨 두 녀석은 사람 나이로 치면 환갑에 가까운 노견이다. 그중 나이가 좀 더 많은 수컷 타이는 우리 집 개, 고양이 중 가장 크고 무겁지만 실상 서열은 동생인 암컷 키씨보다 낮다. 문제는 이러한 서열로 인해서 먹을 게 생기면 거의 일방적으로 키씨가 음식을 독차지한다는 것이다. 그래서 밥 주는 시간을 달리하고 타이가 밥을 먹을 때는 반드시 둘을 격리시킨다. 이렇게 철저히 관리를 하지만 종종 서열순위 최상위이며 끊임없는 식탐을 보이는 키씨는 먹을거리로 인해 종종 내 간담을 서늘하게 만들곤 한다.

그날 잘 씻어 그릇에 담아 둔 거봉 한 송이를 흔적도 없이 먹어 치운 녀석도 키씨가 분명했다. 키씨는 범행을 감출 수 없을 정도로 얼굴 밑 목에서 가슴까지 이어진 흰색의 아름다운 긴 털이 온통 포도 주스색으로 물들어 있었다. 또한 행복한 모습으로 입 벌리고 앉아 있는 키씨의 잇몸에는 포도껍질과 포도씨 잔재가 가득했다. 그러니 키씨가 범인이 아니면 누구겠는가.

포도는 당질과 각종 비타민류와 함께 주석산, 구연산, 칼륨, 철분이 풍부해 피로회복에 좋다. 하지만 사람에게는 유익한 포도가 1990년 후반부터 개에게는 치명적인 급성 신부전(콩팥부전)을 일으키는 것으로 보고되고 있다. 국내에서도 다수의 중독 사례가 있어서 반려견에게는 금기시되는 대표적인 과일 중 하나이다. 그런데 우리 집 식탐대마왕 키씨는 1킬로그램 가까이 되는 거봉 한 송이를 한 번에 드셨던 것이다. 바로 병원에 가서 혈액검사와 소변검사를 받았고, 그후 매달 신부전 발생 여부를 검사받았다. 다행히 몇 달이 지난 지금까지 키씨는 별 이상이 없다. 하지만 위험한 줄 모르고 먹이는 반려인도 있어서 사고로 포도를 먹고 병원을 찾는 반려견들이 종종 있다.

반려견이 먹지 말아야 할 음식을 먹어 병원에 오는 가장 흔한 경우는 양파, 파 종류를 먹고 탈이 나는 경우이다. 양파를 비롯한 파 종류에는 치오설페이트라는 성분이 들어 있는데 이 성분이 개나 고양이의 혈액 내 적혈구를 파괴하여 심각한 용혈성 빈혈을 유발한다. 국내의 실제적 사례를 분석해 보면 반려견이 짜장면을 먹어서 문제가 생긴 경우가 가장 흔하다. 치오설페이트는 조리과정 중 가열하거나 탈수해 건조시킨 가루에서도 독성이 사라지지 않는다.

사람의 치아건강에 좋다고 알려진 자일리톨껌에 포함되어 있는 자일리톨 성분도 개에게는 저혈당과 아울러 심한 간손상, 혈액응고장애를 일으킨다. 소형견은 자일리톨껌 두세 조각을 먹고도 증상이 나타날 수 있어서 특히 조심해야 한다. 만일 개가 자일리톨껌을 먹고 열두 시간 내외에 구토와 함께 저혈당 증상인 침울, 보행장애, 경련 등이 나타나면 바로 동물병원을 찾아서 응급처치를 받아야 한다.

다행스럽게도 최근에는 반려인이 위험한 음식에 대해서 많이 알고 있는 편이다. 그러나 집에 있는 사람용 약에 대해서는 모르는 사람들이 많다. 얼마 전 나는 임상수의학회에서 국내에서 시판되는 사탕 형태의 비스테로이드성 소염제의 반려견 중독 사례를 보고했다. 감기 등으로 인한 인후두염 시 목 통증을 완화시키는 제품으로 꿀과 향료를 혼합한 이 약은 사탕 형태라 복용이 쉽고 효과도 좋아서 사람들이 많이 찾는 약이다. 그러나 이 맛난 사탕 한 알이 반려견에게 심한 위장관 궤양에 의한 혈변증과 극심한 빈혈을 일으켜서 사망에 이르게 할 수도 있으니 조심해야 한다.

반려동물은 아이와 같다. 먹을 수 있는 것처럼 보이면 무조건 입으로 가져가는 반려동물과 함께 생활하는 가정에서는 음식물 관리는 물론 사람용 약 관리에도 신경 써서 불행한 사고를 막아야 한다.

개, 고양이에게 위험한 음식

- **양파, 파** : 함유되어 있는 치오설페이트가 혈액 내 적혈구를 파괴하여 심각한 용혈성 빈혈을 유발한다. 중독 시에는 대부분 초응급 상태로 적극적인 수액처치 및 수혈요법을 실시하지 않으면 사망에 이르기도 한다. 가능한 한 빨리 병원에 가 빈혈의 정도를 판정받고 적합한 치료를 받아야 한다.
- **포도, 건포도** : 급성 신부전을 일으킨다. 증상이 심하지 않다면 수액요법으로 치료될 수 있으나 심각한 경우 투석요법 등 적극적인 치료가 필요하다. 급성 신부전으로 위기를 넘긴 경우라도 만성 신부전으로 발전하여 평생을 치료받으며 살아야 하는 경우가 흔하다.
- **자일리톨** : 저혈당, 간손상, 혈액응고장애를 일으킨다. 중독증으로 저혈당이 발생하게 되면 당이 포함된 수액요법으로 기본적인 치료를 실시한다. 이후 간손상 여부와 혈액응고장애 여부 발생을 꾸준히 관찰하면서 치료한다. 다량 섭취로 인해 아주 심한 저혈당과 간손상이 발생한 경우가 아니라면 비교적 쉽게 완치된다.
- **카페인** : 사람보다 개, 고양이가 훨씬 민감하다. 섭취 시 구토, 설사, 불안, 흥분증이 나타나며, 심하면 심장마비와 경련으로 사망할 수도 있다. 중독증이 나타나면 즉시 동물병원에 입원하여 카페인 배출을 위한 적극적인 수액요법과 나타나는 증상에 대한 대증요법 치료를 받아야 한다. 중독 초기 적극적인 치료를

실시하면 대부분 완치되지만 중독증이 나타난 후 오랜 기간 방치하면 사망할 수 있다.

- **초콜릿** : 초콜릿에 들어 있는 카페인과 데오브로민으로 대표되는 메틸잔틴계 성분으로 인해 카페인중독 시와 같은 구토, 설사, 불안, 과호흡 등 흥분증이 나타나고, 심하면 심장마비와 경련으로 사망할 수 있다. 중독 증상이 나타나면 카페인중독 시와 마찬가지로 기본으로 수액요법 치료를 하며 초콜릿을 먹은 지 얼마 지나지 않았다면 구토 유발이나 위세척을 통해 초콜릿을 제거하는 치료도 실시한다. 너무 늦게 발견하지만 않으면 치료에 잘 반응해서 별다른 휴유증 없이 완치된다.

- **아몬드** : 소화불량이 올 수 있다. 하지만 별다른 처치 없이도 먹은 아몬드가 소화되어 배설되면 증상이 사라진다.

- **호두, 피칸, 마카다미아, 피스타치오** : 신경손상을 야기할 수 있는 성분을 함유해서 중독 시 보행장애, 경련 등을 일으킬 수 있다. 특히 오래 보관된 경우는 눈에 보이지 않는 곰팡이 독소가 위험하다. 지방 함유량이 높기 때문에 소화불량 및 췌장염(이자염)을 유발하기도 한다. 신경손상에 의한 중독증이 나타나면 치료가 잘 되지 않고 회복 후에도 다양한 신경장애가 나타날 수 있다. 많이 먹어서 소화불량, 췌장염이 발생했을 때는 구토, 설사에 대한 치료를 받아야 하지만 대부분 시간이 지나면 별 문제 없이 회복된다.

- **우유와 유제품** : 상당수의 개와 고양이가 선천적으로 유당분해효소를 가지고 있지 않아서 구토, 설사를 일으킨다. 하지만 유당

분해 능력이 있다면 급여해도 아무런 문제가 되지 않으므로 유제품을 먹이고 싶다면 소량을 먹여 본 후 문제가 없는지 확인한다. 유제품 섭취로 인해 발생한 구토, 설사는 특별히 치료할 필요가 없으며 유제품 섭취를 중지하면 자연스럽게 회복된다.

- **마늘** : 양파와 마찬가지로 치오설페이트가 들어 있어 중독증을 야기한다. 그러나 치오설페이트의 함유량이 적으므로 많은 양을 장기적으로 급여하지 않는 이상 중독증을 나타내는 경우가 양파에 비해 상대적으로 낮다. 치료는 양파중독 시와 동일하게 실시한다.
- **버섯** : 사람이 먹는 버섯류는 개, 고양이가 먹어도 안전하다. 다만, 어디까지나 식재료로 이용하는 수준의 양과 조리된 경우이다. 반면 버섯 추출물과 농축액에 대해서는 안전성이 대부분 연구된 바가 없다. 또한 버섯류는 알레르기나 중독을 일으키는 양상이 개체별로 다르기 때문에 식재료 이외의 목적으로 개와 고양이에게 급여하는 것은 주의해야 한다.

반려동물의 안전사고 예방법

위험한 사물에 대한 분별력이 없는 반려동물이 사람과 실내에서 생활하기 위해서는 환경에 주의를 기울여야 한다.

일부 화초는 독성이 있다

일부 화초에 독성이 있는데 대표적인 화초가 흔히 크리스마스 꽃으로 불리는 포인세티아이다. 개, 고양이가 포인세티아 잎과 꽃을 먹으면 구토 등 가벼운 중독증이 나타나지만 섭취한 양이 많거나 예민한 개체는 심각한 중독증이 나타날 수 있다. 백합, 아이비 또한 중독증을 일으키기 쉬우므로 반려동물이 있는 집에서는 주의해야 한다. 철쭉의 꽃도 중독증을 일으키므로 봄철 개와 함께 산책할 때 개가 철쭉꽃을 먹지 않도록 주의한다.

전기감전

전기선은 반려동물이 접근하지 못하는 곳에 감추거나 보호도구를 이용해서 감전을 예방해야 한다. 특히 한창 이갈이 중인 강아지에게 전기감전이 흔한데 감전은 입 주위 화상뿐 아니라 폐에 물이 차는 후유증이 나타나기 쉽다. 그러므로 감전 후 외상이 없더라도 동물병원을 찾아 검진을 받는 것이 좋다.

이물질 섭취

개는 고무, 가죽 소재에 관심이 많고 입에 넣을 수 있는 크기라면 일단 삼키려는 습성이 있다. 따라서 크기가 작은 어린이 장난감, 단추 등이 바닥에 떨어져 있지 않게 한다. 또한 음식물 쓰레기통에 개와 고양이가 접근하지 못하도록 해야 한다.

4

봄, 여름, 가을, 겨울, 반려동물의 건강한 계절나기

개, 고양이 약 먹이는 방법 | 고양이 턱 여드름 | 개, 고양이 탈장 | 동물병원 가기를 두려워하지 않는 개, 고양이로 훈련시키기 | 개, 고양이 감기 | 코가 촉촉하면 정상, 마르면 아픈 건가?

활동량이 늘고 성호르몬의 변화와 함께하는 **봄**

다른 곳보다 벚꽃의 개화가 일주일 정도 늦다는 관악산 언저리에서도 벚꽃은 절정을 지나 봄바람에 꽃잎을 무수히 떨어뜨리고 있다. 비록 아침, 저녁으로는 쌀쌀한 기운이 감돌긴 하지만 한낮에는 따스한 햇살에 절로 기분이 좋아지는 진짜 봄이 찾아왔다. 사계절 중 활동하기 좋고 평온한 기분을 느끼는 계절인 봄은 반려동물에게도 분명 더할 나위 없이 좋은 계절이다. 이 좋은 계절을 사랑스러운 반려동물과 건강하고 행복하게 보내는 방법은 다음과 같다.

1) 중성화수술

개, 고양이는 봄이 오면 겨우내 잠들어 있던 생체시계가 다시 작동하기 시작하는데 대표적인 것이 성호르몬의 변화이다. 특히 고양이는 봄이 되면 길어진 일조량에 영향을 받아 체내 성호르몬의 분비 균형이 완벽하게 후세 생산을 위한 단계로 전환된다. 봄이 완연해질수록 밤이 되면 동네 여기저기서 길고양이 울음소리가 들리는 것은 바로 이런 이유에서이다. 이 시기 실내에서 생활하는 암고양이는 밤낮 구분 없이 애처로운 목소리로 울고, 음식을 거부하고, 짝을 찾는 행위만 맹목적으로 지속한다. 따라서 새끼를 볼 생각이 없다면 발정기에 접어들기 전에 미리 중성화수술을 해 주는 것이 현명하다.

2) 털갈이

봄은 털갈이의 계절이다. 추운 겨울을 나기 위해 촘촘히 자란 방한성 털이 필요 없어짐에 따라 자연스럽게 빠지면서 그 자리는 여름을 대비해 체온 조절에 도움이 되고 피부를 보호할 수 있는 강하고 곧은 털로 바뀌게 된다. 물론 털갈이를 하지 않는 품종의 개도 있지만 털갈이를 하는 견종은 빗질을 자주 해 주어 털갈이를 일찍 끝낼 수 있도록 도와주는 것이 좋다. 빗질은 피부를 자극해서 반려동물의 기분을 좋게 하고 혈액순환에도 도움이 된다. 사람과의 유대관계 또한 더욱 강화시킬 수 있으므로 가능한 한 자주 해 주는 것이 좋다.

3) 산책

봄에는 반려동물과의 산책이나 외출이 잦아진다. 하지만 아침저녁으로 쌀쌀한 기운이 남아 있으니 나이가 어리거나 노령의 반려동물은 외출 시 체온을 잃지 않도록 보온에 신경 써야 한다.

특히 봄에는 호흡기질환이 유행하기 때문에 예방접종이 끝나지 않은 어린 반려동물은 공원, 반려동물 카페 등 반려동물이 많이 모이는 곳에는 데려가지 않는 것이 좋다.

4) 광견병 예방접종

봄, 가을은 정부가 지정한 법정전염병인 광견병 예방접종기간이다. 대부분의 지자체에서는 광견병 예방접종 기간을 정해서 반려동물의 광견병 예방접종 비용을 지원하고 있으니 이를 통해서 접종하는 것도 좋다.

5) 심장사상충

봄이 시작되면 겨우내 활동하지 않던 모기, 파리 등 해충도 활발하게 활동을 시작한다. 이는 반려동물에게는 모기에 의해 전염되는 심장사상충 예방에 주의해야 하는 시기가 왔음을 의미한다. 만약 지난 가을 이후 예방처치를 하지 않았다면 반드시 동물병원에서 사상충 감염 여부를 확인하고 다시 올해의 심장사상충 예방처치 프로그램을 시작한다. 늦가을 이후의 발생건수는 많지 않지만 감염된 사례가 있기 때문이다.

6) 진드기

풀밭이나 잔디밭에서 산책이나 운동을 할 때도 주의할 점이 있다.

제초제와 같은 농약, 화학비료가 뿌려지지 않은 안전한 장소를 선택하는 것이 중요하고, 활동 후에는 반드시 진드기 등 외부기생충이 피부에 붙어 있지 않은지 확인한다. 특히, 털이 긴 반려동물은 빗질을 통해 털 속 깊숙한 곳까지 세세하게 확인하는 것이 좋다.

개, 고양이 약 먹이는 방법

알약과 캡슐

처방받은 알약과 캡슐 형태의 약을 먹이와 함께 먹여도 무방하다면 알약과 캡슐을 통조림용 사료나 무염 치즈와 같은 간식으로 감싸 먹이는 방법을 시도해 본다. 대부분의 개와 고양이는 자신이 좋아하는 간식으로 감싼 약을 쉽게 먹지만 일부는 냄새를 맡아보고 먹지 않으려 하거나 입에 넣었다가 뱉기도 한다. 따라서 이 방법으로 알약과 캡슐 약을 먹일 경우에는 반드시 잘 삼켰는지 확인해야 한다. 알약과 캡슐 약을 쉽게 먹일 수 있도록 도와주는 간식 형태의 투약 보조제품도 시판되고 있다.

만약 이 방법이 통하지 않거나 먹이와 함께 투약해서는 안 되는 알약과 캡슐인 경우에는 직접 손으로 약을 입에 넣고 삼키도록 해야 한다. 이때 알약과 캡슐을 오른손 엄지와 검지로 잡고 반대쪽 손은 개와 고양이의 위턱을 위쪽에서 잡고 고개를 약간 위로 향하도록 해 준다. 이후 오른손 중지와 나머지 손가락을 입에 넣어 아래턱 앞니 위를 눌러 입을 열리게 한다. 입이 열리자마자 가능한 한 목 안쪽 깊은 곳에 약을 넣고 재빠르게 입을 닫는다. 이때 개와 고양이의 코로 바람을 불어 주면 순간적으로 놀라서 약을 삼키는 데 도움이 된다. 약을 잘 삼킨 경우에는 즉시 칭찬을 해 준다.

만약 입을 벌리는 것을 싫어하고 두 손으로 제압하지 못할 정도로 저항한다면 다음과 같이 한다. 대형견은 앉은 자세를 취하게 한 후 등 뒤쪽에서 양 무릎으로 개를 제압한 후 앞에서 설명한 것과 같은 방법으로 시도해 본다. 소형견이나 고양이라면 자신의 무릎 사이에 사지를 움직이지 못하게 놓은 후 역시 동일한 방법으로 입을 열고 알약과 캡슐약을 투약한다.

알약과 캡슐약을 먹이는 데 도움을 주는 전문 투약기도 시판되고 있으니 이용해 볼 만하다.

액상약

만약 먹이와 함께 투약할 수 있는 약물이라면 통조림 사료에 섞어 투약하는 것이 좋은데, 고양이와 일부 개는 이 방법이 통하지 않을 때가 많다. 그런 경우에는 주사기를 이용하는 것이 편리하다. 투약할 약을 용량에 맞게 주사기에 넣은 후 오른손으로 주사기를 잡고 왼손으로는 개의 주둥이를 부드럽게 잡은 후 머리를 약간 높은 곳에 위치시킨다. 주사기 끝을 입 끝으로 가져가 입술 사이에 주사기를 넣은 후 천천히 약물을 흘려 준다. 양이 많을 경우에는 개와 고양이가 약을 삼키는 속도에 맞춰서 천천히 약물을 흘려 준다.

분말형 가루약

먹이와 함께 투약해도 된다면 통조림 사료, 무염 치즈, 무염 땅콩버터, 꿀, 시럽 등의 간식에 버무려 먹인다. 만약 이 방법으로도 먹지 않거나 먹이와 함께 투약할 수 없는 약이라면 적당량의 물에 분말약을 타서 먹이면 편리하다.

동물병원에서 조제한 분말약은 대부분 방수형 약봉지에 담아서 준다. 그러므로 약이 담긴 약봉지에 물을 넣어서 주사기로 물과 약이 잘 섞이게 휘저으면 액상약과 같은 형태가 된다. 잘 섞인 것을 확인한 후 주사기를 이용해서 액상약과 같은 방식으로 먹인다.

힘들고 괴로운 **여름**나기

오늘도 타이와 키씨가 현관 앞을 막아 섰다. 평소에 자주 함께 출근하기 때문에 서로 자기를 데려가 달라고 시위를 하는 것이다. 간혹 두 마리 모두 데리고 출근하는 경우도 있지만 일에 방해되지 않도록 한 아이만 출근길에 동행한다. 오늘은 나이가 너무 많아서 차에 뛰어오르는 것을 힘들어하는 타이 대신 키씨가 선택을 받았다. 새벽 산책도 다녀왔고 아침도 든든하게 먹었고, 다시 외출한다는 것이 기분 좋은지 주차장으로 향하는 키씨의 발걸음이 한결 가볍다.

하지만 햇볕 쨍쨍 내리쬐는 길을 몇 발짝 걷기도 전에 혀를 길게 내밀고 숨을 거칠게 몰아쉬는 키씨의 얼굴에는 후회가 가득해 보인다. 여름의 무더위는 이른 아침 출근길부터 사람뿐만 아니라 동물도 지치게 만든다. 온몸에 털이 수북하고 땀 배출을 통한 체온조절 능력이 없는 개와 고양이에게 무덥고 습한 여름은 추운 겨울보다 더 가혹한 계절이다. 따라서 더위로 인해 건강을 해치지 않도록 평소보다 주의해야 한다.

조금만 움직여도 땀이 나고 후덥지근한 여름에는 몸도 힘들고 높아진 불쾌지수로 마음도 힘들게 마련이다. 그래서 여름에는 반려동물에 대한 주의가 소홀해지기 쉽다. 하지만 조금만 더 관심을 갖고 세심하게 보살피면 반려동물은 무덥고 습한 여름을 견뎌내는 데 가족의 활력소가 되어 줄 것이다.

1) 체온관리

개는 기온이 오르고 체온이 상승하면 입을 벌리고 혀를 내민 채 침을 흘리고 헐떡이면서 호흡을 한다. 이는 호흡을 통해서 수분과 열을 발산시켜 체온을 낮추기 위한 자연스러운 생리현상이다. 하지만 이런 호흡이 장시간 지속되고 힘들어한다면 생리적 체온조절 능력을 뛰어넘는 과체온 상태이므로 시원한 장소로 옮겨 물을 충분히 마실 수 있게 해 준다.

에어컨, 선풍기의 사용으로 온도가 조절되는 실내에서 생활하는 반려동물이 여름철 일사병이나 열사병으로 고생하는 경우는 드물다. 하지만 에어컨 가동이 멈추면 순식간에 온도가 상승하는 차량 안에 반려동물을 홀로 남겨 둬 열사병에 걸리는 사례가 여름에 빈번하게 발생하므로 반려동물을 절대 혼자 차에 남겨 둬서는 안 된다. 또한 허스키, 알래스카말라뮤트 등 더위에 취약한 북방견과 불도그와 같이 주둥이가 짧은 단두종은 체온조절 능력이 떨어지므로 여름철에는 과도한 야외활동을 삼가고 보금자리를 가능한 한 시원한 장소로 옮긴다.

2) 털관리

장모종 개, 고양이는 털을 짧게 깎는 것도 체온조절에 도움이 된다.

클리퍼를 이용해서 털을 아주 짧게 깎아도 괜찮지만 포메라니안, 페키니즈처럼 겉털, 속털이 있는 이중모 견종은 털을 너무 짧게 깎으면 이후에 털이 잘 나지 않을 수도 있으므로 주의한다. 이중모 견종은 가위를 이용해서 털이 최소 1센티미터 이상 남도록 깎아 주어야 한다. 털을 깎은 후에는 피부가 자극되어 일시적으로 가려움증이나 피부감염이 나타날 수 있으므로 이런 증상이 나타나면 즉시 동물병원을 찾아야 한다.

3) 먹을거리

반려동물도 날씨가 더워지면 체력이 떨어지고 면역력도 약해진다. 소화기능도 저하되어 여느 때보다 설사와 구토증이 나타나기 쉽다. 특히 습도가 높고 하루 종일 비가 계속되는 장마 때는 이런 증상이 빈번한데 즉시 병원을 찾아 치료받는 것이 중요하다. 별다른 이상이 없고 소화기능만 떨어졌다면 지방은 적고 단백질 함유량은 높은 밥을 먹이는 것이 도움이 된다. 항상 신선한 밥을 주고, 먹다 남긴 음식은 즉시 버리고, 건조사료는 곰팡이가 생길 수 있으므로 수시로 보관 상태를 확인한다. 또한 개봉 후에는 사료를 봉투에서 꺼내 방습제를 넣은 밀폐용기에 보관하는 것이 좋다.

4) 산책

평소 산책을 좋아하는 개는 한낮 폭염을 피해서 선선한 이른 새벽이나 저녁에 하는 것이 좋다. 또한 뛰지 말고 천천히 짧은 시간에 산책을 마무리하는 것이 좋다. 신선한 물을 챙겨서 산책 중 간간이 마시게 하면 체온이 급격히 오르는 것을 방지할 수 있다. 산책을 마친 후에는 시원한 장소에서 충분히 휴식을 취하고 젖은 수건으로 발바닥과 입 주위를 닦아 주면 혈액순환과 심신안정에 도움이 된다.

고양이 턱 여드름

고양이 턱 여드름은 고양이의 아래턱 피부에 모공을 막는 검은색 피지와 염증이 발생하는 질환으로 비교적 흔한 고양이 피부질환 중 하나이다.

고양이 턱에는 피지샘이 다른 신체 부위에 비해 많이 분포해 있는데, 여러 이유로 피지 분비가 과다해지면 피지 분비부 주위에 염증이 생겨 턱 여드름이 생긴다. 스트레스로 인한 면역저하, 털 고르기가 잘 되지 않은 경우(아래턱 부위는 털 고르기가 잘 되지 않은 경우가 많다), 알레르기 피부질환 등 원인이 다양하지만 원인이 분명하지 않은 경우가 더 많다.

증상은 단순하게 검은색 피지가 존재하는 경미한 경우부터 염증으로 인해 농이 찬 고름집이 생기거나 피지가 가득 찬 딱딱한 작은 결절(피부병변이 크면서 사라지지 않고 지속되는 것)이 생기고 털이 빠지는 심각한 경우도 있다.

고양이 턱 여드름은 한 번 발생하면 재발 없이 완벽하게 치료되는 경우가 드물다. 따라서 증상이 나타나면 심각하게 진행되지 않도록 관리하는 것이 중요하다. 증상이 심하지 않으면 모공 세척 작용이 있는 벤조일 샴푸 등으로 주기적으로 병변부를 세척하고, 세균감염이 있다면 항생제 연고를 바르는 것이 도움이 된다.

절대 하지 말아야 하는 행동은 사람 여드름처럼 억지로 모공 부위를 눌러 모공 속 피지를 짜는 것이다. 모공손상으로 인해 세균감염이 촉진되어 증상이 악화될 수 있다. 농이 찬 고름집이 생기거나 피지결절이 생겼다면 동물병원에서 검사한 후 먹는 항생제와 스테로이드를 처방받아 투약해야 한다.

턱 여드름이 있는 고양이는 식기를 상대적으로 세균 번식이 적은 스테인리스나 도자기 재질로 바꿔 주는 것이 좋다.

개, 고양이 탈장

탈장은 근육과 근육 사이의 이음부가 느슨해지고 틈이 생겨 장기가 근육 밖으로 나오는 경우로 개, 고양이는 사타구니 부위에 생기는 서혜부탈장, 배꼽 부위에 생기는 제대탈장이 많다.

개, 고양이의 서혜부탈장과 제대탈장은 대부분 정도가 심하지 않아서 주로 장의 일부가 근육 사이로 비집고 나와 있을 뿐 별다른 통증이나 증상이 나타나지 않는다. 하지만 시간이 지남에 따라 장이 더 많이 빠져나올 수 있고 빠져나온 장이 근육 사이에서 조여져 음식물이 통과되지 못하거나 심한 경우 혈액순환이 잘 되지 않아 괴사가 일어날 수도 있으므로 발견 즉시 교정수술을 해 주는 것이 좋다. 중성화수술을 하지 않은 어린 강아지나 고양이라면 중성화수술을 할 때 함께 교정수술을 하는 것이 좋다.

반려동물의 가을, 털갈이 관리부터

여름 내내 산책할 때마다 혀를 길게 내밀고 헉헉거리며 걷던 노견 타이와 키씨가 가을에 들어서니 체온조절에 문제가 없는 듯 혀도 내밀지 않고 발걸음도 가벼워졌다. 지구온난화의 영향으로 가을이 점점 짧아지고 있어 아쉽지만 짧아서 더 아름다운 가을을 반려동물과 함께 건강하게 즐겨 보자.

1) 털갈이

가을로 접어드는 환절기 무렵이면 개와 고양이들의 생체시계는 겨울을 대비해서 가동되기 시작한다. 힘든 여름을 보내고 더 혹독할 수 있는 추위를 견뎌내기 위해 미리미리 알아서 대비를 시작하는 것이다. 가장 먼저 나타나는 변화는 털갈이이다. 여름의 강한 햇볕과 더위로 인한 체온상승을 예방하기 위해서 갖고 있던 뻣뻣하고 성긴 털들이 다가오는 추위에 대비해서 부드럽고 촘촘한 털로 바뀌게 된다. 품종에 따라 털갈이를 하지 않거나 눈에 띄게 나타나지 않기도 하지만 대부분은 가을에 어느 정도 털갈이를 한다.

털갈이가 시작된 개와 고양이를 그대로 방치하면 빠진 털과 그 아래에서 자란 부드러운 새 털이 서로 엉켜서 지저분해지고 집 안에 흩날리는 털도 점점 많아지게 된다. 털갈이를 조금이라도 빨리 끝내려면 수시로 빗질해 주는 것이 좋다. 또한 빗질을 할 때 털만 빗기지 말고 피부도 함께 자극해 주면 혈액순환에 도움을 줘서 심신안정에 도움이 된다.

2) 목욕과 보습

털갈이가 끝나면 개와 고양이는 훨씬 부드러운 털로 갈아입는다. 그래서 털이 긴 장모종 개와 고양이는 지속적으로 낮아지는 습도에 정전기가 발생하고 피부가 건조해지기 쉽다. 이를 예방하기 위해 반려동물 전용 샴푸를 이용해서 목욕을 시키고, 마무리 단계에서는 린스나 컨디셔너를 이용해 피부와 피모에 보습을 준다. 보습 제품을 사용했는데도 피부가 건조하면 수의사와 상의해서 수시로 사용할 수 있는 반려동물 전용 보습제를 처방받는다.

3) 먹을거리

기온이 떨어지면 체온유지를 위해 평소보다 더 많은 칼로리를 소모하게 된다. 야외에서 생활하는 반려동물이라면 평소보다 칼로리가 높은 양질의 밥을 먹여서 겨울 추위에 대비한다. 하지만 실내에서 생활하는 개, 고양이라면 크게 신경 쓸 필요 없다. 오히려 계절적 영향으로 식욕이 왕성해져서 과식으로 인한 소화불량이나 비만이 되기가 쉬우므로 주의해야 한다. 또한 추석에 기름진 명절음식을 먹고 위장장애와 췌장염으로 동물병원에 내원하는 반려동물이 많으므로 기름지고 양념을 가미한 음식은 먹이지 않는다.

4) 심장사상충

날씨가 서늘해지면 모기 개체수가 확연히 줄어들지만 여전히 모기를 통해 감염되는 심장사상충 예방에 소홀해서는 안 된다. 잡초더미가 우거진 풀숲 옆을 산책하거나 잔디밭에서 운동을 하는 경우에는 진드기 등 외부기생충에 감염될 수 있으므로 야외활동을 마친 이후에는 반드시 빗질을 해서 털 속에 진드기가 있지 않나 확인해야 한다. 만약 진드기가 발견되었다면 손으로 진드기를 잡지 말고 바로 동물병원으로 가서 진드기도 잡고 주혈기생충(바베시아 등 진드기에 의해 감염되는 혈액 내 기생충) 감염에 관한 처치도 받는다.

동물병원 가기를 두려워하지 않는 개, 고양이로 훈련시키기

어린 아이들이 병원에 가서 진찰받고 주사를 맞는 것을 싫어하는 것과 마찬가지로 개, 고양이도 동물병원에 가서 진찰받고 치료받는 것을 유쾌하게 생각할 리 없다. 그러나 평생 동물병원을 가지 않을 수 없고 특별히 아픈 곳이 없어도 주기적으로 동물병원을 방문해서 건강관리를 받는 것이 중요하므로 동물병원을 친숙한 공간으로 인식시키는 것은 중요하다.

물론 동물병원에서의 경험이 동물들에게 좋을 리 없지만 동물병원 방문 전과 후에 즐거운 일이 생긴다는 것을 알게 되면 조금이나마 불안감을 줄일 수 있다. 이를 위해서는 '앉아', '기다려' 등 간단한 기본 복종훈련이 되어 있어야 하고, 평소에 산책 및 외출의 즐거움을 알 수 있도록 교육되어 있어야 한다.

훈련을 통해서 동물병원 방문이 즐거운 외출 중 일어나는 과정에 불과하며 매번 평소 훈련받은 대로 하면 보상이 꼭 따른다는 것을 인식시켜 줄 필요가 있다. 동물병원에서 얌전하게 행동하면 꼭 칭찬을 하고, 동물병원을 다녀 온 후에는 잠깐이라도 야외에서 즐겁게 산책이나 놀이를 한 후 귀가한다. 또한 집에 온 후에는 좋아하는 특별식을 조금 준다.

고양이는 병원에 가기 위해 이동장 안으로 들어가는 것 자체를 싫어하는 경우가 있으므로 평소 이동장에 익숙해지도록 교육시키는 것이 좋다. 이동장 안에 평소 좋아하는 깔개를 깔고 먹이를 놓은 채 문을 열어둔다. 이런 상태에서 고양이가 자연스럽게 들어가고 나오는 것을 반복하는 훈련을 한다. 어느 정도 이동장에 익숙해지면 이동장에 들어가게 한 후 짧게 외출을 한다. 적응하면 점점 이동장을 이용한 외출 시간을 늘려 나간다.

건강과 생활 모두 힘겨운 계절, **겨울**

매서운 추위와 세상이 온통 얼음과 눈으로 덮인 겨울은 사람과 동물 모두에게 가혹한 계절이다. 동물도 계절의 변화에 대비해야 하는데, 특히 겨울에는 건강을 잃기 쉽기에 주의해야 한다. 반려인의 관심과 노력이 곧 반려동물의 행복이니 춥다고 게을러지거나 소홀히 하지 말고 알뜰히 챙겨야 한다.

1) 체온관리

개와 고양이는 털이 있는 동물이라서 인간보다 추위에 더 강할 거라고 생각하기 쉽지만 반드시 그렇지만은 않다. 평균적으로 인간보다 추위에 더 강한 편이지만 원산지나 털의 길이 등 생김새에 따라 추위에 대한 내성이 천차만별이다. 예를 들어 시베리안허스키와 같이 흔히 북방계 품종으로 분류되는 견종은 추위에 강한 반면 털 길이가 짧은 도베르만핀셔 같은 견종은 겨울 추위가 고통스러울 것이다.

품종에 따라 추위에 대한 내성이 다른 개와 달리 고양이는 털이 없는 일부 무모종을 제외하고는 품종별로 추위에 대한 내성이 큰 차이를 보이지 않는다. 또한 고양이가 개보다 추위를 더 탄다고 많이 알고 있는데 특별히 그렇지는 않다. 고양이가 개보다 따뜻한 곳을 더 찾는 습성은 있지만 그렇다고 추위를 더 타는 것은 아니다.

2) 운동

우리나라에서 반려견으로 사랑받는 대부분의 소형견은 추위에 상대적으로 약한 편이다. 따라서 겨울에 야외활동을 하지 않고 실내에서만 생활하는 경우가 많은데 실내에서만 생활하면 자외선 부족으로 물질대사가 원활하지 않게 되고 면역력도 약해질 수 있으므로 볕 좋은 날에는 야외활동을 하는 것이 좋다. 단, 추위로 위축된 근육과 골격에 무리가 갈 수 있으므로 공놀이 같은 과격한 운동은 피하고 방한복을 입혀서 가벼운 산책을 하는 게 좋다. 겨울에는 제설작업으로 인해 도로에 제설제가 남아 있을 가능성이 있으므로 외출 후에는 반드시 발바닥을 깨끗하게 닦아 준다. 만약 눈이 온 직후라면 발바닥과 발 털 사이에 붙어 있는 눈 얼음도 세심하게 떼어내야 한다.

3) 일광욕

고양이는 일반적으로 햇빛이 잘 드는 공간을 찾아서 일광욕 즐기는 것을 좋아한다. 겨울철 추위로 인해 창문을 열지 못한다면 실내에서 가장 햇빛이 잘 드는 곳에 고양이가 편하게 쉴 수 있는 공간을 마련해 주는 것이 좋다. 편안하게 쉬고 있는 고양이의 털을 부드럽게 머리부터 발끝까지 손가락 끝으로 빗겨 주거나 얼굴 주위를 만져 주면서 가볍게 마사지를 해 주면 혈액순환에 도움이 되고 고양이의 기분도 좋아진다.

개도 고양이와 마찬가지로 일광욕이 필요하지만 실내 일광욕보다는 직접 야외로 나가 산책을 하면서 일광욕을 하는 것이 바람직하다. 다만, 겨울철에 외출이 힘든 노령견이라면 고양이처럼 실내에서 일광욕을 할 수 있도록 한다.

4) 먹을거리

반려동물이 나이가 많다면 겨울에는 소화가 잘 되는 음식을 주고, 평소보다 높은 칼로리의 음식을 주면 겨울을 이기는 데 도움이 된다. 종종 달걀이나 기름기가 약간 있는 육류를 살짝 익혀서 먹이는 것도 좋다.

반면 비만 경향이 있는 반려동물은 야외활동이 줄어 더욱 비만해질 수 있으므로 몸무게를 수시로 점검하면서 식사량을 조절한다. 식사량을 줄일 필요가 있는 경우에는 처음부터 식사량을 갑자기 줄이지 말고 10퍼센트 내외로 줄인 후 몸무게 변화를 관찰한다. 이후에는 주 단위로 10퍼센트씩 줄이면서 목표한 체중에 도달하게 되면 도달 직전의 식사량을 표준용량으로 삼고 계속 그만큼씩 먹인다.

5) 목욕과 피부보습

겨울철에는 난방으로 실내가 무척 건조하다. 따라서 반려동물 목욕은 자주 시키지 않는 것이 좋다. 잦은 목욕으로 피부의 정상적인 유분기가 제거되면 건조한 상태에서 피부건조증이 발생하고 이후 염증이 생길 수도 있기 때문에 목욕은 2~3주에 한 번 정도가 적당하며 동물 전용 보습제를 발라 준다. 특히 알레르기 피부질환을 앓고 있다면 피부 보습에 더욱 신경 써야 한다. 건조한 실내는 호흡기에도 좋지 않아서 가습기를 이용해서 실내 습도가 40퍼센트 이상이 될 수 있도록 조절한다. 신선한 물을 미지근한 온도로 자주 공급해서 평소보다 음수량을 늘리면 건조한 공기로 인해 발생하는 여러 문제를 예방할 수 있다.

개, 고양이 감기

여러 감기 바이러스에 의해 발생하는 사람의 상부호흡기계 감염인 감기와는 엄연히 다르지만 개, 고양이도 사람의 감기와 유사한 증상이 나타나는 질환이 있다. 특히 이 질환은 사람 감기와 마찬가지로 환절기와 겨울에 발생한다.

개

보데텔라균, 파라 인플루엔자와 같은 바이러스에 의한 전염성 기관지염인 켄넬코프에 감염되면 사람의 감기처럼 열이 나고 눈이 충혈되며 기침을 하는 증상과 함께 식욕부진이 나타난다.

이차적인 세균감염 예방을 위한 항생제 처치와 함께 나타나는 증상에 대한 대증처치를 하면 치료가 잘 되는 편이지만, 폐렴으로 발전하면 치료가 힘들어질 수 있다. 주로 면역력이 약한 개에게 발병하며 개가 모인 곳에서 전파되는 경우가 많으므로 개가 많은 장소에 출입이 잦다면 미리 예방접종을 해야 한다. 최근에는 새로운 바이러스에 의한 신종플루도 유행하므로 이에 대한 예방접종도 수의사와 상담 후 접종하는 것이 좋다.

고양이

고양이에게도 사람 감기와 유사한 증상을 나타내는 상부호흡기 감염증이 있다. 이 질환은 다양한 종류의 세균과 바이러스에 의해 발생하는데 보데텔라균, 클라미디아균, 허피스 바이러스, 칼리시 바이러스가 대표적이다. 이 원인균과 바이러스에 단독으로 감염되어 증상이 나타나기도 하고, 균 감염과 바이러스 감염이 동시에 발생하기도 한다.

증상은 콧물 및 재채기와 함께 기침을 하며 결막염에 의해 눈이 충혈되고 화농성 눈물이 발생하며 열이 난다. 허피스 바이러스, 칼리시 바이러스 감염에 의한 경우는 입 안에 궤양이 발생하기도 한다.

대부분 세균의 이차적 감염예방을 위한 항생제 처치를 포함한 대증처치로 쉽게 치료가 된다. 단, 허피스 바이러스, 칼리시 바이러스 감염은 바이러스가 평생 몸에 머물면서 면역력이 약해지면 재발되는 일이 반복될 수 있다.

모든 세균, 바이러스에 대한 예방접종은 존재하지 않지만 주요 원인인 허피스 바이러스, 칼리시 바이러스, 클라미디아균은 종합 예방접종을 통해 예방할 수 있다.

코가 촉촉하면 정상, 마르면 아픈 건가?

일반적으로 편안한 상태에서의 개, 고양이는 코를 통해서 숨을 들이마시고 내쉰다. 이 과정에서 들이마신 공기는 폐를 통해 산소를 몸에 공급하고 대신 몸 안의 이산화탄소를 받아 몸 밖으로 내보낸다.

이때 몸 밖으로 나오는 공기는 따뜻하고 습도가 높은데 밖으로 나오기 위해 다시 코를 통과하다 보니 코 표면의 체온보다 낮은 찬 성질로 인해 수분이 코 표면에 응집되면서 개, 고양이 코는 항상 촉촉하게 젖어 있다. 또한 개, 고양이는 수시로 혀로 코를 핥아 깨끗하게 유지하려는 습성이 있는데 이 또한 코가 항상 촉촉한 이유이기도 하다.

일반적으로 반려인들은 개, 고양이의 코가 말라 있으면 몸에 이상이 있다고 생각하는 경우가 많은데 반드시 그렇지만은 않다. 자고 있을 때는 혀로 코를 핥을 수 없기에 평소 깨어 있을 때보다 코가 말라 있는 것이 정상이다. 따라서 자고 일어난 직후 코가 말라 있다면 지극히 정상적인 신체반응이므로 걱정할 필요 없다. 대부분은 잠에서 깨어나서 늦어도 10분 이내에 코는 다시 정상적으로 촉촉해진다.

또한 실내생활을 하는 개, 고양이라면 난방 등의 원인으로 실내 습도가 낮아지면 덩달아 코도 건조해질 수 있다. 특히 난방을 위해 열풍기를 사용하거나 개, 고양이가 따뜻한 바닥에 누워 장시간 생활할 경우 건강해도 코가 마를 수 있다.

반면 개, 고양이가 몸에 이상이 생겨 열이 나는 경우와 탈수증이 있는 경우에도 코가 건조해지므로 물을 과도하게 마시는 목마름증을 보이거나, 소변량이 증가하거나 감소하고, 무기력하거나 식욕부진 등의 이상증상이 코가 마르는 것과 함께 나타난다면 동물병원에서 진료를 받아야 한다.

5

지치지 말고 꾸준히 관리해야 낫는 귓병

반려동물의 평상시 귀 관리법

"선생님! 베니 귀에 또 이상이 생긴 듯합니다."

베니는 올해 여섯 살 된 수컷 아메리칸코커스패니얼 종이다. 흰색과 검은색이 섞인 예쁜 털과 둥근 머리에 사슴처럼 큰 눈과 큰 귀를 가진 잘생긴 아이로 특유의 코믹함과 영리한 성격으로 막내아들로서의 지위를 굳건히 지키고 있다. 그런데 이 집의 고민거리 중 하나가 베니의 만성적인 귓병이다.

베니를 처음 진료한 2년 전, 가족에게 베니의 귓병은 치료 후에 좋아지기는 하겠지만 재발할 확률이 높으니 평소에 귀 관리에 신경 쓸 것을 요구했다. 그런데 베니는 계절이 바뀔 무렵이면 어김없이 같은 문제로 병원을 찾았다. 내원 횟수가 잦아지면서 가족도 포기한 듯 기계적으로 병원을 방문했다.

베니의 귓병은 베니의 잘못도, 가족이 관리를 소홀히 해서 생긴 것도 아니다. 코커스패니얼은 다른 견종과 달리 귓바퀴가 클 뿐 아니라 귓바퀴가 축 처져 있고 장식털로 풍성하게 덮여 있다. 귓구멍이 외부로 완전히 개방되어 있지 않다 보니 통풍에 장애가 있어서 항상 건조해야 할 외이도가 습한 상태이기 쉽다. 또한 코커스패니얼은 다른 견종과 비교하면 귀 내부의 분비샘 수가 많아 분비물도 많은 편이다. 통풍도 잘 되지 않고, 분비물도 쌓이니 염증을 일으키는 각종 세균과 효모가 자라기 쉬운 환경이 된다.

현대의 반려견은 개의 조상인 늑대에서 인간이 원하는 외형 위주로 개량된 결과물이다. 늑대가 적당한 크기의 바짝 선 귀를 가진 것과는 달리 현대의 귀가 축 처진 견종은 사실 태생적으로 귓병에 노출될 확률이 높다. 심하면 평소 관리를 잘 해도 평생토록 귓병 문제를 안고 살아갈 수밖에 없다.

코커스패니얼뿐만 아니라 모든 반려견은 사람에 비해 귓병에 취약하다. 해부학적으로 귓구멍에서 고막에 이르는 외이도가 사람에 비해 길 뿐 아니라 심지어 L자 형태로 구부러져 있기 때문이다. 이런 이유로 외이도의 통풍이 원활하지 못해 항상 습한데다가 일부 견종은 외이도 내에 털이 빼곡하게 자라기도 한다. 또한 외이도 내 표피층이 사람보다 훨씬 얇아 자극이나 감염에 취약한 것도 귓병이 잦은 이유이다.

고양이는 개와 유사하게 L자형으로 생긴 폭이 좁은 외이도를 가지고 있으나 분비샘의 수가 적고 외이도 길이가 짧아 개보다는 귓병을 앓는 경우가 적다. 그러나 고양이에게도 간혹 귓병이 생길 수 있으므로 평소 관리에 신경 써야 한다.

반려동물의 귓병 예방을 위해서는 틈나는 대로 귀 상태를 관찰하고 귀 청소를 주기적으로 해 주는 것이 중요하다. 반려동물이 심하게 고개를 흔들거나 뒷발로 귀 주위를 긁는 행동이 잦고 귀 주위에서 불쾌한 냄새가 난다면 귓병일 가능성이 높으므로 바로 동물병원에 가야 한다. 귓병은 초기에 발견해 치료하면 대부분 빨리 치료된다.

귀 청소는 양치질과 마찬가지로 어릴 때부터 거부감이 생기지 않도록 습관을 들이는 것이 중요하다. 이때 반드시 반려동물 전용 귀 세정액을 사용해야 하며, 귀 주위를 세심하게 닦을 때는 부드러운 탈지면이나 화장 솜을 이용해야지 마른 면봉이나 일반 탈지면 등을 사용해서는 안 된다. 전용 세정제가 아닌 알코올 성분이 함유된 피부소독제 등은 자극적이어서 피부에 나쁘고, 마른 면봉이나 일반 탈지면으로 귀 주위 피부를 심하게 닦으면 피부층이 손상되어 염증이 발생할 수 있기 때문이다.

치아 건강과 마찬가지로 귀 건강은 반려동물의 생명과는 크게 상관없지만 문제가 발생하면 반려동물과 가족 모두에게 성가신 질환이 될 수 있다. 사람과는 달리 동물은 스스로 이빨과 귀 관리를 할 수 없으므로 번거롭더라도 반려인이 시간을 내서 꼼꼼하게 관리해 주어야 한다.

반려동물의 평상시 귀 관리법

귀 청소는 목욕 후가 좋다

귀 청소는 정기적으로 목욕 후에 털을 말리고 해 주는 것이 좋다. 목욕 후에 귀 청소를 하면 귀지와 함께 귀에 남아 있는 세정 성분과 물기를 제거할 수 있다. 평소에도 틈틈이 귀 상태를 확인하고 필요하다면 귀 청소를 해 주는 것이 좋다.

귀 청소 전에 귓구멍 주위에 분비물과 귀지가 없는지 확인하고 불쾌한 냄새가 나는지도 확인한다. 만약 귀 청소 후에도 계속 냄새가 나고 분비물이 보인다면 병원에서 검진을 받아야 한다.

올바른 귀 청소 방법

반려동물 전용 귀 세정액을 귓속으로 2~3방울 떨어뜨린 후 귀 주위를 부드럽게 2~3분간 마사지해서 세정액이 귓속 분비물을 잘 녹여 귀 밖으로 배출될 수 있도록 한다. 그런 다음 귀 밖으로 흘러나온 세정액을 부드러운 탈지면이나 화장솜을 이용해 가볍게 닦는다. 세정제가 귓속에 남는 것이 우려되지만 남아 있는 세정제는 반려동물이 고개를 털면서 대부분 배출된다. 설령 남아 있어도 단시간 내에 건조되기 때문에 걱정할 필요는 없다.

고양이는 귀 세정액에 민감하게 반응하기도 한다

고양이를 귀 세정액을 이용해 닦아 주다 보면 코와 입으로 침을 흘리는 등 과민반응을 보이기도 한다. 처음 사용하는 귀 세정액에 과민해서 생긴 결과로 세정액에 어느 정도 적응하면 사라진다. 과민반응이 지속된다면 세정제를 다른 것으로 바꾸거나 아예 세정액 없이 식염수를 적신 솜을 이용해서 귓구멍 주위만 가볍게 닦아주는 것이 좋다.

귓병 치료는 꾸준함이 요구된다

귓병은 조기에 발견해 치료하면 잘 치료되는 편이지만 치료를 소홀히 하거나 도중에 멈추면 만성화된다. 따라서 귓병이 생겼다면 수의사의 지시에 따라 완치될 때까지 꾸준히 병원치료와 집에서의 귓병관리(치료약 투약과 귀 청소)를 병행해야 한다.

6

수의사네 강아지도 치주질환에 걸린다

개, 고양이에게 흔한 치과질환 | 어렵지 않은 개, 고양이 이빨 관리법

우리 집 먹보 키씨가 어찌된 일인지 정성스럽게 준비한 아침밥을 보고서도 먹으려 달려들지 않았다. 평소 하도 먹는 것을 좋아해서 밥그릇을 들고 있는 내 모습만 봐도 제자리에서 1미터 가까운 높이로 펄쩍펄쩍 뛰며 빨리 달라 보채는 녀석인데 좋지 않은 징조였다.

아홉 살 된 대형견이라는 점을 고려하면 키씨는 평소 건강한 편이지만 어릴 때부터 앓아 온 고질적인 질환 하나가 바로 치주질환이다. 세 살 때부터 시작된 치주질환으로 오늘처럼 밥을 거부하는 일이 종종 있어서 바로 키씨의 입을 열고 잇몸 상태부터 확인했다. 아니나 다를까 오래된 염증의 후유증으로 잇몸이 내려앉았고, 이빨 뿌리가 제법 드러나서 위턱 큰어금니 주위로 농양 주머니가 차오르고, 열감이 느껴질 정도로 주위 잇몸이 부어올라 있었다. 그러고 보니 오른쪽 얼굴 아래도 부어올라 눈도 반쯤 감겨 있었다.

키씨는 아침도 거른 채 나와 함께 병원으로 출근해서 치과(대학 부속 동물병원이라서 수의치과가 따로 개설되어 있다)에서 치주질환 치료를 받았다. 다행스럽게도 치료 후 염증은 빠르게 회복되었고 키씨는 왕성한 먹보로 다시 돌아왔다.

수의사와 함께 생활하는 반려동물도 이곳저곳 아픈 곳이 생기게 마련이다. 그러나 치주질환은 대부분 평소의 관리 부족이 원인이므로 키씨가 만성적인 치주질환을 앓고 있다는 사실을 고백하는 것은 수의사인 나로서는 조금 수치스러운 일이다. 다만, 키씨가 우리 가족의 일원이 된 것은 세 살이 훨씬 지나서였고, 그 전에는 스케일링은 고사하고 양치질 한 번 해본 적이 없었다는 것이 핑계가 될 수 있을까. 나한테 올 때부터 키씨의 잇몸 상태는 이미 심각한 수준이어서 관리를 소홀히 하면 나중에 어금니를 빼야 할 지경이었다.

키씨처럼 어릴 때 제대로 관리가 안 되어서 나이 든 후 구강질환으로 고통받는 반려동물들이 늘고 있다. 평소 주기적인 예방접종과 목욕, 중성화수술 등 상대적으로 많이 알려진 관리법은 잘 지키고 있지만 치아건강에 대해서는 무관심하게 생각하는 경우가 아직도 많다.

다행스럽게도 개와 고양이 등 반려동물은 사람과 비교하면 충치가 발생할 확률이 낮은 편이다. 개, 고양이 치아는 사람과 달리 원추형이라 음식 찌꺼기가 치아상부에 붙을 확률이 낮고, 치아 사이의 간격이 넓고, 침의 수소이온지수(pH)가 상대적으로 높아 충치 원인균에 의해 발생하는 산성 물질을 쉽게 중화시킨다. 또한 충치의 원인이 되는 탄수화물과 당 섭취가 사람에 비해 훨씬 적은 것도 충치 발생을 줄인다. 그러나 발생확률이 낮을 뿐 충치가 발생할 수 있으며 발생 후에는 치아손상이 급속히 진행된다.

사람처럼 개, 고양이도 어릴 때부터 양치질과 주기적인 스케일링을 통해서 치아관리를 해 주어야 한다. 동물은 치아에 통증을 느끼거나 불편함이 조금이라도 느껴지면 키씨처럼 음식 섭취 자체를 거부하는 경우가 흔하다. 특히 고양이는 이런 성향이 더욱 두드러지므로 조심해야 한다.

치아관리의 기본인 양치질은 어릴 때부터 거부감이 생기지 않도록 훈련시켜야 한다. 처음부터 칫솔과 치약을 사용하면 거부감이 생기기 쉬우므로 일단 손가락이나 젖은 거즈 등으로 간단히 양치한다. 그러다가 익숙해지면 하루 한 번 전용 칫솔과 치약으로 꾸준히 양치질을 시킨다. 또한 최소 1년에 한 번 이상은 동물병원을 찾아서 치아 상태와 잇몸 상태를 확인하고 치석이 심한 경우에는 스케일링을 한다. 개, 고양이는 스케일링을 할 때 전신마취를 해야 하기 때문에 꺼리는 경우가 있는데 마취 전 검사를 통해서 마취 위험도를 진단하고 호흡마취를 해서 스케일링을 하면 안전하므로 걱정하지 않아도 된다.

잠자리에 들기 전 우리 집 세 아이, 개 키씨와 타이, 고양이 공주는 매일 얌전히 '치카치카' 양치질을 한다. 물론 양치질을 부담스러워하는 공주는 거부 의사를 보이기도 하지만 예외는 없다.

개, 고양이에게 흔한 치과질환

- **충치 및 치아파절** : 사람과 달리 개, 고양이는 충치가 잘 발생하지 않는다. 그러나 간혹 딱딱한 물건을 씹거나 외부 충격에 의해 치아에 손상이 생기면 충치로 발전할 가능성이 높다. 특히 막 영구치로 치아가 전환되는 강아지인 경우 치아와 잇몸의 미약한 통증으로 인해 딱딱한 물건을 씹는 경우가 흔한데 이때 영구치가 손상되지 않도록 주의해야 한다.

- **치주질환** : 개, 고양이에게 나타나는 가장 흔한 치과질환으로 진행 정도에 따라 잇몸에 얕게 염증이 발생한 치은염과 잇몸 속 깊이 염증이 퍼져 잇몸뼈 주변까지 염증이 진행된 치주염으로 구분한다. 치주질환은 음식물 섭취로 인해 이와 잇몸의 경계부에 플라크plaque라고 불리는 세균막이 형성되고 여기에 미네랄 등이 달라붙어 딱딱하게 굳어서 생성되는 치석이 쌓여서 생기는 염증질환이다.
  치주질환의 가장 흔한 증상은 냄새가 나고 침을 흘리며 출혈이 있는 것으로 심한 경우에는 입 주위를 만지지 못하게 하고, 음식 섭취를 거부하고, 문제가 되는 부위의 이빨이 자연적으로 빠져 버릴 수도 있다. 치주질환 예방을 위해서는 주기적으로 꾸준히 양치질(가능하다면 매일)을 하고, 최소 1년에 한 번 이상 동물병원에서 치과검진을 받고, 필요하다면 치아 스케일링을 한다.

- **고양이 만성 치은염-구내염** : 입 안 구석구석 구내염 증상이 심하게 나타나는 질환으로 칼리시 바이러스와 같은 바이러스 감

염이 질병발현과 증상악화에 영향을 주는 것으로 알려져 있지만 아직까지 발병기전과 악화요인이 명확히 밝혀지진 않았다. 이 질병을 앓는 고양이는 대부분 한 살이 되기 전부터 치은염 증상을 보이기 시작하다가 나이가 들어가면서 점차 증상이 악화되는 특징이 있다. 그러나 간혹 일곱 살 이후에 갑작스럽게 발병하기도 한다.

만성 치은염-구내염을 앓게 되면 구취가 심하고 끈적거리는 침을 흘리고 입 안의 통증으로 인해 음식물을 먹는 데 어려움을 겪는다. 또한 털 고르기를 하지 않으며 음식을 잘 먹지 못해 점점 살이 빠지는 증상이 나타난다.

고양이 만성 치은염-구내염은 치료가 어려운 질환으로 평생토록 치료를 받아야 한다. 기본적으로 스케일링과 항생제 및 항소염제 투약을 통해 증상을 완화시킬 수 있지만 이런 치료에도 반응하지 않고 증상 재발이 빈번한 경우에는 치아를 발치(때로는 모든 치아를 발치)하는 수술을 통해 증상발현을 줄인다.

어렵지 않은 개, 고양이 이빨 관리법

양치질은 하루 한 번 또는 최소 주 2회 이상 한다

양치질에 익숙한 개, 고양이라면 매일 양치질을 해 주는 것이 가장 좋고 최소 주 2회 이상 해 준다. 특히 밥을 먹은 직후에 해 주면 더욱 효과가 좋다.

반려동물 전용 칫솔과 치약을 사용한다

사람이 사용하는 치약은 거품이 심하게 나고 자극적이어서 치약을 삼키는 습성이 있는 개와 고양이에게는 적합하지 않다. 반려동물 전용 치약은 거품이 잘 나지 않는 대신 함유된 효소 성분이 치아 플라그 제거와 치석 생성을 예방하는 효과가 있다. 칫솔은 적당한 크기의 유아용 칫솔을 사용해도 되지만 개, 고양이의 구강구조에 적합하게 설계된 전용 칫솔을 이용하면 좋다.

물에 섞는 치약, 젤 타입 치약의 효능을 맹신하지 않는다

물에 섞는 치약, 젤 타입 치약은 다른 반려동물 전용 치약과 마찬가지로 치아 플라그를 제거하고 치석 생성을 예방하는 효과가 있다. 하지만 일반적인 치약에 비해 이런 효과가 좀 더 특화되었을 뿐 칫솔질을 통한 물리적인 플라그 제거 효과를 능가하지는 못한다. 따라서 칫솔질은 주기적으로 하고, 양치질을 하지 못한 날에만 이런 제품을 사용하는 식으로 병용한다.

치아 안쪽도 꼼꼼히 양치한다

양치 시에는 치아 바깥쪽뿐만 아니라 안쪽도 깨끗하게 닦아 준다. 꾸준하게 양치질을 해 줘도 시간이 지나면 치석이 발생하므로 주기적으로 구강검진을 받는다.

고양이 양치질 길들이기

일반적으로 고양이는 개보다 칫솔질을 싫어하는 경향이 강하다. 그러므로 입 주위에 사람의 손이 닿는 것에 거부감이 들지 않도록 훈련하는 것이 중요하다. 평소 고양이가 좋아하는 통조림 사료의 액즙이나 참치캔에 포함된 액즙을 손가락에 잘 바른 후 손가락을 입과 코 주위에 가져간다. 고양이가 냄새를 맡고 손가락을 핥으면 천천히 입술 주위를 만지는 것을 반복한다. 고양이가 액즙을 바른 손가락을 좋아하게 되면 천천히 입술을 들어올려 입술 안쪽과 잇몸을 마사지한다. 이에 대한 거부감이 없어지면 육즙 대신 치약을 이용해서 잇몸 마사지를 하고 적응이 되면 칫솔을 사용한다. 이 모든 과정은 단계별로 천천히 꾸준히 진행해야 한다.

잔존유치

개와 고양이들도 사람처럼 나이가 들면 유치가 빠지고 영구치가 난다. 그런데 영구치가 났는데도 유치가 빠지지 않고 남아 있을 때 이를 잔존유치라고 한다. 잔존유치는 영구치가 올바른 위치에 나는 것을 방해하고 영구치 주위에서 충치화되어 치주질환을 일으킬 수 있으므로 발치해야 한다.

발치시기는 영구치가 자라는 모습을 지켜보다가 영구치의 성장에 방해가 될 때이다. 유치가 빠지지 않았는데도 영구치가 제자리에서 잘 나고 있다면 좀 더 기다리는 것이 좋은데 영구치가 자리를 잡았는데도 유치가 빠지지 않으면 그때 발치한다.

7

분리불안증은 개의 잘못도 사람의 잘못도 아니다

대표적인 분리불안증 증상 | 분리불안증을 완화시키는 방법

살면서 내 삶에 큰 전환점이 된 일이 두 가지 있다. 첫째는 공부를 위해서 고향 집을 떠나 서울로 혼자 올라온 것이고, 둘째는 결혼을 통해 한 가정의 가장이 된 것이다. 서울 유학은 원하는 공부를 위해서 오랫동안 준비하고 갈망했던 소원이 마침내 이루어진 것인 반면 평소 독신주의자임을 공공연하게 떠벌리고 다녔는데 일사천리로 진행해 버린 결혼은 급작스러웠지만 내 삶에서 가장 잘한 일이라 할 수 있다.

결혼을 하자마자 부양해야 할 가족이 대거 늘어났다. 아프간하운드 타이는 결혼 전부터 나와 함께 살던 아들이고, 아내는 고양이인 막내딸 공주를 데리고 왔다. 그런데 첫째 딸인 아프간하운드 키씨는 결혼이 아니었다면 아마도 다른 사람들의 가족이 되었을 것이다.

키씨는 총각 시절 어리석은 판단으로 도저히 함께 살 수 있는 상황이 아니었는데도 무턱대고 미국에서 데리고 온 아이이다. 역시나 한국에 와서 생활할 곳이 마땅치 않자 지인 집이나 훈련소에 맡겨서 간신히 보살피고 있었다. 그마저도 바쁜 생활로 주말에만 잠시 만나러 가곤 했다. 그런데 결혼을 하면서 신혼집인 소형 아파트에서 아프간하운드 두 마리와 함께 사는 것은 불가능할 것 같아서 키씨를 간절히 원했던 지인에게 보내려고 했다. 그런데 아내가 2년 넘게 남의 집살이를 한 키씨가 안쓰럽다며 다 함께 살아보자고 제안했다. 고마웠다.

결혼 후 우리는 사람 둘, 개 둘, 고양이 한 마리로 구성된 가족이 되었다. 다행히 고양이 공주는 아파트 생활에 전혀 문제가 없었고, 원룸에서 나와 살던 타이 또한 조금 넓어진 집이 대궐인 양 이리저리 뛰어다니며 잘 적응해 나갔다. 문제는 미국에서도 서른 마리가 넘는 아프간하운드 틈에서 태어나 자랐고 한국에 와서도 항상 최소 다섯 마리 이상의 개 틈에서 생활하던 키씨였다. 여러 마리 개와 서열경쟁을 하며 무리생활에 익숙했던 키씨는 갑자기 변해 버린 환경 때문인지 좀처럼 적응하지 못하고 힘들어했다.

항상 무리에서 우두머리가 되어야 만족했던 키씨는 우리 집에서도 나이가 많은 타이를 단번에 누르고 우두머리가 되었다. 뿐만 아니라 우리 부부의 사랑도 독차지하려고 항상 타이와 공주를 경계하고, 우리 시선에서 벗어나지 않기 위해 하루 종일 긴장 상태를 유지했다. 우리 부부는 그런 키씨의 행동이 그동안 여러 마리 개 사이에서 세심한 사랑을 받지 못해서 생긴 문제라고 생각하고 미안한 마음에 묵인하곤 했다.

그러나 이런 우리의 행동이 키씨가 가진 잠재적 문제를 더욱 악화시키고 말았다. 우리는 이것이 그후 몇 년간 우리 가족을 힘들게 하는 불씨가 될 줄은 몰랐다.

우리 부부가 출근을 하거나 외출을 할 경우 고양이 공주는 아무런 관심이 없고, 타이는 여느 개처럼 처음에는 우리와 함께 집을 나서기 위해 흥분 상태로 현관 앞을 서성이다가 이내 체념한 듯 담담하게 현관문을 나서는 우리를 바라보고는 했다. 하지만 키씨는 우리가 옷을 갈아입는 등 외출 준비를 하면 어김없이 끙끙대며 불안한 모습을 감추지 못했다. 심한 경우 자기 침대 모서리를 반복적으로 깨물기도 했다. 문제는 이런 불안행동이 우리가 외출을 한 이후에도 지속되어서 집 안 곳곳에 소변까지 본다는 것이었다.

사실 키씨는 우리 집에 오기 전까지 온전한 실내생활을 해본 적이 없었다. 밤에만 잠시 작은 방으로 들어가 잠만 자고 낮에는 야외에서 생활해서 실내에서 대소변을 가리는 훈련을 받아 본 적이 없었다. 그러다 보니 대소변을 야외에서 해결하려는 욕구가 강했다. 그래서 우리는 매일 주기적으로 산책을 통해 대소변을 해결하게 했다. 키씨는 폭우, 폭설로 산책을 가지 못하면 하루 이상 대소변을 참았고, 우리가 집을 비우면 집 안 곳곳, 특히 자기 침대, 소파, 이불 등 천에 집중적으로 소변을 봤다. 심지어 어느 날은 빨랫감 통을 엎어서 빨랫감 위에 소변을 보기도 했다. 키씨는 분명 분리불안증이라는 행동학적 이상증상을 나타내고 있었다.

키씨처럼 주인이 집을 비울 때 아무 곳에나 배변을 보고 집 안의 물건을 부수거나 어지럽히며 하루 종일 울부짖는 이상행동은 개를 키우는 사람들이 가장 흔히 호소하는 행동학적 문제이다. 이런 이상행동은 개가 실내생활을 익히지 못해 발생하는 것일 수도 있지만 대부분은 분리불안증으로 인해 발생한다. 특히 키씨처럼 주인이 외출을 준비하는 동안에도 불안하고 침울한 행동을 보인다면 이는 주인과의 일시적인 관계단절에 불안감을 느끼는 전형적인 분리불안증이다.

아쉽게도 특정 개에서 왜 분리불안증이 생기는지 명확히 밝혀지지 않았다. 다만, 여러 관련 연구에 따르면 분리불안증을 보이는 개는 정상 개에 비해 평소에도 불안감을 훨씬 잘 느끼며, 유전적 소인과 관계가 깊은 것으로 보고되고 있다. 또한 유전적 소인에 환경적 유발요인이 더해지면 더욱 쉽게 나타날 수 있다. 즉, 유전적 기질을 타고난 개가 증상을 유발할 수 있는 가족구성원의 변화, 일상생활 방식의 변화, 주거환경의 변화 등 특정 환경에 놓이면 분리불안증을 나타낼 수 있다는 것이다.

키씨도 부계 쪽으로 예민한 조상이 많은 혈통적 특징이 있고 미국에서 한국으로 온 것, 우리 집에 오기까지 사는 곳이 세 번이나 바뀐 점(당연히 돌봐주는 사람도 세 번 바뀌었음), 한 번도 경험해 보지 못했던 '집 안에 사람이 없는 상황'의 반복 등의 환경적 유발요인이 분리불안증의 원인임이 명확해 보였다.

분리불안증 때문에 어려움을 겪고 있는 반려인들과 이야기를 나눠보니 외출 시 악마로 돌변하는 개에게 잔뜩 화가 나 있거나 반대로 분리불안증의 원인을 자신 탓으로 생각하는 경우가 많았다. 다른 개보다 예민하고 쉽게 불안해하는 타고난 기질을 개가 스스로 바꿀 수 없고, 바쁜 도시인이 하루 종일 개를 곁에 두고 생활하는 것은 불가능하므로 개의 분리불안증이 누구의 잘못인지 따지는 것은 의미가 없다. 이렇게 생각하는 보호자일수록 문제를 교정해 나가려는 의지가 없고, 분리불안증은 고칠 수 없는 이상행동으로 생각해 버리기 쉽다. 하지만 이상행동에 대한 문제를 정확히 인지하고 이를 최소화시킬 수 있는 방법을 찾는 것이 중요하다.

검진을 통해 키씨가 건강상으로는 아무런 문제가 없음을 확인한 후 우리 부부는 일명 '외출강령'을 작성했다. 키씨의 분리불안증 완화를 위한 외출강령은 대충 이런 내용이었다.

- 아침 출근 전에는 반드시 개들을 산책시키고 대소변을 보게 한다.
- 부부가 함께 집을 나가지 않는다. 출근할 때도 시간 차를 두고 집을 나간다.
- 마지막으로 집을 나가는 사람이 나가기 직전에 개와 고양이 아침을 챙긴다.
- 바닥에 이불이나 옷을 놓아두고 외출하지 않는다.
- 외출할 때 소파에는 개가 접근하지 못하도록 장애물을 설치한다.
- 먼저 퇴근하는 사람이 퇴근 직후 개들을 산책시키고 저녁을 챙긴다.
- 동시에 저녁 약속이 생기는 경우가 없도록 사전에 일정을 조율한다.
- 개와 함께 갈 수 없는 장소로 부부가 함께 외출하는 경우를 최소화한다.

키씨가 온전히 우리 가족이 된 지도 9년이 되었다. 처음 우리 집에 왔을 때는 부드럽고 긴 검은 털을 휘날리는 아름답고 애교 많은 아가씨였는데 어느덧 얼굴이 하얗게 센 털로 뒤덮였고, 만사가 귀찮은 듯 대부분의 시간을 침대에 누워 잠만 자는 노견이 되어 버렸다. 그런데도 빈도와 정도만 줄어들었을 뿐 키씨의 분리불안증은 여전히 진행 중이다. 개선을 위해서 몇 년 전부터 아예 함께 출근하고 있는데 장소만 바뀌고 정도만 덜할 뿐 연구실에 혼자 남겨지면 종종 소변을 보곤 한다. 다행인 건 횟수가 줄었고, 연구실을 떠나는 나를 보며 매번 불안해하지는 않는다는 점이다.

우리 부부는 애초부터 키씨가 타고난 예민한 기질을 바꿔 완벽한 개가 되어 주길 바라지 않았다. 다만, 예민한 성격이 하루 종일 키씨 자신을 괴롭히지 않도록 해 주고 싶었고, 이 세상이 온통 불안한 곳이 아니라 즐겁고 행복한 것으로 가득 차 있다는 걸 알게 해 주고 싶었다.

그래서 이제 살아온 시간보다 살아갈 시간이 짧아 보이는 키씨가 느리지만 꾸준한 변화를 보여 주는 것이 고맙다. 소변을 본 자리는 청소하면 되고 소변에 얼룩진 천은 세탁기를 돌리면 그만이다. 가끔 치는 사고가 이제는 힘들지도 않다. 그보다는 키씨가 주변에 사람이 없어도 불안해하지 않고 더욱 다양하게 세상을 즐기는 법을 조금씩 알아가고 있다는 것이 대견할 뿐이다. 분리불안증으로 고통받는 반려인들이 우리처럼 비록 문제를 완전히 해결하지 못하더라도 그 과정에서 소소한 변화와 행복을 찾으면 좋겠다.

대표적인 분리불안증 증상

대소변을 못 가린다

가장 흔한 분리불안증 증상이다. 평소에는 정해진 장소에서 대소변을 잘 해결하던 개가 혼자 남겨지거나 주인과 떨어졌을 때 아무 곳에나 대소변을 보는 증상이다. 그러나 가족이 집에 있는데도 대소변을 가리지 못한다면 분리불안증 때문인지 배변훈련 부족 때문인지 감별하기 힘들 수도 있다.

파괴적 행동

평소에는 관심 없던 물건을 씹어대거나 부수는 행동을 한다. 이런 증상은 물질적 손해뿐만 아니라 개의 이가 손상되거나 피부가 찢어지고 다리에 손상을 입을 수 있어서 분리불안증 증상 중 가장 조심해야 한다.

측대보

일반적으로 개는 걸을 때 앞다리와 반대편 뒷다리가 교차되면서 걷는다. 즉, 오른쪽 앞다리와 왼쪽 뒷다리가 함께 움직이는 방식이다. 반면 같은 방향의 앞다리와 뒷다리가 동시에 앞으로 나가며 걷는 것을 측대보側對步, pacing라고 하는데 개가 지나치게 흥분한 상태이거나 불안감을 느낄 때 나타난다. 분리불안증이 있는 개도 가족이 외출을 준비하는 것이 느껴지면 불안한 마음에 안절부절못하면서 측대보로 걷는 경우가 흔하다.

식분증

혼자 남겨졌을 때 배변 후 자신의 변을 먹는 식분증 증상이 나타날 수 있다. 분리불안증에 의해 나타나는 식분증은 평소에는 보이지 않다가 홀로 남겨진 경우에만 증상을 보인다.

분리불안증을 완화시키는 방법

혼자 두고 나갈 때 맛있는 음식을 제공한다

혼자 있는 것이 즐겁고 편안하다고 느끼게 하는 것이 분리불안증을 해결하는 근본적인 방법이다. 가장 쉬운 방법은 먹이보상이다. 혼자 남겨질 때 평소와는 다른 맛있는 간식을 주어 행복감을 느끼게 한다. 이를 위해서 콩(KONG®) 장난감 등의 행동학 장난감을 활용하면 좋다. 행복한 장난감은 개가 장난감을 굴리는 등 갖고 놀면서 장난감 속의 간식을 자연스럽게 꺼내 먹도록 되어 있다. 이 방법이 효과가 있으려면 이 장난감으로 최소 20~30분간 놀 수 있어야 한다. 또한 자주 이용하다 보면 흥미를 잃으므로 정기적으로 다른 행동학 장난감으로 바꾸거나 장난감 속 간식을 땅콩버터, 냉동 바나나 등 다른 간식으로 바꾼다. 땅콩버터는 사람용을 줘도 되는데 초콜릿, 바닐라 크림 등이 혼합된 것은 안 되고, 염분이 포함되지 않은 땅콩버터가 가장 좋다.

기본적인 예절교육을 시킨다

"앉아.", "기다려." 등의 기본적인 예절교육이 개의 분리불안증을 완화시키는 데 도움이 된다. 물론 개와 산다면 분리불안증 문제를 떠나서 기본적인 예절교육을 시켜야 한다. 기본 예절교육을 통해서 인내심을 배운 개는 분리불안증 증상 완화를 위한 다음 단계 훈련인 자립심을 키우는 단계로 쉽게 넘어갈 수 있다.

기본적인 예절교육을 시키는 방법은 다양하다. 전문 훈련사, 한국동물병원협회 HAB 센터의 예절교육 프로그램(http://cafe.daum.net/habcenter) 등의 도움을 받을 수 있고, 반려인이 책이나 인터넷을 통해서 공부한 뒤 틈틈이 훈련시키면 좋다. 반려인이 공부해서 직접 시키는 것이 가장 좋지만 어렵다면 전문가의 도움을 받는다.

외출 전 보이는 전조증상을 완화시킨다

분리불안증을 보이는 일부 개들은 가족이 옷을 갈아입거나 화장을 하는 등 외출 준비를 하는 순간부터 불안해한다. 그러므로 혼자 남게 된다는 개의 짐작이 전혀 불필요한 불안임을 일깨워 줘야 한다. 일단 외출 준비를 천천히 하고 개가 불안해하지 않으면 간식 등으로 보상해 준다. 또한 외출을 할 것처럼 준비하다가 외출을 하지 않고 개를 무시한 채 독서, TV 시청 등 일상적인 행동을 하는 것도 도움이 된다. 외출 준비 시에도 불안한 기색이 없으면 개가 보지 않는 사이 잠시 밖에 나갔다가 되돌아오는 훈련으로 넘어간다.

개가 즐길 수 있는 풍부한 운동과 놀잇거리를 제공한다

개에게 운동과 놀이는 신체를 건강하게 해 줄 뿐만 아니라 긍정적인 뇌 자극을 통해 정신건강에도 도움을 준다. 따라서 평소에 산책, 공 물어오기, 함께 조깅하기, 수영하기 등의 운동을 꾸준히 한다. 또한 외출 전에 조금 과격한 놀이나 운동을 30분 넘게 하면 혼자 남아서 휴식을 취하게 되어 분리불안 해소에 도움이 된다. 단, 반복되는 놀이와 운동에 개가 흥미를 잃을 수도 있으므로 주기적으로 운동과 놀이의 방식에 변화를 준다. 예를 들어, 산책 시 새로운 장소로 다닌다거나 질감이 다른 공으로 공놀이를 하고, 던지는 물체를 자주 바꾼다. 사회성이 좋은 개는 다른 개와 자주 만나게 해 주고, 집중력이 좋고 장애물 통과에 두려움이 없다면 어질리티(장애물 통과 게임), 프리스비(원반물기 게임) 등의 도그스포츠를 함께하는 것도 좋다.

약물치료를 한다

분리불안증의 증상이 심한 경우에는 행동학적 교정과 더불어 약물치료를 할 수도 있다. 단, 반드시 분리불안증을 비롯해 동물행동학 진료에 경험이 풍부한 수의사에게 진료를 받아야 한다.

8

살찐 고양이의 적, 지방간증

개와 고양이의 이상적인 체형과 체중조절 방법

대학 부속 동물병원의 하루 일과는 입원한 동물들이 밤새 괜찮았는지 상태를 살피는 것으로 시작된다. 담당 동물이 밤새 건강 변화가 없는지를 살피고, 입원동물이 머무르는 입원 케이지를 정리한다. 동물은 낯설고 제한된 동물병원 입원 케이지 안에서는 대소변을 가리지 못하기 때문에 배설물을 처리하는 일은 중요한 동물병원 업무 중 하나이다. 어느 정도 청소가 마무리되면 동물 환자들의 맞춤식 아침 식사를 준비하게 된다. 그런데 그날따라 진료실 전체에 고소한 냄새가 가득했다. 처음 맡는 생소한 냄새를 따라가 보니 진료실 한쪽 전자레인지 앞에서 내과 수의사 선생님 한 분이 환하게 웃고 있다.

"범호에게 오늘 드디어 첫 유동식을 줘 볼까 해요."

얼마나 기쁜 일인가? 드디어 고양이 범호가 병원에 입원한 지 3주 만에 유동식을 먹을 수 있게 된 것이다. 전자레인지에서 꺼낸 그릇에는 김이 몽글몽글 올라오는 갈색 음식이 담겨 있었다. 색깔은 그다지 식욕을 돋우지 못했지만 고소한 냄새는 가득했다.

범호는 3주 전에 심각한 구토증으로 동네 병원에서 치료 중에 상태가 급격히 악화되어 우리 병원으로 온 아이로 여덟 살 된 황색 빗살무늬가 선명한(그래서 이름이 호랑이인가 보다) 토종 수컷 고양이이다. 내원 당시 범호는 구토증으로 인한 탈수증과 전해질불균형이 심했고, 황달로 인해 눈과 피부가 모두 노란색이었다. 한 살 때 중성화수술을 받은 이후 점점 살이 올라 비만한 상태이긴 했지만 활달하고 특별한 잔병 없이 잘살았기에 갑작스러운 범호의 위중한 상태에 가족들은 당황스러워했다.

범호가 앓고 있는 질환은 고양이지방간증으로 고양이에게 비교적 많이 발생하는 간질환 중 하나이다. 발병원인은 아직까지 정확히 알려지지 않았지만, 정상체중 고양이보다 범호처럼 비만한 고양이에게 더 많이 발생한다.

즉, 비만한 고양이가 어떤 원인으로 하루이틀 음식을 먹지 못하면 몸속에 축적된 지방이 에너지원으로 사용되기 위해서 간을 거쳐 대사되는데, 이 과정이 일정기간 지속되면 지방성분이 간세포 내에 다량으로 축척되어 간손상을 일으킨다. 따라서 비만한 고양이가 별다른 이유 없이 갑자기 이틀 이상 먹이를 먹지 않고 구토증을 나타내며 피부색과 눈 흰자 부위 색이 노랗게 변하는 황달증이 나타나면 바로 동물병원에 가야 한다.

고양이지방간증은 적절한 시기에 치료하지 않으면 사망에 이르는 무서운 병이다. 반면 초기에 질환을 발견하고 식이요법을 동반한 적절한 치료를 실시하면 회복될 확률이 높은 병이기도 하다. 그렇지만 치료과정이 간단하지만은 않다. 우선 지방간증을 보이는 고양이는 끊임없이 구토를 하면서 아무것도 먹으려 하지 않는다. 그렇기 때문에 대부분 코를 통해서 위까지 장착한 카테터(몸 속에 넣어서 진단과 치료에 필요한 처치를 하기 위한 가는 관)를 통해 매일 필요한 영양소와 칼로리를 함유한 특수 음식을 하루에 몇 번씩 급여해야 한다.

문제는 고양이마다 구토증 양상이 다르고 음식물의 단백질 함유량이 조금이라도 지나치면 간성혼수(간기능장애가 있는 환자의 의식이 나빠지거나 행동의 변화가 생기는 것으로 간에 이상이 있는 경우 단백질 대사로 발생한 암모니아를 간에서 중화하지 못해 발생한다) 증상이 나타날 수 있다는 것이다. 그래서 카테터를 통해 공급하는 특수 음식의 조성을 고양이의 상태에 따라 매번 조정해야 한다. 범호도 3주간의 입원기간 내내 구토와 간성혼수로 인해 식이요법을 하는 데 많은 어려움이 있었다. 그런데 다행히 지난주부터 구토가 사라지고 어제부터는 음식을 내밀면 냄새를 맡기도 했다.

두근거리는 마음으로 고소하고 김이 모락모락 피어 오르는 오묘한 냄새의 음식을 사기그릇에 담아 범호 앞에 내밀었다. 잠시 머뭇거리던 범호는 지켜보고 있는 수의사들을 힐끗 보더니 맛있게 유동식을 먹어주었다. 이것으로 담당 수의사의 3주간에 걸친 고생도 오늘로 끝이다. 스스로 먹기 시작했으면 치료는 성공한 것이나 다름없기 때문이다.

아니나 다를까 다음 날부터 범호는 수의사가 직접 조리한 음식 이외에도 평소 자기가 먹어 왔던 건사료와 캔사료도 스스로 먹기 시작했고 며칠 후에는 한 달간의 병원생활을 마무리하고 집으로 돌아갔다. 범호는 그동안 즐겨 먹던 칼로리가 높은 캔사료 대신 체중조절용 사료를 먹으며 체중을 빼야 하는 숙제를 안고 퇴원했다. 물론 바로 체중조절에 성공하지는 못했지만 조금씩 식습관을 개선하고 레이저포인터 잡기 놀이 등 운동을 주기적으로 하면서 잘 지내고 있다.

대체 그날 범호가 맛나게 먹은 음식은 어떻게 만들었을까? 담당 수의사 선생님께 비법을 전수받아야겠다.

개와 고양이의 이상적인 체형과 체중조절 방법

개와 고양이의 이상적인 체형

- **개** : 갈비뼈가 지방이 살짝 덮인 느낌으로 만져지고 허리 부분은 위에서 내려다보았을 때와 옆에서 보았을 때 잘록하게 들어가 보인다.
- **고양이** : 한눈에 보기에도 균형 잡힌 몸매로 갈비뼈는 지방이 살짝 덮인 느낌으로 만져진다. 가장 뒤쪽의 갈비뼈 뒤쪽으로 잘록한 허리가 있고, 복부지방은 만져지지 않거나 살짝 만져진다.

비만한 반려동물의 체중조절 방법

1. 주식 이외의 간식은 먹이지 않는다.
2. 현재 급여하는 음식보다 칼로리가 낮은 사료나 먹을거리를

계획적으로 먹인다.

3. 하루에 먹일 총량을 나누어서 소량씩 여러 번 먹인다.

4. 주기적으로 몸무게를 측정하고 급격하게 체중이 줄어들지 않도록 한다.

5. 체중조절뿐만 아니라 기타 건강사항을 항상 수의사와 논의한다.

9

뇌수두증 치와와 땅콩이의 고통은 누가 만들었나?

견종별 흔히 나타나는 선천성 및 후천성 질환

동물병원 자기공명영상(MRI) 촬영실이 아침부터 분주하다. 지속되는 경련으로 의식을 잃고 응급실로 내원한 치와와 땅콩이의 머릿속을 들여다보기 위해 내과, 영상의학과, 마취과 수의사가 모두 모인 것이다. 내과와 마취과 수의사는 마취되어 검사대에 누워 있는 땅콩이의 호흡과 심장박동을 살피고, 영상의학과 수의사는 미리 촬영한 방사선 사진을 참조하면서 어떤 조건으로 MRI를 촬영할 것인지를 논의했다.

"시작하겠습니다."

촬영이 시작되고 촬영실에는 땅콩이 홀로 테이블 위에 누워 있었다. 시간이 지나자 촬영된 영상이 모니터를 통해 나타나기 시작했다. 얼굴

앞쪽에서부터 시작해서 목으로 진행되는 촬영 순서대로 세밀하게 나타나는 영상을 차분히 지켜보던 의료진 사이에서 탄식이 나오기 시작했다. 땅콩이 뇌 중앙부 영상이 왜 이 어린 강아지가 경련을 지속하며 의식을 잃었는지를 설명해 주고 있었기 때문이다.

사람을 비롯한 포유류의 뇌는 뇌척수액으로 채워진 뇌실이라는 공간이 있다. 뇌실에 채워진 뇌척수액은 뇌실과 중추신경계를 순환하다 최종적으로는 혈액으로 흡수되게 된다. 새로 생성되는 뇌척수액과 순환한 후 흡수되는 뇌척수액의 양이 균형을 이루면서 뇌실에는 항상 적당한 양의 뇌척수액이 채워져 있어야 정상이다. 그러나 선천적으로 뇌척수액의 흐름이 막혀 있거나 생성과 흡수의 균형이 깨지면 뇌척수액이 뇌실 내부에 과도하게 채워져 주변 뇌 조직을 압박하고 뇌압이 상승하게 되는데 이것이 뇌수두증이다.

아직 두 돌도 채 넘기지 않은 치와와 땅콩이의 뇌실은 MRI 촬영 결과 과도한 뇌척수액 때문에 심하게 확장되어 있을 뿐만 아니라 확장된 뇌실로 인해 주변 뇌 조직도 압박하여 일부 변성이 나타나고 있는 심각한 상황이었다. 사실 개와 고양이의 뇌수두증은 두부손상이나 감염에 의한 염증 후유증 등의 후천적인 원인에 의해 발생하는 경우는 드문 편이다. 주로 사과처럼 둥근 머리와 주둥이 길이가 짧은 치와와, 포메라니안, 시추, 몰티즈와 같은 소형견에서 선천적인 뇌 구조 이상으로 발생하는 경우가 많다.

안타깝게도 주둥이가 짧고 머리가 사과처럼 둥근 견종이 가진 특징을 과도하게 강조한 잘못된 번식에 따른 종개량 역사의 산물로 나타나고 있다. 비록 의식 있는 브리더들이 이런 문제를 해결하기 위해 노력하고 있지만 '더 작고 더 둥근 머리'를 선호하는 일부 사람들의 요구에 무색해지고 있다. 소비자가 인형과 같은 외모의 개를 원하면 판매업자들은 그에 부합하기 위해 마구잡이식 번식을 실시하면서 악순환이 지속된다.

MRI 촬영을 끝낸 땅콩이는 내과 집중치료실로 옮겨졌다. 뇌압을 낮추는 약물과 지속되는 경련을 진정시키는 항경련제를 투약받고 있다. 산소, 습도, 온도가 일정하게 조절되는 중환자 관리 케이지 속의 땅콩이는 깨어나더라도 앞으로 평생 뇌척수액 생성을 억제하는 약물과 항경련제를 복용해야 한다. 몸집이 너무 작아서 넘쳐나는 뇌척수액을 복강 내로 보내는 가느다란 튜브를 삽입하는 수술 시도가 불가능하다는 판정을 받았기 때문이다.

땅콩이가 입원한 케이지 유리문에는 응원의 글들이 빼곡하다. '사과머리 얼짱, 파이팅!', '경련은 이제 그만. 나도 집에 가고 싶어!', '힘내자! 땅콩, 아자아자!' 땅콩이는 과연 이 고비를 넘길 수 있을까? 이토록 고통스러운 병을 땅콩이에게 준 사람은 과연 누구일까?

견종별 흔히 나타나는 선천성 및 후천성 질환

- **몰티즈** : 슬개골탈구증, 뇌수두증, 동맥관개존증, 심장판막이상증, 저혈당증
- **요크셔테리어** : 슬개골탈구증, 기관지허탈증, 망막형성장애, 대퇴골두 무혈성 괴사증, 저혈당증

- **시추** : 슬개골탈구증, 뇌수두증, 추간판탈출증, 비공협착에 따른 단두종증후군, 갑상샘기능저하증, 하더선탈출증(체리아이)
- **슈나우저** : 간문맥단락증, 고지혈증, 췌장염, 진행성 망막위축증, 슈나우저면포증후군, 비뇨기계 결석
- **치와와** : 뇌수두증, 슬개골탈구증, 저혈당증, 기관지허탈증
- **포메라니안** : 뇌수두증, 슬개골탈구증, 저혈당증, 기관지허탈증, X탈모증

10

엉덩이 땅에 비빈다고 혼내지 마세요

개가 항문 주위를 자주 핥거나 땅에 엉덩이를 문지른다면? | 일상적인 항문낭 관리법

주말 오후, 점심을 먹고 우리 집 아프간하운드들과 동네 산책에 나섰다. 그동안 봄소식을 느끼지 못했지만 벌써 아파트 단지 내 화단이나 흙이 있는 동네 공터에는 이름 모를 잡초가 제법 고개를 내밀고 있었다. 날도 따뜻하니 아파트 단지와 주택가를 지나 얕은 야산 입구까지 가보기로 했다. 야산 입구까지 간 후 다시 집으로 발길을 돌리는데 아주머니의 목소리가 들렸다.

"어머, 일층 집 아이들이군요."

우리 가족을 알아봐 주시는 아주머니에게 반갑게 인사를 건네는데 아주머니의 품속에서 귀여운 몰티즈 한 마리가 궁금한 듯 고개를 내밀었다. 희고 복슬복슬한 털에 까만 눈과 코가 대비되어 귀여운 사랑이는 올해 갓 한 살을 넘긴 암컷 몰티즈이다. 한 달 전 우리 아파트 옆 동으로 이사 오셨다고 했다. 그런데 우리 개들을 보자 좋아서 어쩔 줄 모르는 사랑이를 어찌된 영문인지 아주머니는 품속에서 놓아 주질 않았다. 흙 바닥에 내려놓으면 흙이 묻어서 흙 속 병균이 옮을 수 있고 집에 들어가면 씻겨야 해서 불편하니 아예 땅을 밟게 하지 않는다고 했다. 이유는 이해하지만 사랑이도 분명 걷고 싶어 할 거라서 걷는 게 건강에 더 좋다고 말씀드리니 미심쩍어 하면서도 사랑이를 땅에 내려놓았다.

땅을 밟은 사랑이는 신이 난 듯 연신 폴짝폴짝 뛰면서 자신보다 덩치가 어마어마하게 큰 아프간하운드와도 속도를 맞추면서 집으로 향했다. 그런데 잘 걷던 사랑이가 갑자기 땅에 코를 박고 킁킁대더니 그 자리에 대변을 봤다.

"아니 집에서 분명 대소변을 보고 나왔는데 여기서 또 대변을 보면 어떡하니? 평소에 안 하던 짓을 하네."

변을 처리할 것을 찾으시는 아주머니에게 배변처리 봉투를 건넸다. 그런데 아주머니가 당황한 것도 잠시, 사랑이가 이번에는 항문을 땅에 비비는 행동을 했다. 순간 아주머니는 사랑이를 번쩍 들어올리곤 무슨 짓이냐며 연신 엉덩이를 때리면서 엉덩이 주위에 묻은 흙도 털어냈다.

사실 사랑이의 행동은 지극히 정상적인 행동이다. 문제는 변을 본 후 땅에 엉덩이를 비비는 것인데, 이것은 문제행동이 아니라 건강의 이상 신호이다. 늑대에서 진화한 개는 항문 주위 양쪽으로 특유의 채취가 나는 액을 저장하는 독특한 기관인 항문낭이 있다. 항문낭액은 배변 시 대변에 섞여서 조금씩 묻어 나오는데, 이 냄새가 개별로 미세하게 달라서 자신을 인식시키는 도구가 된다.

그러니 사랑이도 배변행위를 통해 자신이 돌아본 영역에 자신의 냄새를 묻혀 자신의 존재를 알리고자 한 것이다. 그러나 현대사회에서 인간과 함께 생활하는 반려견은 서열싸움이나 영역다툼을 할 필요가 없어져서 일상적인 배변행위 때 조금 묻어 나오는 경우를 제외하고는 항문낭액을 따로 분비할 필요가 없어져 버렸다. 따라서 항문낭이 항문낭액으로 가득 차서 배출할 수 없게 되면 액을 몸 밖으로 배출하기 위해 개들은 입으로 항문 주위를 핥거나 사랑이처럼 항문을 땅에 비비는 행동을 하게 된다.

이제 항문낭은 개가 인간과 생활을 한 이후 별로 필요하지 않은 기관이 되어 버렸다. 사람이 주기적으로 엄청나게 강한 냄새를 감내하면서 짜 주지 않으면 곪아서 염증이 발생할 수도 있는 성가신 존재가 되어 버린 것이다. 진화론적 관점에서 본다면 수백 년이 지나면 항문낭은 개의 몸에서 퇴화되어 사라질 것이다. 그러나 아직은 항문낭이 건재하니 각 집 멍멍이들 항문낭 위생관리에 신경을 써야 한다.

사랑이는 다음 날 곧바로 동물병원에서 진료를 받았는데 항문낭 내에 내용물이 가득 찬 상태였지만 다행히 염증으로 발전된 심각한 상태는 아니어서 간단하게 항문낭 세척만 받고 집으로 돌아왔다고 한다. 아주머니는 아직도 배변 후 바닥에 엉덩이를 비비는 행동이 완전히 사라진 게 아니라며 다른 큰 병이 있는 게 아닌지 걱정했지만 항문낭 관리를 하기 시작했으니 그런 걱정은 하지 않아도 된다고 말씀드렸다.

개가 항문 주위를 자주 핥거나 땅에 엉덩이를 문지른다면?

1. 항문낭에 문제가 있을 수 있다. 가벼운 항문낭염이라면 항문낭을 주기적으로 짜 주는 것만으로도 증상이 나아진다. 하지만 지속된다면 동물병원에서 진료를 받는 것이 좋다. 방치하다가 항문낭이 파열되면 수술을 해야 할 수도 있다.

2. 기생충 감염일 수 있다. 생식을 하거나 야외활동이 많다면 장내기생충 감염에 의해 이런 증상이 나타날 수 있다. 주기적으로 구충을 하지 않고 있다면 검사를 받고 구충을 시작해야 한다.

3. 알레르기일 수 있다. 아토피피부염이 있거나 음식물에 대한 알레르기 반응으로도 이런 증상이 나타날 수 있으므로 병원에서 진료를 받아 본다.

일상적인 항문낭 관리법

항문낭 짜기

항문낭에 별다른 문제가 없는 경우에는 목욕 때 짜 주면 되는데 너무 자주 짜 주는 것도 좋지 않다. 3~4주에 한 번 정도가 좋다. 만약 짤 때마다 항문낭에서 분비되는 분비물이 없다면 짜 주는 간격을 늘리거나 아예 항문낭을 짜지 않아도 된다. 단, 항문낭 짜는 방법이 잘못되었거나 항문낭에 문제가 생겨 항문낭 내용물이 나오지 않는 경우도 간혹 있으므로 동물병원에서 항문낭의 건강 여부를 주기적으로 검진받는 것이 좋다.

항문낭은 개의 꼬리를 잡아서 들어올린 후 항문을 바라볼 때 4시, 8시 방향에 위치한다. 엄지와 검지로 이 두 부위를 아래쪽에서 항문 방향으로 눌러 보면 내용물이 찬 작은 주머니 구조물이 느껴진다. 이 내용물을 짜낸다는 느낌으로 지긋하게 눌러 짜 주면 생선 비린내 같은 악취가 나는 검은색 내용물이 분출된다. 간혹 내용물의 색깔이 연하고 물과 같은 경우도 있다.

항문낭에 문제가 생긴 경우

주기적으로 항문낭을 짜도 개가 항문 주위를 불편하게 여기면 진료를 받는 것이 좋다. 단순한 염증일 경우에는 항문낭을 세척하고 처방받은 소염제, 항생제를 먹이면 대부분 호전된다. 하지만 염증이 심해 주변 조직으로 염증이 진행되고 항문낭폐색이 의심되는 경우에는 항문낭을 제거하고 주변 염증 부위를 외과적으로 처치하는 수술을 해야 한다.

11

핥고 또 핥고 깔끔한 고양이의 숙명, 헤어볼

고양이 그루밍에 관한 모든 것

주말 오후, 개들이 낮잠을 자는 틈을 이용해서 우리 부부는 차를 우리고 다과를 곁들여 모처럼 여유를 즐겼다. 사실 몇 년 전까지만 해도 이런 여유는 활기 넘치는 두 반려견 타이와 키씨 때문에 기대하기 어려웠지만 지금은 조금 흔한 여유가 되어 버렸다. 어느새 노견이 된 개들의 잠자는 시간이 늘어나 오전에만 잠시 밥을 먹고 움직일 뿐 낮 시간은 대부분 잠을 자면서 보내기 때문이다. 꿈을 꾸는지 가끔 끙끙대고 웅얼대는 개들의 소리와 소파 한쪽에서 연신 몸을 단장하는 고양이 공주의 목에 달린 작은 방울이 딸랑거리는 소리뿐인 오후였다.

그러나 평온함도 잠시, 순간적으로 방울 소리가 격하게 들리더니 이내 꺽꺽대는 불편한 소리가 들렸다. 놀라서 달려가 보니 공주가 목을 길게 뻗고 배를 꿀렁거리면서 헛구역질을 하기 시작했다. 몇 번의 헛구역질을 반복한 끝에 공주는 마침내 거품이 섞인 무언가를 토해 냈다. 조금 힘들긴 했지만 시원하게 토해 낸 공주의 엉덩이를 두드리면서 다독여 주니 기분이 좋은지 연신 자기 몸을 내 다리에 비볐다. 다행스럽게도 공주가 토해 낸 내용물은 흔히 헤어볼hair ball 또는 모구毛球라고 하는 털 뭉치로 고양이가 털 뭉치를 토해 내는 증상을 모구증이라고 한다.

고양이는 자신의 털에 침을 바른 후 정리하는 습성이 있다. 이때 건강하지 못한 털과 빠진 털이 고양이 혀의 특수한 돌기 구조물에 의해 말려들어가 고양이들은 이 털들을 삼키게 된다. 삼킨 털은 별다른 문제 없이 위장관을 거쳐 소화되거나 대변을 통해 자연스럽게 배설되는데 간혹 털이 위에서 뭉쳐 소장으로 내려가지 못하면 토해 내게 된다. 이렇게 위 분비물과 함께 토해 내는 털 뭉치가 헤어볼이며, 헤어볼을 문제없이 가끔 토해 낸다면 지극히 정상적인 반응이니 걱정할 필요 없다.

고양이와는 달리 개는 자신의 침으로 털을 고르는 습성이 없고 혀에 고양이와 같은 돌기 구조가 없어 털이 입 속으로 잘 말려들어가지 않으므로 헤어볼이 문제가 되지 않는다.

고양이가 헤어볼을 토해 내려는 격렬한 구토행위를 여러 번 반복해도 헤어볼을 토해 내지 못하고 괴로워하거나 헤어볼을 토해 낸 이후에 식욕이 없고 기운이 급격히 떨어져 보일 경우는 문제가 있는 것이다. 헤어볼이 위나 장에 정체되어 장폐색을 일으켰을 가능성이 높으므로 즉시 병원에 가야 한다. 헤어볼을 토해 내지 못해서 장폐색이 되면 배변을 하지 못하거나 심한 설사증을 보이며 사망에 이를 수도 있다. 따라서 평소와 다른 증상을 조금이라도 보인다면 즉시 동물병원에 데려가야 한다.

털을 직접 고르는 깔끔한 고양이의 특성상 모구증은 어쩔 수 없이 반복되는 불편한 생체반응 중 하나이다. 그러나 반려인이 관심을 가지고 몇 가지 사항을 지켜주면 모구증이 발생되는 빈도를 줄일 수 있고 헤어볼에 의한 장폐색을 충분히 예방할 수 있다.

일반적으로 고양이는 스스로 자기 털을 고르는 동물이니 빗질이 필요 없다고 생각할 수 있지만 사실 주기적으로 빗질만 해 줘도 모구증의 발생빈도를 현저히 낮출 수 있다. 사람이 빗질을 해 주면 빠진 털이나 이제 막 빠지려는 털들이 사전에 제거되므로 고양이가 털고르기를 하면서 삼키는 털의 양이 줄어들어 모구증이 덜 발생하게 된다. 그러므로 꼭 장모종 고양이가 아니더라도 매일 짧은 시간이나마 빗질을 해 주면 모구증 발생도 줄어들고 고양이와의 유대관계도 쌓을 수 있다.

또한 장모종 고양이라면 너무 긴 털을 유지하지 말고 짧게 잘라 주는 것이 헤어볼 예방에 도움이 된다. 직접 털을 자르는 게 자신이 없다면 고양이를 미용하는 미용사의 도움을 받아 주기적으로 미용을 시킨다. 만약 고양이가 모구증으로 한 번이라도 불편을 겪은 경험이 있다면 모구증 예방 사료를 먹이는 것이 좋다. 모구증 예방 사료는 털을 건강하게 유지하는 데 도움이 되는 성분과 함께 다량의 섬유질이 포함되어서 삼킨 털이 부드럽게 위장관을 지나 배설될 수 있도록 돕는다.

그런데 고양이가 모구증 예방 건사료를 잘 먹지 않는다면 차전자피를 밥에 섞어 주거나 귀리 싹을 발아시켜 키운 일명 캣그래스cat grass를 먹이면 예방에 도움이 된다. 또한 치약 형태의 헤어볼 예방제를 주기적으로 급여하는 것도 도움이 된다. 그러나 심한 모구증을 앓은 경험이 있고 반복되는 경우에는 동물병원에서 처방하는 전문적인 완하제를 먹여야 한다.

모구증은 고양이와 사람 모두에게 성가신 것임에 틀림없다. 그러나 이 또한 사랑스런 털 뭉치의 자연스러운 생체반응 중 하나이므로 발생 빈도를 줄여 장폐색과 같은 합병증이 나타나지 않도록 보살펴야 한다.

고양이 그루밍에 관한 모든 것

흔히 고양이 그루밍cat grooming이라고 하는 고양이의 털 고르기 습관은 모든 고양이가 가지고 있는 자연스러운 행동이다. 정도의 차이는 있지만 하루 일과의 반 정도를 털 고르기에 쏟는 고양이도 있다.

연구에 따르면 고양이의 털 고르기 행동은 생후 2주 무렵부터 어미나 같은 배에서 태어난 형제자매들의 털 고르기 모습을 보고 흉내 내면서 시작된다고 한다. 따라서 털 고르기를 게을리하는 어미에게서 태어난 새끼 고양이들은 어미처럼 털 고르기를 잘 하지 않는 습성을 보이며 이런 버릇은 어른이 되어서도 유지된다.

고양이의 털 고르기 행동은 고양이가 신체적·정신적으로 건강을 유지하기 위한 중요한 행동이다. 고양이는 털 고르기 행동을 통해서 밥을 먹은 직후 앞발로 입 주위 털을 비롯해 얼굴 전체의 털을 고르는 것처럼 몸에 묻은 이물질을 제거하며, 빠지는 털을 정리해 새로운 털이 나도록 촉진하고, 피부를 자극해서 피지샘에서 피지 분비물을 털에 고르게 분포되도록 하여 털이 더욱 윤기 나고 방수 기능을 갖추도록 한다.

또한 고양이는 개와는 달리 입을 벌리고 숨을 헐떡여서 체온을 조절하는 능력이 떨어진다. 대신 털 고르기 행동을 통해서 몸 구석구석 침을 발라 침이 마르면서 체온을 낮추는 효과를 얻는다. 특히 더운 날 어린 고양이가 스스로 털을 핥는 것은 체온 상승을 막는 데 매우 중요한 역할을 한다.

털 고르기 행동은 고양이의 건강도를 나타내기도 한다. 고양이가 몸이 불편하고 아프면 털 고르기를 잘 하지 않는다. 반대로 흥분하거나 스트레스를 받는 상태에서는 과도하게 털 고르기를 하기도 한다. 때로는 통증이 있는 신체 부위만 집중적으로 털 고르기를 해서 탈모가 생기기도 한다. 따라서 평소와 다르게 털 고르기 행동에 변화를 보인다면 동물병원을 찾아서 검진을 받아 보는 것이 좋다.

12

산책길, 풀숲에서 동물을 노리는 '살인진드기'

외부기생충 구제제 꼭 필요한가?

한 주를 넘긴 월요일은 동물병원이 일주일 중 가장 바쁜 날이다. 이미 다른 동물병원에서 일차 진료를 받고 정밀한 검사와 치료를 위해 내원하게 되는 환자들과 주말에는 응급진료 이외에는 진료를 하지 않으니 주말 동안 응급실로 내원했다가 입원한 동물들을 각 과에서 진료를 해야 하기 때문이다.

어느 월요일 오후, 폭풍처럼 밀려드는 동물 환자들의 진료가 어느 정도 마무리될 무렵 진료실로 급한 전화가 연결되었다. 전화기 너머 목소리는 다급했다.

"우리 똘이가 지금 자리에 누워서 꼼짝도 하지 않고 숨만 가쁘게 몰아쉬고 있습니다. 다시 그 병이 재발한 듯합니다."

다급해하는 똘이 보호자를 진정시킨 후 가능한 한 빨리 병원으로 오시라고 말씀드렸다. 똘이가 병원으로 출발했다는 두 번째 전화를 받은 후 응급 환자인 똘이를 진료하기 위한 사전 준비에 들어갔다. 가장 시급한 문제는 똘이에게 수혈할 수 있는 혈액이 있느냐는 것이었는데, 다행히 혈액은 충분했다.

얼마 지나지 않아 똘이가 도착했고 곧바로 혈액을 채취해 검사에 들어갔다. 창백한 잇몸과 피부색으로 보아 분명 심각한 수준의 빈혈이 분명했지만 정확한 빈혈 상태 확인과 구비된 수혈용 혈액 중 어떤 혈액이 똘이에게 수혈하기에 적합한지 알아보는 과정이 필요했다.

일련의 검사가 마무리된 직후 수혈이 시작되었다. 오후 늦게 시작된 수혈은 자정을 넘어 끝났고 다음 날 오전 똘이는 전날과는 확연히 다르게 핑크빛 잇몸과 피부색을 회복했다. 스스로 자리에서 일어나 걷고 음식도 다시 먹기 시작했다. 똘이는 다시 이렇게 고비를 넘겼다. 그러나 문제는 이렇게 병원에 응급 내원해서 수혈을 받은 경우가 이번이 벌써 네 번째라는 것이다.

똘이는 바베시아증(바베스열원충증)을 앓고 있다. 이 질환은 최근 국내에서 한창 문제가 되고 있는 진드기에 의해 감염되는 대표적인 원충성 질환이다. 일명 '살인진드기' 바이러스에 의해서 사람은 중증열성혈소판감소증후군(SFTS)으로 인해 사망할 수 있는데 개도 진드기에 물리면 바베시아증으로 사망할 수 있다. 그러니 개가 진드기에 물려 발생하는 질환 중 가장 무서운 질환은 분명 바베시아증이다. 물론 진드기에 물렸다고 해서 반드시 모두 바베시아증에 걸리는 것은 아니며 바베스열원충이 있는 진드기에 물렸을 경우에만 바베시아증이 나타난다. 하지만 국내에 분포하는 진드기는 대부분 바베스열원충을 가지고 있으므로 진드기에 물리지 않도록 주의해야 한다.

바베스열원충은 진드기를 통해서 개에 감염이 이루어지면 혈액 내 적혈구에 기생하면서 적혈구를 파괴한다. 발열, 식욕부진, 원기소실 등의 증상과 심각한 빈혈, 황달 증상이 나타난다. 또한 바베시아증은 한 번 발생하면 완벽하게 구제하는 것이 쉽지 않아서 똘이처럼 수혈을 요하는 빈혈 상태가 반복되는 경우가 흔하다. 따라서 진드기가 몸에 붙지 않도록 하는 예방적 처치가 무엇보다 중요하다.

사실 진드기는 사람의 몸에 붙어 피를 빨기보다는 털이 수북한 동물의 몸에 붙어서 피를 빠는 것을 더 좋아한다. 따라서 진드기가 반려동물의 털에 붙었다가 털 뿌리 쪽으로 내려와 피를 빠는 것을 방지하려면 진드기가 있을 가능성이 높은 풀숲이나 등산로 출입을 자제해야 한다. 아울러 한 달에 한 번 반려동물 전용 외부기생충 구제제를 피부에 바르면 이미 몸에 달라붙어 있는 진드기를 구제할 수 있고, 진드기가 붙지 못하게 하는 예방적 효과도 기대할 수 있다.

아쉽게도 바베시아증에 걸리면 독한 약을 이용해서 몸속의 원충을 없애는 치료를 해도 원충이 완벽하게 사라지는 경우는 드물다. 대부분 약물치료를 하면 일시적으로 원충의 수가 줄어들어 증상이 없어지지만 몸 상태가 좋지 않으면 다시 원충이 활성화되어서 빈혈증이 반복된다. 따라서 사람과는 달리 옷과 장갑으로 온몸을 방어할 수 없는 털북숭이 반려동물은 예방이 최우선이다. 진드기가 서식하기 쉬운 장소의 출입을 자제하고 매달 외부기생충 구제제를 바르는 것이 최상의 예방책이다.

외부기생충 구제제 꼭 필요한가?

외부기생충 구제제는 안전한가?

외부기생충 구제제가 독해서 사용하기를 꺼리는 분들이 있다. 물론 화학성분으로 구성된 약은 모두 어느 정도의 위험성이 있다. 반려동물의 외부기생충 구제제 또한 예외가 아니라서 바른 후에 피부과민반응, 흥분, 구토증 등의 부작용 사례가 보고되고 있다. 그러나 부작용의 발생빈도로 보았을 때 비교적 안전한 약물로 평가된다.

최근에는 부작용이 적고, 외부기생충뿐만 아니라 내부기생충 구제에도 효과적인 약이 출시되고 있으므로 수의사와 상담한 후 적절한 약을 선택하는 것이 좋다. 안전성이 더 우수한 천연 성분으로 제조된 외부기생충 구제제도 시판되고 있으나 기존 약에 비해서 기생충 구제 효과가 확연히 떨어진다는 단점이 있다.

야외활동이 없는 경우에도 필요한가?

사실 야외활동이 없는 경우에는 외부기생충 구제제가 필요 없다. 하지만 산책을 하는 등 야외활동을 조금이라도 한다면 외부기생충 구제제를 주기적으로 투약하는 것이 좋다. 최근엔 심장사상충 예방과 내 · 외부 기생충 구제 효과가 동시에 있는 약도 시중에서 판매되고 있다.

집고양이도 외부기생충 구제제가 필요한가?

집에서만 생활하는 고양이라면 외부기생충 구제제를 적용할 필요가 없다. 단, 요즘 고양이 외부기생충 구제제는 대부분 외부기생충 구제 효과뿐만 아니라 심장사상충 예방 및 내 · 외부 기생충을 대부분 종합적으로 구제할 수 있으므로 편리하다.

13

똥꼬발랄 퍼그 쭈니에게 코 성형수술이 필요한 이유

주둥이가 짧은 개, 고양이 보살피기

사람과 마찬가지로 동물도 당연히 병원에 오는 것을 좋아하지 않는다. 야생동물은 말할 것도 없고 인간과 생활공간을 공유하는 반려동물도 낯선 동물의 냄새와 익숙하지 않은 사람이 자신의 몸을 만지고 살펴보는 병원을 가장 무서운 장소로 인식하는 듯하다. 이런 이유로 담력이 어지간히 세고 천성적으로 밝은 성격이 아니면 반려동물은 대부분 병원에 오면 조용히 가족 품에 안긴 채 두려운 표정을 지은 채 얌전히 행동하는 것이 일반적이다.

그런데 그날은 오전부터 동물병원 대기실이 평소답지 않게 활기가 가득했다. 우리 병원은 대부분 병들고 지친 노령동물이 많은데 그날은 어린 티가 역력한 퍼그 종 한 마리가 대기실 분위기를 완전히 바꿔 놓고 있었다. 제자리에 얌전히 있지 못하고 지나가는 수의사들에게 연신 만져 달라고 애교를 부리고 의자 위로 뛰어오르고 내려가고를 반복하는 강아지. 사람들은 정신없이 행동하는 이 주름투성이 납작 얼굴 퍼그 종 강아지 앞으로 모여들었다.

"이 아이는 어디가 아파서 병원에 왔나요?"

모두가 강아지의 애교에 정신이 팔려 있을 때 누군가 물었다. 하긴 무시무시한 동물병원이라는 사실도 인지하지 못한 채 연신 장난만 치는 모습이 도저히 아파서 병원에 온 것 같지 않았기 때문이다.

"우리 쭈니는 콧구멍이 작아 숨쉬기가 어려워요. 자다가 코도 심하게 골고 잠깐 잠깐 숨도 멈춰서 놀라기도 하고요."

그러고 보니 이제 갓 6개월이 된 쭈니는 장난치는 사이사이 바닥에 가슴을 대고 엎드려서 고개를 한껏 들고 입을 벌린 채 혀를 내놓고 가쁘게 숨을 쉬고는 했다. 숨쉬기가 힘들어서 잠시 숨을 고르는 행동인데 장난치는 것도 중간에 멈출 정도로 숨쉬기가 절박하고 힘들어 보였다.

쭈니는 이날 자신의 매력 중 하나인 주름지고 납작한 얼굴로 인해 발생하는 일명 단두종증후군Brachycephalic syndrome에 대한 정확한 상태와 치료에 대해 알아보려고 병원에 온 것이었다. 단두종증후군은 쭈니처럼 주둥이가 짧은 퍼그, 페키니즈 등의 개와 페르시안 종 고양이에게서 나타나는 해부학적 이상에 의한 호흡장애이다. 보기에는 우스꽝스럽고 귀여운 얼굴일지 몰라도 정도가 지나치면 호흡곤란으로 고통스러울 뿐만 아니라 호흡이 순간적으로 멈추는 위급한 상황에 처할 수도 있다.

따라서 주둥이가 짧은 반려동물과 산다면 평소에 호흡하는 데 불편해하지 않는지 면밀히 관찰해야 한다. 일반적으로 단두종증후군 증상을 보이는 반려동물은 콧구멍이 지나치게 좁아서 코로 숨을 잘 쉬지 못해 입을 벌린 채 호흡하는 경우가 많다. 이로 인해 대부분 목 부분의 인후두부가 부어 있어서 입천장에서 목구멍으로 연결되는 연구개가 늘어나 있다. 이런 해부학적 구조 이상으로 인해 평소 숨쉬기가 힘들 뿐만 아니라 숨을 쉴 때 그르렁대는 소리가 심하게 날 수 있다. 또 쭈니처럼 수면 중에 무호흡 상태에 빠지기도 하고 흥분하면 숨 고르기가 원활하지 않아서 일순간에 숨이 멈추는 위급한 상황도 발생할 수 있다.

사실 쭈니와 같이 주둥이가 짧은 개와 고양이 품종은 대부분 아주 오래전부터 있었다. 즉, 인간이 인위적인 품종개량을 하기 훨씬 전부터 자연스럽게 존재했던 자연발생 품종이라는 것이다. 다만, 사람들이 주둥이가 짧은 특유의 얼굴 표정을 너무나 사랑해서 특징이 극대화되도록 인위적으로 개량하는 바람에 오늘날 단두종증후군을 앓는 개와 고양이가 많아지게 된 것이다. 따라서 순혈종에 대한 집착과 건강 문제를 고려하지 않은 채 외형만 중시한 바람직하지 못한 품종개량 역사에 대한 반성 없이는 앞으로도 쭈니처럼 고통받는 동물이 더 늘어날 것이다.

평소 단두종증후군 증상을 나타내는 단두종 반려동물은 즉시 동물병원을 찾아야 한다. 그래서 단두종증후군인지에 대한 정확한 진단을 받고 필요하다면 콧구멍을 넓혀 주는 교정수술, 늘어난 연구개를 교정하는 수술을 하는 것이 좋다. 또한 단두종증후군 증상을 보이는 동물은 비만해지면 증상이 악화되므로 체중 조절에 신경 써야 하고, 평소에 과도한 운동이나 흥분된 행동을 하지 않도록 주의해야 한다.

쭈니는 한창 성장 중인 강아지여서 콧구멍을 넓히는 수술을 몇 개월 지난 후에 하기로 했다. 따라서 쭈니는 안타깝게도 단두종증후군 동물들이 가장 힘들어하는 무덥고 습한 여름을 나야 한다. 다행히 사랑하는 가족의 전폭적인 관심과 지지가 있으니 어려운 시기를 무난히 잘 극복할 수 있을 것이다. 넓어진 콧구멍으로 시원하게 숨쉬는 발랄한 쭈니의 모습이 보고 싶다.

주둥이가 짧은 개, 고양이 보살피기

건강한 생활관리법

- 주둥이가 짧은 단두종 개, 고양이와 함께 살고 있다면 평상시 코와 입으로 숨을 쉬는 데 불편함이 없는지 주의 깊게 관찰해야 한다.
- 콧구멍이 좁아서 입으로 숨을 쉬더라도 목이 부어서 컥컥대고 그르렁거리는 소리를 내지 않는다면 안심해도 된다.
- 만약 좁은 콧구멍이 항상 건조하거나 콧물이 지나치게 많으면 진료를 받아 보는 것이 좋다.
- 단두종 개와 고양이는 흥분하거나 깊은 잠에 빠진 경우 호흡이 원활하지 않은 경우가 많으므로 과격한 운동을 자제하고 흥분하지 않도록 조심해야 한다.
- 코골이가 심해도 큰 문제는 없지만 무호흡 상태가 지속되면

진료를 받아 보는 것이 좋다.

- 비만해지면 호흡이 더욱 힘들어지므로 비만해지지 않도록 주의한다.
- 무덥고 습한 여름과 건조한 겨울에는 호흡기질환에 걸릴 위험이 높다. 가능한 한 온도와 습도를 쾌적하게 유지해야 한다.

단두종증후군 교정술

단두종증후군 증상이 심하면 호흡을 편안하게 하는 수술을 한다. 대표적으로 좁은 콧구멍을 정상적인 크기로 만들어서 숨쉬기 편하게 해 주는 수술이 있다. 연구개(입천장의 연한 부분)가 과도하게 목 안쪽으로 연결되었거나 후두의 조직이 과도하게 생성되어 있어서 호흡이 힘든 경우라면 과잉 조직을 제거하는 수술을 하기도 한다. 단, 콧구멍 교정술을 제외한 단두종증후군 교정술은 수술이 간단하지 않으므로 경험이 풍부한 수의사를 통해서 정확하게 진단을 받고 수술해야 한다.

14

개는 과일 씨, 고양이는 실타래를 '꿀꺽'

개, 고양이가 흔히 삼키는 것

짧은 다리에 비해 상대적으로 몸통이 길고, 축 처진 귀에 주둥이가 길어 우스꽝스럽게 생겼지만 타고난 사냥 본능으로 호기심이 많은 닥스훈트 종 보나는 이제 막 강아지 시기를 지났다. 사람의 청년기처럼 개의 한 살이 넘어가는 시기는 신체적으로는 성견에 가깝지만 정신적으로는 미숙한 단계이다. 아직 세상 살아가는 방법을 정확히 익히지 못한 상태에서 왕성한 신체적 변화와 더불어 성장 호르몬과 성호르몬의 분비 증가로 인해 주체할 수 없는 활력 상승을 보이는 이 시기의 개는 때때로 반려인을 당황스럽게 한다.

보나 또한 예외가 아니다. 평소 활달하고 건강한 보나는 이 시기를 맞아 활동량이 더욱 많아지고 식욕 또한 왕성해지고 있다. 이렇게 주체할 수 없을 정도로 활동량이 많아진 보나를 위해 가족들은 번갈아 가며 하루 두 번 산책을 나가고 주말이면 반려견 운동장이나 공원을 찾아 실컷 뛰어놀게 해 준다. 그런 건강한 보나가 어떤 건강상 문제로 동물병원을 찾은 것일까? 게다가 주치의가 있는 동네 동물병원이 아니라 종합병원까지 왔으니 필히 건강상 큰 문제가 있는 것이다.

"보나는 평소 아주 건강해 보여요. 밥도 잘 먹고 전혀 문제가 없는데 가끔 구토를 조금 해요."

개는 사람과 달리 건강상의 문제가 없어도 공복 상태가 지속되면 구토를 하는 경우가 흔하기 때문에 다른 이상증세가 없는지 물었다.

"구토를 하는 날은 산책도 나가지 않으려 하고 이불에 얼굴을 묻고 꼼짝도 하지 않아요. 가만히 들어보면 배에서 이상한 소리도 들리고요."

분명 한창 에너지 넘치는 청년기 닥스훈트의 정상 행동과는 차이가 있어 보였다.

"저희 아버지께서 약국을 운영하셔서 구토를 한 첫날 사람용으로 체하거나 소화불량 때 먹는 약을 보나에게 먹였더니 다음 날 증상이 사라지더라고요. 그래서 소화불량이려니 생각했습니다."

수의사가 제대로 진단하고 처방한 약이 아니라 자가 처방에 의한 대증처치였지만 초기에는 분명 소화제와 제산제에 반응을 보인 것 같았다. 그런데 보나의 구토증이 한 달 새 점점 빈도가 잦아졌다니 그 이유를 알아내야 했다.

"평소 다니는 동물병원에서 엑스레이도 찍고 피검사도 했는데 모두 정상이라고 나왔습니다."

걱정 가득한 보호자와는 달리 병원 진료실 구석구석이 궁금한 듯 연신 짧은 꼬리를 추켜세운 채 활발히 돌아다니는 보나는 겉으로는 아픈 곳이 없어 보였다.

"위내시경검사를 해봐야 할 듯합니다. 사람과 달리 개는 만성 위염과 위궤양뿐만 아니라 위암에 걸리는 경우도 드물기 때문에 가능성이 낮지만 그래도 한 달 가까이 구토가 지속되니 우선 내시경검사를 해 보도록 하지요."

곧바로 보나의 내시경검사가 시작되었다. 안정적으로 마취가 된 후 긴 위내시경이 보나의 입으로 쑥 들어갔다. 내시경이 입을 지나 식도로 들어가고 공기에 의해 식도가 부푸는 모습이 모니터를 통해 선명하게 보였다. 건강한 선홍색 식도는 별다른 문제가 없어 보였다. 그러나 내시경이 위로 들어간 순간 모니터에 갈색의 계란형 물체가 선명히 나타났다.

"교수님! 어떤 겸자 준비할까요?"

항상 내 내시경 시술을 보조하는 수의사가 미소를 지으며 질문했다.

"어제 퍼그 시술 때 썼던 그 겸자로 합시다."

이후 겸자가 내시경을 통해 들어가고 위 속 물체는 겸자에 잡혀 보나의 입 밖으로 안전하게 나왔다.

"교수님, 드디어 자두 시즌이 시작되었나 봅니다."

보나의 위 속 깊숙하게 자리 잡고 꼼짝하지 않던 물체는 바로 자두 씨였다. 매년 여름이면 많이 먹는 자두와 복숭아를 사람은 과육만 먹고 씨는 버리는데 이 씨를 개가 먹는 경우가 많다. 과일 씨를 먹으면 씨가 위에 걸려 만성 구토증을 유발하고, 심한 경우 씨가 위를 통과해

소장으로 내려갔다가 소장을 막아 사망에 이르기도 한다.

평소 보나는 쓰레기통을 뒤지는 습관도 없고 이물질을 섭취하는 경향도 없었다고 하지만 끓어오르는 식욕과 활력이 넘치는 청년기이다 보니 각종 음식 냄새가 나는 쓰레기통을 외면하기란 쉽지 않았을 것이다. 그래도 잘못된 행동인 줄은 알았는지, 자두 씨만 몰래 꺼내 먹고 쓰레기통을 뒤진 흔적을 남겨 두지 않았으니 분별성 없는 강아지 시기는 지난 듯했다.

자두 씨가 한 달 넘게 위에 걸려 있었는데도 보나의 위는 약간의 염증 소견 이외에는 별다른 이상이 없었다. 마취가 아직 덜 깬 보나를 쓰다듬으며 가족들의 다짐이 이어진다. "자두 먹고 씨는 정말 잘 버려야 되겠어.", "아니, 아니, 아예 자두나 복숭아를 먹지 말자고." 이후 다시 보나를 병원에서 보지 않았으니 이 다짐이 잘 지켜진 것이기를 바란다.

매년 맛있는 자두와 복숭아가 시중에 나오는 늦봄부터 초여름 무렵이면 자두 씨와 복숭아 씨를 먹고 탈이 나 동물병원을 찾는 개들이 많다. 더 이상 개의 위 속에서 자두 씨와 복숭아 씨를 보지 않도록 반려인들이 조심 또 조심해 주기를!

개, 고양이가 흔히 삼키는 것

개

흔히 개껌이라 불리는 말린 육포나 딱딱한 간식(개가 한번에 삼키기 어려운 크기여야 하는데 너무 작은 것을 주면 씹지 않고 삼켜서 식도에 걸리는 경우가 있다), 과일 씨, 동물 뼈, 고무공, 동전, 나뭇가지, 스타킹, 장갑류 등

고양이

귀걸이, 반지, 바늘처럼 반짝이는 금속류의 작은 물체, 실타래, 노끈, 동물 뼈 등

15
잦은 목욕이 피부건조증을 부른다

개, 고양이의 올바른 목욕법

아침 출근길 병원 주차장. 주차장으로 고급 외제 차 한 대가 들어오더니 아주머니 한 분이 담요에 싼 반려견을 품에 안은 채 차에서 내렸다. 그러고는 개가 행여 비라도 맞을까 애지중지하면서 연신 우산 위치를 바꿨다. 한눈에 봐도 부유해 보이는 아주머니 품에서 사랑받는 복 많은 아이였다. 흐뭇한 마음으로 진료실로 향했다. 그런데 그 가족을 진료실에서 다시 만났다. 진료실에서 환자를 기다리고 있는데 수련의 선생님이 살짝 미소를 지으며 다음 환자에 대해서 간단히 정리해 줬다.

"제가 보기에는 피부가 조금 예민하고 별다른 이상은 없어 보이는데 보호자는 피부질환이 매우 심하다고 생각하고 계십니다. 큰 이상은 아닌 듯하다고 말씀드리니 오히려 화를 내시네요. 아무튼 모시고 오겠습니다."

잠시 후 아주머니가 반려견을 품에 안고 진료실로 들어오는데 조금 전 주차장에서 마주 친 그 분이었다.

"우리 제우스 피부가 아주 엉망이에요. 냄새도 심하고 비듬도 많고 어제 미용실 다녀온 후 이렇게 배 부분이 빨갛게 돼 버렸어요."

탄식에 가까운 아주머니의 목소리가 걱정이 되는지 제우스는 고개를 들어 아주머니를 보며 끙끙대기 시작했다. 배를 보자 아주머니 말처럼 피부가 발갛게 된 발적이 있긴 했지만 심한 편은 아니었다. 단지 피부가 조금 건조해 피모가 푸석거리고 각질이 조금 발생한 정도였다. 수련의 선생님의 판단처럼 피부가 예민하고 건조할 뿐이지 딱히 문제 될 것은 없었다.

실내에서 사는 반려견은 야외에서 생활하는 반려견과는 달리 피부가 건조하고 예민해지는 경우가 많다. 특히 난방을 하는 겨울철이면 아파트의 실내 습도가 너무 낮아서 피부건조증으로 고생하는 반려견이 많다. 하지만 제우스는 아파트에서 살지도 않고 병원에 온 시기도 건조한 계절이 아니었다. 피부건조증의 원인이 따로 있을 것 같았다. 그래서 목욕을 얼마 만에 한 번씩 하는지, 어떻게 하는지 물었다.

"제가 직접 목욕을 시키지는 않고요. 미용실에서 3일에 한 번씩 아로마 스파를 겸한 목욕을 시켜요. 향수는 제가 사용하는 제품을 같이 쓰고요."

그 순간, 제우스 피부건조증의 원인이 밝혀졌다. 실내에서 함께 생활하는 반려동물을 주기적으로 목욕시키는 것은 반려견의 건강뿐 아니라 위생 측면에서도 중요하다. 하지만 지극히 사람의 관점으로 자주 목욕시켜야 한다는 생각은 옳지 않다. 땀을 흘리지 않는 개와 고양이는 자주 목욕시킬 필요가 없고, 특히 스스로 털 고르기와 피부관리를 하는 고양이는 장모종이 아니라면 굳이 목욕을 시킬 필요가 없다. 개도 견종에 따라 차이가 있지만 보통 3~4주에 한 번 목욕을 시키는 것이 바람직하다. 제우스처럼 자주 목욕을 시키면 정상적인 피부보호막이 파괴되어 피부가 건조해지고 털도 푸석푸석해진다. 또한 자극에 약해져서 피부가 쉽게 붉어진다.

목욕을 자주 시키는 사람들에게 이유를 물어보면 대부분 냄새 때문이라고 한다. 하지만 개와 고양이의 몸에서 기분 나쁜 냄새가 나는 것은 건강에 문제가 있을 때뿐이다. 피부질환이 있거나 치주질환으로 인한 구취, 귓속이 지저분해서 나는 냄새, 항문낭염으로 인한 냄새가 그렇다. 즉, 사람들은 특정 부위의 문제로 인해 발생하는 냄새를 동물의 몸 전체에서 나는 냄새로 생각하는 경우가 많다. 따라서 냄새가 난다면 건강에 문제가 있는 것이니 질환을 고치면 냄새도 해결된다. 목욕이나 향수가 아니라 검진을 통해 원인을 정확하게 찾아보는 것이 현명한 방법이다.

냄새를 동반하는 몇 가지 질환을 제외하면 동물의 몸에서 특별히 나쁜 냄새가 나지는 않는다. 다만 사람들이 자신에게 익숙하지 않은 개, 고양이가 내는 사람과는 다른 냄새에 민감하게 반응할 뿐이다. 그러므로 냄새가 나는 질환도 없는데 냄새가 난다고 자주 목욕을 시키고 향수를 뿌려도 아무 소용 없다. 게다가 향수는 후각이 예민한 개의 후각신경에 손상을 입힐 수도 있다.

한 달 후, 다시 병원을 찾은 아주머니의 표정이 한결 밝아졌다. 제우스 또한 한 달 동안 얼굴 털이 많이 자랐고 표정도 좋아졌고, 한결 가벼운 몸동작으로 연신 꼬리를 쳤다.

"향수가 좋지 않다고 하셔서 향수는 일절 뿌리지 않고 목욕도 2주에 한 번씩 한답니다. 덕분에 비듬도 줄었고, 이제 더 이상 피부가 붉어지지도 않아요."

살펴보니 제우스의 피부건조증은 말끔히 해결되었고 지난번처럼 진료실을 가득 채운 향수 냄새도 사라졌다.

반려동물과 함께 사는 것은 이런저런 이유로 불편한 경우가 많다. 하지만 동물과 인간은 근본부터 다르다는 점을 이해하고 그 차이점을 인정해야 아이들과 더 행복하게 생활할 수 있을 것이다.

개, 고양이의 올바른 목욕법

개

목욕 주기는 견종 및 피부와 피모의 오염 정도에 따라 다르지만 일반적으로 3~4주에 한 번씩 하는 것이 바람직하다. 그러나 야외 활동이 빈번하고 피모가 더러워지는 주기가 짧은 경우에는 더 자주 시킨다.

단모종은 목욕 전에 빗질을 할 필요가 없지만 장모종은 목욕 전에 빗질을 해서 엉킨 털을 확인하고, 엉킴을 풀어 주고 목욕을 시킨다.

물 온도는 미지근한 정도가 좋고 샴푸와 린스는 반드시 반려견 전용 제품을 사용한다.

목욕 순서는 물을 앞발과 뒷발부터 적신 후 점차 배 쪽으로 올라와 꼬리에서 머리 방향 순서로 적시고 마지막으로 머리와 얼굴도 물로 가볍게 적신다. 이후 샴푸를 같은 순서로 한 후 거품이 나게 피모와 피부를 마사지한다. 얼굴부터 물로 헹군다. 잘 행군 후에는 린스나 컨디셔너를 같은 순서로 하고 깨끗하게 헹군다.

목욕이 끝나면 개 스스로 몸을 털게 해 주고 수건으로 최대한 물기가 남아 있지 않도록 닦는다.

드라이어를 이용해서 털을 말린다. 장모종은 빗질을 하면서 말려야만 속털까지 말릴 수 있다. 드라이어의 바람 온도가 너무 높거나 바람이 신체 부위 일부에만 집중될 경우에는 화상을 입을 수 있으므로 주의한다.

고양이

고양이는 평소 몸을 청결하게 유지하므로 실내생활만 하는 고양이라면 주기적으로 목욕을 시킬 필요가 없다. 평소 가벼운 빗질을 통해 털을 정리하고 엉킨 털이 있다면 풀어 주거나 제거해 주는 것만으로도 깨끗한 피부와 털을 유지할 수 있다.

장모종 고양이가 자신이 스스로 청결함을 유지할 수 없을 정도로 털이 오염된 경우에는 목욕을 시켜 주는 것이 좋다. 목욕시키는 방법은 개를 목욕시키는 방법과 동일하나 고양이는 대부분 몸에 물이 닿는 것을 싫어하므로 천천히 발부터 엉덩이, 배, 등, 목 순으로 물을 적신다.

샴푸는 가능한 한 고양이 전용 샴푸를 사용한다. 개와 고양이 겸용 제품도 무방하다. 거품을 많이 내면 헹굼 시간이 길어지므로 적당량만 사용해서 짧게 샴푸한 후 깨끗이 헹군다. 이후 고양이 전용 린스나 컨디셔너를 사용한다.

수건으로 물기를 깨끗이 닦아 낸다. 이때 수건을 드라이어로 미리 따뜻하게 한 후 닦아 주면 고양이들이 훨씬 편안함을 느낀다. 이후 드라이어를 이용해 빗질을 해가면서 털을 말린다. 만약 고양이가 드라이어를 싫어하면 따뜻한 방에 마른 수건을 깔고 그 위에 고양이를 두거나 온풍기나 난로 앞에서 빗질을 해 주면서 털을 말린다.

3장

개, 고양이에게 가장 흔한 질병 공부

모든 병을 피할 수는 없지만 열심히 공부하면
최대한 예방하고 치료할 수 있다.

1

고양이 방광과 요도를 괴롭히는 하부요로계 질환

고양이 하부요로계 질환에 관한 모든 것

아침부터 진료실 한쪽에서 고통스러운 비명에 가까운 고양이 울음소리가 들렸다. 소리의 주인공은 올해 두 살 된 고양이 하비이다. 하비는 지금 생식기에 톰캣카테터라고 불리는 수고양이 전용 요도 카테터 장착 시술을 받고 있는 중이다. 정상의 수고양이라면 톰캣카테터가 요도를 쉽고 부드럽게 통과해서 방광 내부까지 별다른 통증 없이 무사히 들어가야 한다. 그런데 하비는 방광과 요도에 문제가 생겨 고통스러운 것이다. 통증이 너무 심한 경우에는 장착을 못하기도 한다.

너무 고통스럽게 비명을 지르고 있지만 그렇다고 자발적으로 소변을 보지 못하는 하비에게 생명줄이 되어 줄 톰캣카테터 장착 시술을 포기할 수는 없었다. 마취가 위험할 정도로 전신 상태가 악화된 하비는 몇 시간 이내에 오줌길이 열리지 않으면 생명을 잃을 수도 있는 상태였다.

다행히 톰캣카테터 장착 시술이 잘 되어서 하비의 오줌길이 열렸다. 그러자 그동안 배설되지 못한 다량의 소변이 한꺼번에 카테터를 통해 흘러나왔다. 배설되지 못한 소변으로 가득 찬 방광 때문에 부풀어 오른 아랫배도 차츰 홀쭉해졌고 그제야 하비의 고통스러운 비명도 사라졌다. 이후 하비는 그동안 소변을 제대로 보지 못해 발생한 요독증이 치료되었고, 항생제 처치를 통해 비뇨기감염도 점차 완화되면서 일주일 후에 집으로 돌아갔다.

이제 막 성장기를 지나 어른이 된 젊은 수고양이 하비를 이토록 고통스럽게 만든 질환은 고양이 하부요로계 질환으로 고양이에게는 가장 흔한 비뇨기계 질환이다. 주로 비뇨기계 하부에 속하는 방광과 요도에 발생하는 질환으로 정확한 원인이 밝혀지지 않은 경우가 많아서 특발성 질환으로 분류된다. 다시 말해 고양이에게 자주 발생하지만 간단한 질병이 아니며 원인도 불분명한 경우가 많고 재발도 흔하다는 뜻이다. 따라서 고양이 반려인이라면 이 질환에 대해 충분히 공부해서 병이 생기지 않도록 예방하고, 발생하더라도 올바른 처치를 통해 고양이의 고통을 경감시키기 위해 노력해야 한다.

방광과 요도에 이상이 생긴 고양이는 평소 소변을 보는 장소가 아닌 곳에 갑작스럽게 배뇨를 하거나 화장실 내에서 머무는 시간이 늘고, 배뇨 시 통증을 호소하는 증상을 보인다. 이런 초기 증상이 보이면 지체 없이 동물병원에 가서 하부요로계 이상 여부를 검사해야 한다. 고양이 하부요로계 질환의 대표적 원인 중 하나인 방광 내 결석과 이로 인한 방광염은 초기에 발견하면 수술 없이도 치료할 수 있기 때문에 조기 발견이 중요하다. 만약 초기 증상을 인지하지 못해 하부요로계 질환이 악화되면 오줌길인 요도 자체가 염증 산물 또는 결석으로 막혀서 하비처럼 스스로 배뇨가 불가능한 상태가 된다. 만약 이 상태로 수 시간 내에 소변을 몸 밖으로 배출해 내지 못하면 요독증으로 사망할 수도 있다.

고양이 하부요로계 질환의 위험성을 가중시키는 요인으로는 현재까지 몇 가지가 알려져 있다. 그중 하나는 스트레스이다. 예민하고 독립된 생활을 좋아하는 고양이가 동거 중인 개 등 다른 반려동물이나 다른 고양이와의 서열다툼으로 인해 스트레스를 받으면 하부요로계 질환이 잘 발생하는 것으로 알려져 있다. 따라서 만약 두 마리 이상의 고양이가 함께 생활하고 있다면 이들 사이의 서열다툼과 화장실 이용 상태 등을 주의 깊게 관찰해야 한다. 또한 화장실은 항상 청결해야 하고, 고양이가 거부감 없이 편안하게 배변·배뇨를 할 수 있어야 한다.

둘째로 고양이는 마시는 물이 신선하지 않거나 물그릇이 마음에 들지 않으면 물을 잘 먹지 않는다. 수분 섭취 부족은 요결석의 발생을 높이므로 주의해야 한다. 특히 건사료를 먹는다면 물을 더 많이 섭취해야 한다. 물에 불린 건사료를 먹이거나 주당 2~3일은 건사료 대신 캔사료, 파우치 사료 등 습식사료를 먹이는 것도 좋은 방법이다. 물이 담긴 그릇에 관심을 보이지 않는다면 분수 형태 등 고양이 전용 물 공급대를 이용하는 것이 좋다.

그렇다면 하비는 어떤 이유로 하부요로계 질환이 생겼을까? 이제 막 어른이 된 하비는 함께 생활하는 암고양이와 짝짓기를 원했지만 하비 주인은 새끼가 태어나는 것을 원하지 않았다. 이런 이유로 암컷이 발정기가 되면 하비와 암고양이는 다른 공간에 분리되어 생활해왔다. 아마도 하비는 그에 따른 스트레스로 인해 하부요로계 질환에 걸린 것으로 추정되었다.

재발 방지를 위해서도 이 문제를 해결해야 했다. 이런 경우 고양이의 임신, 출산을 원치 않는다면 중성화수술을 시키는 것이 가장 좋은 해결책이다. 퇴원 당일 이런 설명을 들은 보호자는 그동안 바쁘고 비용이 많이 든다는 이유로 중성화수술을 미룬 것을 후회했다. 그러고는 하비와 암고양이의 중성화수술을 결정했다.

분명 고양이 하부요로계 질환은 원인이 다양하고 복잡한 질환 중 하나이지만 위험요인 하나하나에 주의만 기울인다면 충분히 예방이 가능한 질환이다. 그러니 잊지 말자. 물을 많이 먹게 하고 스트레스 없는 편안한 환경이 고양이 하부요로계 질환 예방의 최선임을!

고양이 하부요로계 질환에 관한 모든 것

1. 수컷에게 더 많이 발생한다

고양이 하부요로계 질환은 암컷과 수컷 모두에서 발생할 수 있지만 암컷보다 수컷에게 훨씬 더 많이 발생한다. 수컷의 요도가 암컷보다 좁고 길어서 염증산물 등이 요도에 쌓여 요도가 막힐 확률이 더 높기 때문이다.

2. 원인과 예방법

고양이 하부요로계 질환은 방광이나 요도에 생긴 결석, 비뇨기계 세균감염에 의해 야기되기도 하지만 대부분 근본 원인이 불분명하다. 이런 경우에는 특발성 고양이 하부요로계 질환으로 명명하기도 하지만 비만, 스트레스, 수분 섭취 부족 등이 대표적인 원인으로 추정된다. 따라서 평소 비만해지지 않도록 주의하고 스트레스를 줄이고, 수분 섭취가 원활하도록 도와준다.

3. 중성화수술이 예방과 재발방지에 도움이 된다

수고양이뿐만 아니라 암고양이도 번식시킬 계획이 없다면 중성화수술을 해 주는 것이 좋고, 중성화수술은 고양이 하부요로계 질환 예방에 도움이 된다. 특히 발병 경력이 있는 수컷은 재발방지를 위해서라도 반드시 중성화수술을 시킨다.

2

여덟 살 또또의 유선종양 제거수술과 항암치료

개, 고양이 유선종양 치료법과 재발방지법

"교수님! 또또 유선 상태를 좀 보셔야 될 것 같습니다."

오른쪽 귀에 생긴 염증치료를 위해 동물병원에 내원한 또또를 사전 검진한 수련의가 걱정스러운 표정으로 말하며, 올해 여덟 살 된 몰티즈 종 반려견 또또의 유선을 내게 보여 주었다. 겉으로는 멀쩡해 보이지만 손가락으로 오른쪽과 왼쪽의 유선을 조심스럽게 촉진해 보니 분명 동글동글하고 딱딱한 무언가가 만져졌다.

또또의 보호자인 할머니가 귀 치료가 벌써 끝났냐며 웃으며 진료실로 들어오셨다. 또또는 진료를 받느라 고작 몇 분 헤어졌을 뿐인데 엄청 오랫동안 헤어졌던 것처럼 할머니를 보자마자 꼬리를 흔들고 짖으며 반겼다. 이렇게 서로 아끼고 사랑하는 반려견과 가족을 볼 때마다 수의사라는 직업에 무한한 행복을 느낀다. 그러나 때로는 수의사로서 가장 힘들고 어려운 일도 해야 하는데 그때가 바로 이런 때이다.

"할머니, 또또 귀는 며칠 치료하면 말끔히 나을 겁니다. 그런데 문제가 좀 있습니다. 또또 유선에 뭔가가 만져지는데 지금까지 모르셨나요?"

밝은 표정이던 할머니의 얼굴이 일순간 굳었다. 할머니를 포함해 또또 가족 모두 그동안 알아채지 못했지만 또또의 양쪽 유선 여덟 개 중 무려 네 군데에서 종양으로 추측되는 병변이 발견되었다. 또또는 경미한 질환으로 병원을 찾았다가 일순간 생명이 위험할지도 모르는 악성 종양, 즉 암에 걸렸을지도 모르는 예비 중환자가 되어 버렸다.

너무 놀란 또또 할머니의 호출에 아드님이 병원으로 달려왔고 곧바로 유선종양에 대한 진료가 시작되었다. 우선 또또의 유선종양이 유방암인 악성 종양인지 단순한 양성 종양인지부터 알아야 했다. 가느다란 주사침을 또또의 유선에 삽입해서 조직의 일부를 떼어내어 조직검사실로 보냈다. 종양의 전이 여부를 확인하기 위해서 가슴 및 복부 방사선촬영과 초음파검사도 진행되었다. 이처럼 좋지 않은 예후가 추정되는 동물을 진료하는 수의사는 자신의 추측이 들어맞지 않길 바라는 마음이 간절하다.

아쉽게도 세포조직검사 결과 또또는 악성 유선종양으로 판명되어 며칠 후 종양이 발생한 유선을 전부 제거하는 큰 수술을 받았다. 그나마 다행스러운 건 주변 림프절과 폐, 간 등의 주요 장기로 전이되지 않아 수술 후 낮은 단계의 항암치료만 받아도 된다는 것이었다.

유선을 제거하는 큰 수술을 받은 지 일 년이 훨씬 지난 지금, 또또는 예전처럼 할머니와 매일 새벽녘에 동네를 한 바퀴 도는 산책도 하고, 할머니댁을 찾는 유치원생 손녀와도 놀면서 평소와 다름없이 건강한 생활을 하고 있다.

유선종양은 개와 고양이에게 발생하는 가장 흔한 종양 중 하나이다. 일반적으로 오른쪽과 왼쪽 각각 하나씩의 유방을 가진 사람과 달리 개와 고양이는 가슴 양쪽으로 적게는 6개에서 많게는 10개 이상의 유방을 가지고 있다. 일반적으로 유선종양은 중성화를 하지 않은 나이 든 개와 고양이에게 주로 발생하므로 번식을 원하지 않는다면 중성화 수술을 해 주는 것이 바람직하다. 또 나이가 든 암컷은 자주 양쪽 유선을 촉진해서 이상이 발견되면 즉시 진료를 받아야 한다.

"매일 아침과 저녁 두 번씩 만져보는데 이상이 없는 것 같아요."

정기검진 차 병원에 내원한 또또 할머니께서 다시 찾은 웃음을 띠며 말씀하셨다. 사실 그렇게 자주 만질 필요는 없다고 알려드리고 싶지만 그저 함께 웃었다.

개, 고양이 유선종양 치료법과 재발방지법

유선에서 뭔가 만져지면 바로 병원을 찾는다

모든 종양이 그렇듯 개, 고양이의 유선종양 또한 조기에 발견하고 치료하는 것이 무엇보다 중요하다. 악성 종양이더라도 조기에 발견해서 수술로 제거하고 항암치료를 한다면 좋은 결과를 얻을 수 있다. 그러므로 유선에서 무언가 만져진다면 즉시 병원을 찾는다.

재발을 막기 위해서 유선종양 수술과 함께 중성화수술을 한다

유선종양 수술과 함께 중성화수술을 받는다. 간혹 유선종양 제거수술 때 중성화수술을 함께하는 것을 꺼리는 보호자도 있지만 중성화수술은 유선종양 예방에 도움이 된다. 물론 중성화수술을 하더라도 유선종양 재발 가능성이 제로가 되는 것은 아니다. 하지만 중성화수술을 하지 않는 경우와 비교하면 재발률을 현저히 낮출 수 있다. 따라서 유선종양 제거수술 시에는 반드시 중성화수술을 받는 것이 좋다.

반드시 조직검사를 통해 악성 유무를 검사한다

대부분 유선종양 제거 후에 제거된 조직의 조직검사를 하지만 간혹 비용 문제 또는 보호자가 원치 않아서 생략하기도 한다. 그러나 조직검사는 종양이 악성인지 양성인지를 판단해서 수술 이후의 치료방향을 정해야 하는 필수적인 진료 단계이므로 반드시 해야 한다.

악성이면 항암치료가 필요하다

조직검사를 통해서 악성으로 판정되면 수술적 제거만으로는 완치 가능성이 낮으므로 반드시 적절한 항암치료를 받아야 한다. 사실 개의 악성 유선종양은 대부분 예후가 좋지 않고 항암치료에도 잘 반응하지 않는 편이다. 그러나 항암치료를 통해 삶의 질을 유지할 수 있고 질병의 진행 정도를 늦추어 수명을 연장할 수 있으므로 시도할 가치가 충분하다.

3

다름이의 불안정한 자세는 슬개골탈구 때문이었다

슬개골탈구증의 증상 | 슬개골탈구증의 단계 판정 및 치료법

주말 오후, 늦은 점심을 먹고 소셜네트워크서비스(SNS)에 접속해서 사람들의 글과 사진을 살폈다. 대부분의 SNS 친구는 동물에 관한 주제로 맺어진 관계여서 내용은 대부분 자신의 반려동물에 관한 것이었다. 그런데 수많은 사진과 글 중에서 유독 눈에 들어온 것은 병원에서 실습을 하고 있는 수의과대학 4학년생이 올린 사진이었다. 평소 학생들과의 소통 방법으로 SNS를 종종 이용하기에 관심을 갖고 읽어 보니 최근 입양한 반려견에 대한 내용이었다.

올해 네 살 된 몰티즈 종 다름이는 학생이 입양하기 전에는 우리 병원에서 생활하던 일명 '병원돌이(특정 가족이 없고 동물병원 내에서 생활하는 반려동물을 일컫는다)'였다. 원래 노부부와 함께 살면서 주기적으로 병원에서 진료를 받았는데 치료비가 부담스러워 노부부가 소유권을 포기하면서 병원에서 치료와 관리를 받으면서 살게 되었다.

다름이는 비록 원래의 가족과는 헤어졌지만 병원 식구들의 정성 어린 보살핌 덕분에 건강도 회복하고, 곧 수의사가 될 든든한 오빠가 있는 행복한 가정에 입양되어서 새로운 삶을 시작하고 있었다. 함께 살던 가족에게 버려진 건 슬프지만 또 다른 사람들이 다름이에게 가족이 되어 주었다.

다름이 사진을 흐뭇하게 보다가 한 사진에 시선이 고정되었다. 수의사의 직업병 중 하나는 환자가 아닌 동물을 볼 때도 먼저 몸을 샅샅이 살피며 관찰한다는 것이다. 사진 속 다름이는 어딘가 불편해 보였다. 특히 뒷다리 무릎관절 부위가 뒤틀려 있고 그로 인해 서 있는 자세가 등도 굽어 보였고 불안정해 보였다.

다음 날 병원에서 다름이에 대한 이야기를 더욱 자세하게 듣고, 그동안의 진료기록도 살펴보았다. 어린 나이인데도 예전 가족이 치료를 포기할 정도로 아픈 곳이 많은 다름이인데, 최근 그를 조금씩 괴롭히고 있는 문제는 슬개골탈구증(무릎뼈탈구증)이었다. 이 질환은 뒷다리 무릎에 밤톨처럼 생긴 무릎뼈(슬개골)가 제자리에서 벗어나는 질환으로 초기에는 가벼운 통증과 걸음걸이 이상 등이 나타나나 심해지면 주변 근육위축 및 다리 모양 변형으로 인해 걸을 수 없게 된다.

우리나라에서 사랑받는 견종인 치와와, 몰티즈, 푸들, 요크셔테리어 등의 소형견에게 자주 발생하는 질환으로 외부 충격과 같은 외상에 의해 발생하기도 하나 대부분 유전적 요인으로 발생한다. 유난히 작은 몸집의 다름이도 태생적으로 무릎뼈가 위치하는 대퇴골(넓적다리뼈)

의 고랑 자체가 얕아 무릎뼈가 제자리에 있지 못하고 이리저리 움직이고 있는 것이다.

다름이처럼 슬개골, 즉 무릎뼈에 이상이 있는 반려견과 함께 생활하고 있다면 정확한 검사를 통해 수술적 교정을 요하는 상태인지 아닌지를 판단해야 한다. 상태가 경미한 초기 단계에는 악화를 막아야 하므로 과격하게 뒷다리를 이용해 의자나 침대에 뛰어오르는 행동, 장시간의 걷기, 뛰기 등을 자제해야 한다. 또한 비만해지면 무릎에 가해지는 힘도 증가하므로 주의해야 하며 장모종은 발바닥 털을 자주 손질해 주어서 미끄러지지 않도록 해 주어야 한다.

다행히 다름이는 시급하게 교정수술을 실시해야 하는 말기는 아니지만 조금 더 진행되면 수술을 해야 하니 관리를 잘 해야 한다는 진단이 나왔다. 나는 오늘 다름이 사진에 응원의 댓글을 적었다.

"다름아! 오빠가 수의사가 될 때까지 더 이상 아프지 말자. 다름이 파이팅!"

슬개골탈구증의 증상

1. 산책 시 뛰거나 걸을 때 오른쪽, 왼쪽 뒷다리의 보행이 엇박자를 보인다. 오른발-왼발의 순서가 아니라 오른발-오른발 또는 왼발-왼발 식으로 한 번씩 정상적인 보행 순서가 어긋난다.

2. 반려인의 무릎 위로 뛰어오르려고 할 때, 뒷발로 섰을 때 무릎이 갑자기 바깥쪽으로 툭 튀어 나왔다가 되돌아간다.

3. 산책이나 운동 후 무릎 부위를 심하게 깨물거나 핥는다.
4. 한쪽 뒷다리를 들고 있는 경우가 많다.

슬개골탈구증의 단계 판정 및 치료법

- **1기** : 손으로 반려견의 슬개골을 만지면서 탈구를 시도하면 탈구되지만 곧 제자리로 돌아간다. 개는 통증을 호소하지 않고 걸음걸이 또한 대부분 정상이다.
- **2기** : 손으로 반려견의 슬개골을 만지면서 탈구를 시도하면 탈구되고 스스로도 탈구가 일어난다. 탈구된 슬개골이 손으로 만지거나 개가 무릎관절을 펴면 정상으로 된다. 이때부터 통증을 느껴 보행이상 증상이 나타날 수 있다.
- **3기** : 항상 슬개골이 탈구된 상태로 있다. 손으로 탈구를 회복시켜 주면 회복되나 무릎관절을 굽히거나 펴면 다시 탈구된다.
- **4기** : 항상 슬개골이 탈구된 상태로 남아 있으며 손으로도 탈구를 회복시킬 수 없다.

일반적으로 슬개골탈구가 2단계 이상이면 수술을 통해 교정해야 한다. 수술 전이나 수술 후에 발생하는 일시적 염증, 통증은 소염진통제 복용을 통해 조절이 가능하므로 슬개골탈구증으로 진단받은 경우라면 수술 전후 동물병원에서 꾸준히 검진을 받는 것이 중요하다.

4
고양이와 보호자가 같은 피부병으로 고생하다

고양이 피부사상균증에 관한 모든 것

최근에는 반려동물로 개뿐만 아니라 고양이와 함께하는 가정이 점점 늘고 있다. 우리나라에서 반려동물에 대한 인식이 부족해서 개를 단지 집을 지키는 동물 이상의 개념으로 보기 어려웠던 시절에도 고양이는 비교적 실내를 자유로이 왕래하면서 우리와 함께 생활해 왔다. 단지 목적이 실내에도 창궐하는 쥐를 잡기 위한 것이었지만 이유야 어찌됐든 고양이의 실내생활 역사는 우리나라에서는 개보다 앞선 것이 사실이다.

하지만 1990년대 초반부터 본격적으로 시작된 국내의 반려동물 문화는 고양이보다는 개부터 시작되었다. 이는 반려동물 문화가 일찍 시작되고 발달한 다른 나라에서도 찾아볼 수 있는 현상이다. 그러다가 소득 수준이 높아지면 자연스럽게 고양이 수가 개를 추월하게 된다. 따라서 최근 국내의 반려동물 중 고양이의 수가 증가하고 있는 것은 자연스러운 상황으로 보인다. 더구나 우리나라는 아파트 등 공동주택의 비중이 높아서 대형견보다 소형견이 사랑받는데 같은 이유로 상대적으로 조용하고 관리가 용이한 고양이가 앞으로도 더욱 사랑받을 것으로 예상된다.

샤먼은 풍성한 긴 털이 매력적인 페르시안 종 고양이이다. 동물병원에 내원하는 고양이 보호자 중에는 젊은 직장 여성이 많은데 샤먼의 보호자도 이제 막 직장생활을 시작했다. 그래서 외모에 신경을 많이 쓰는데 진료실에 들어온 보호자가 옷소매를 걷고는 보여 준 팔에는 손목 아래부터 팔꿈치 부위까지 빨갛게 부풀어 오른 피부병변이 가득했다. 보호자의 팔만 봐도 동물병원을 찾은 이유를 알 수 있었지만 확진을 위해 샤먼의 상태를 확인했다.

그런데 반려인에게 피부병을 전파한 것으로 추정되는 샤먼은 피부병 자체를 찾는 것이 무척 어려웠다. 보호자의 증상으로 봤을 때 샤먼은 피부사상균에 감염되었을 것이라고 추측했는데 장모종 고양이라서 털 밑 속에 숨어 있는 병변을 찾는 것이 어려웠다. 6개월 전부터 함께 살았고, 처음 집에 왔을 때 귀 아랫부분에 피부병변이 있었다고 했다. 자외선 램프를 이용해 다시 샤먼의 털과 피부를 관찰했다. 마침내 귀 아랫부분과 발톱 부분이 자외선 램프 검사에서 양성을 나타냈다. 양성 반응을 보인 털을 배양해 보니 샤먼은 피부사상균에 감염되어 있었다.

피부사상균증은 피부와 털에 감염되어 염증성 피부질환을 야기하는 피부사상균 감염에 의한 질환으로 개, 고양이뿐 아니라 사람에게도 감염되는 인수공통감염성 질환이다. 사람은 대부분 샤먼 보호자처럼 반려동물을 통해 감염되는데 대부분 감염된 피부에 항진균제를 바르는 것만으로도 치료가 되므로 크게 걱정할 필요는 없다.

문제는 고양이와 사는 가정이 증가하면서 피부사상균증에 걸린 사람도 증가하고 있다는 것이다. 피부사상균 감염 시 증상이 확연하게 나타나는 개와 달리 고양이는 증상이 없는 불현성 감염 상태인 경우가 많아서 초기 발견을 통한 감염 전파 예방이 어려울 수 있다. 그래서 고양이에게 증상이 확연하게 나타나지 않으면 피부사상균에 감염되었는지 모르거나 치료과정 중에 증상이 사라졌다고 치료를 중단하는 경우가 흔해서 치료가 어렵다.

또한 일부 고양이 반려인이 사용하는 소독제를 이용한 자가 치료 방법은 일시적인 증상 호전을 보일 수는 있지만 근본적 치료를 기대하기가 어렵다. 고양이 피부사상균증은 꾸준하게 일정기간 경구용 항진균제를 처방받아야 하고, 병변이 사라진 이후에는 배양검사를 통해 완치 여부를 판단해야 한다. 민간처방에 의지하거나 임의로 치료를 중단하면 고양이, 사람 모두 피부사상균증이 반복되어 나타난다.

피부사상균증 진단 후 샤먼과 반려인은 동시에 치료를 시작했다. 물론 각각 동물병원과 사람 병원에서. 샤먼은 동물병원에서 먹는 항진균제 약을 처방받았고, 보호자는 피부과에서 항진균 연고를 처방받았다. 양쪽 모두 치료 반응이 좋아서 샤먼은 치료 시작 후 2개월, 보호자는 한 달 만에 완치 판정을 받고 치료를 끝냈다.

고양이가 피부사상균증을 전파하는 동물이라고 놀라지 말자. 동물병원에서 정확한 진단과 치료를 받으면 피부사상균증은 크게 염려할 만한 질환이 아니다. 그러니 의심되는 증상이 조금이라도 있다면 빨리 병원을 찾는 게 현명한 방법이다.

고양이 피부사상균증에 관한 모든 것

항진균제는 고양이에게 위험한가?

반려동물의 피부병 약에 대해서 걱정하는 반려인이 있다. 그중 피부사상균증 치료제인 항진균제는 약물이 간에서 대사되는 특성상 어느 정도 간에 부담을 주는 것이 사실이지만 치료 전 혈액검사를 통해 간 기능에 대해 확인하고, 투약 중에도 수시로 확인하면 되니 크게 걱정할 필요는 없다. 또한 근래에는 주로 간에 대한 부작용이 개선된 약들이 처방되므로 항진균제 투약을 꺼릴 필요는 없다.

항진균제는 꼭 음식과 함께 먹여야 하나?

항진균제는 공복 상태에 먹으면 장에서 거의 흡수가 되지 않는 특성이 있다. 따라서 피부사상균증 치료를 위해 항진균제를 투약할 때는 반드시 음식물과 함께 먹인다.

여러 마리 고양이 중에서 피부사상균증에 감염된 고양이가 있다면?

여러 마리 고양이 중에 피부사상균증에 감염된 고양이가 있다면 원칙적으로는 모든 고양이가 동시에 치료를 받아야 한다. 증상이 없는 고양이라도 감염 상태일 수 있으므로 병원에서 진단검사와 치료를 받는 것이 좋다. 다만, 증상도 없고 피부사상균 배양검사에서도 음성이 나온 고양이라면 우선 항진균 샴푸를 이용한 약욕요법을 시작해도 되지만 증상이 조금이라도 나타나면 항진균제를 즉시 투약해야 한다.

5

의기소침하고 식욕도 없는데 살이 찌는 이유는?

다르게 나타나는 개와 고양이의 갑상샘 질환

유난히 추웠던 겨울 어느 날, 진료실로 들어오는 아주머니의 얼굴에 수심이 가득했다. "제발 우리 아이 아픈 것 좀 고쳐 주세요." 동물병원을 찾는 모든 분이 주문하는 이 말에 면역이 될 법한 경력 18년차 수의사이지만 이 말은 아직도 내게 가장 부담스러운 말이다. 반려견 관우를 포대기로 꽁꽁 싸서 등에 업은 채 진료실로 들어오는 아주머니의 모습에 그 절박한 바람을 꼭 이루어 드리고 싶었다.

관우는 검은색 털색이 아름다운 여덟 살 된 아메리칸 코커스패니얼 종인데 아주머니의 등에 업힌 채 포대기 사이로 얼굴만 내놓고 있었다. 천성적으로 활발한 코커스패니얼 종을 포대기로 싸서 신체활동을 제한하면 땅에 내려 달라 발버둥치고 짖는 것이 일반적인데 관우는 아무런 반응이 없었다. 축 처진 얼굴 주름 사이로 한없이 무거워 보이는 눈꺼풀을 겨우 들어올려 그나마 남아 있는 호기심으로 진료실 주변과 수의사들을 둘러봤다.

"관우가 가을부터 벌벌 떨면서 햇볕 드는 창가에만 누워 있으려 하고 도통 움직이지 않고 잘 먹지도 않습니다."

관우를 진료대 위에 내려놓았는데 잘 먹지 않는 반려견치고는 덩치가 우람했다. 진료대에 자동으로 연결된 체중계에는 관우의 체중이 평균 이상인 17킬로그램이라고 나왔다.

"먹을 것을 많이 주지 않는데도 이렇게 살이 찌고, 그래서 그런지 도통 움직이려 들지를 않아요."

아주머니가 놀란 표정으로 관우가 비만인 이유가 자신 때문이 아님을 알렸다. 그 말을 들으니 강력하게 의심되는 질환이 떠올랐다. 관우의 털은 목덜미 아래부터 꼬리까지 등쪽 털이 유난히 짧고 드문드문 빠져 있기도 했다. 일반적으로 코커스패니얼 종은 이 부위의 털을 짧게 자르거나 뽑아내는 경향이 있지만 관우는 미용과 상관없이 이 부위에 탈모가 진행되었다고 했다. 이 증상은 의심되는 질환을 진단할 수 있는 중요한 단서였다.

관우가 의기소침하고 식욕도 없으며 많이 먹지 않는데도 살이 찌는 이유는 나이 들어 게을러진 관우의 잘못도 아니고, 아주머니가 식욕이 떨어진 관우를 위해 고영양식 식이를 급여해서도 아니었다. 관우는 목에 있는 갑상샘이상으로 인한 갑상샘기능저하증을 앓고 있는 것이다.

갑상샘에서 분비되는 갑상샘 호르몬은 체내의 축적된 에너지를 분해하고 신체활성을 유지, 촉진시켜 이로 인한 기초대사율을 높이는 데 관여하는 호르몬이다. 즉, 생체기관의 거의 모든 대사에 관여해 활발하게 제 역할을 할 수 있도록 방아쇠를 당겨 주는 역할을 담당하는 곳이다. 그런데 이 갑상샘에 문제가 생겨 갑상샘 호르몬 분비량이 줄어들면 몸의 생체활성이 저하되어 관우처럼 의욕이 없어지고 추위에 대한 내성도 떨어지며 식욕이 저하되게 된다. 식욕이 저하되면서 에너지 이용도 극히 줄어들어 과잉된 에너지로 인해 살이 찌고 몸이 붓기도 한다. 관우의 눈꺼풀 주위가 유난히 부어 눈을 잘 뜨지 못하는 것도 바로 이런 이유 때문이다. 또한 털이 잘 자라지 않아 등과 꼬리에 흔히 탈모 증상이 나타난다.

개의 경우 갑상샘기능저하증은 자주 발생하는 질환이 아니며 모든 품종에서 발생할 수 있지만 특히 관우와 같은 코커스패니얼에서 발생 빈도가 더 높다. 진단은 임상증상과 더불어 혈액 내 갑상샘 호르몬 농도 측정을 통해 이루어지는데 유사한 증상을 보이는 다른 호르몬 질환이나 만성질환도 있으므로 유의해야 한다.

수의사 입장에서는 갑상선기능저하증과 같이 무엇이 부족해서 생긴 병은 다른 질환에 비해서 마음이 편하다. 부족한 호르몬을 보충해 주기만 하면 대부분 자연스럽게 정상이 되기 때문이다. 관우도 갑상샘 호르몬 약을 하루 두 번 먹는 게 치료의 전부였다. 간단한 치료법이지만 효과는 놀라웠다. 추위에 떨며 만사가 귀찮은 듯 의기소침해서 아주머니 등에 업혀 병원을 찾았던 관우는 치료를 시작하고 채 한 달도 되기 전에 천방지축인 코커스패니얼 본연의 모습으로 돌아왔다.

다르게 나타나는 개와 고양이의 갑상샘 질환

개

개의 갑상샘이 문제가 되는 경우는 대부분 갑상샘기능저하증이다. 갑상샘기능저하증에 걸리면 개는 활력과 식욕이 급격히 떨어지지만 체중은 오히려 늘어 비만한 체형으로 바뀐다. 또한 추위에 저항하는 능력이 떨어져 추위를 심하게 타고 피모도 거칠어진다. 피부염도 자주 발생하는데 심한 경우에는 등, 사타구니, 꼬리의 털이 모두 빠지는 극심한 탈모증과 지루성 피부염이 나타나기도 한다. 갑상샘기능저하증은 모든 견종에서 발생할 수 있지만 특히 골든리트리버, 래브라도리트리버, 미니어처슈나우저, 코커스패니얼, 셔틀랜드시프도그, 그레이하운드에서 특히 더 발생한다.

고양이

개와는 반대로 고양이는 갑상샘기능항진증이 문제가 된다. 특정 종과 관계없이 모든 종의 고양이에게 나타날 수 있으며 10년 이상의 노령 고양이에게 주로 발생한다. 고양이가 갑상샘기능항진증에 걸리면 목 주위가 부어오르고 식욕은 증가되나 체중은 점점 줄어든다. 고양이의 갑상샘기능항진증은 후유증으로 심장과 신장에 이상이 생기는 경우가 흔하다. 그러므로 노령 고양이의 경우 갑상샘의 건강 평가를 포함한 건강검진을 정기적으로 받아야 한다.

6

모기와 함께 오는 불청객 심장사상충

심장사상충에 관한 모든 것 | 권장되는 개, 고양이 구충 프로그램

집이 모처럼 방문한 처형 댁 식구들로 소란스럽다. 초등학교 저학년인 두 조카는 우리 집 타이와 키씨, 공주의 이름을 큰 소리로 부르며 머리와 등 이곳저곳을 쓰다듬고 있지만 우리 집 아이들은 낯선 사람의 익숙하지 않은 손길에 표정이 밝지 않다. 얼마 지나지 않아 개들은 자기 침대로 돌아가 누워 버렸고, 고양이는 탈출의 기회를 넘보다가 침대 밑으로 몸을 숨겨 버렸다. 그런데 침대 밑에 숨어 있던 공주가 거실로 나와서 벽 여기저기로 점프를 하면서 앞발로 벽을 치기 시작했다. 벽면을 보니 모기 두 마리가 벽을 타고 날고 있었다. 공주는 모기를 사냥하고 있었다.

고양이의 사냥 본능을 충족시켜 주고 싶었지만 해충이라서 내가 살충제를 찾고 있는 사이 조카들이 팔을 뻗어서 일순간에 모기를 즉사시켜 버렸다. "와! 이모부 피예요, 피." 큰 조카가 내민 손바닥에는 전사당한 모기 두 마리의 사체와 선명한 혈액이 묻어 있었다.

예전에 비해 우리나라의 여름이 덥고 길어지면서 반갑지 않은 손님인 모기도 우리 곁에 오래 머문다. 방충망이 잘 설치된 곳이라도 일단 모기가 실내로 들어오면 사람과 반려동물이 공존하는 가족 구성은 모기에게는 천국과도 같은 장소이다. 이날도 확인 결과 모기에게 물린 사람이 없으니 조카 손의 피는 분명 우리 집 개와 고양이의 것임에 분명했다.

개와 고양이의 폐동맥과 심장에 기생하는 기생충인 심장사상충은 모기에 의해 전파되는 주요 기생충 질환이다. 문제는 한 달에 한 번 먹는 예방약이나 바르는 예방약, 최근 국내에 도입된 주사제인 장기 예방약을 통해 완벽하게 예방할 수 있는데도 비용 부담이나 과장된 예방약의 위험성으로 인해 예방을 꺼리는 사례가 많다는 것이다.

모든 약물은 목적하는 약리효과와 더불어 어느 정도의 부작용을 갖고 있다. 그러나 심장사상충 예방약은 안전한 약물로 평가되고 있으니 걱정하지 않아도 된다. 다만 콜리, 셔틀랜드시프도그와 같은 특정 견종은 약물 전달에 관계되는 유전자 변이에 의해서 부작용이 나타날 확률이 높으므로 이 견종들은 유전자 변이 유무와 상관없이 안전성이 입증된 예방약으로 예방해야 한다.

겨울에는 모기가 활동하지 않고, 심장사상충 유충이 발육을 하기 위해서는 최소 14도 이상이어야 하므로 봄, 여름에만 심장사상충 예방약을 투약하면 되는 것으로 알고 있는 경우가 많다. 그러나 심장사상충 연구자 모임인 미국의 심장사상충협회에서는 한국처럼 전국적으로 심장사상충 감염이 확인된 지역에서는 연중 예방 프로그램을 실시할 것을 권하고 있다. 겨울에도 실내에서 활동하는 모기가 관찰되고 이로 인한 심장사상충 감염 사례가 보고되고 있기 때문이다. 국내에서도 실내에서 생활하는 반려견이 가을, 겨울에 예방약을 먹지 않은 경우 감염된 사례가 종종 있다.

1년 내내 매달 예방약을 먹이는 게 싫다면 모기가 등장하는 봄에 반드시 심장사상충 감염 여부를 검사한 후 예방 프로그램을 시작해야 한다. 감염 여부를 알아보는 검사를 하지 않고 예방약을 먹는 것은 생존을 위협하는 위험한 일이기 때문이다. 왜냐하면 심장사상충에 감염되어 성충이 폐동맥에 자리잡고 있는 사실을 모른 채 예방약만 복용하면 예방약 성분에 의해 죽은 성충의 사체가 혈관을 막아 심각한 상태가 될 수 있기 때문이다. 심하면 급사할 수도 있다.

또한 겨울에 예방약을 먹지 않고 봄에 먹기 시작했다면 최초 투약한 날로부터 7개월 후 다시 심장사상충 감염 여부를 검사해야 한다. 겨울 동안에 감염이 진행되는 경우 봄에 먹은 예방약이 효과를 발휘하지 못해서 봄에 진행한 키트검사에서 감염된 상태이긴 하지만 음성으로 판정될 수 있기 때문이다. 따라서 복잡하게 예방약 투약을 중지하여 검사를 반복할 필요가 없다. 완벽한 예방을 위해서는 1년 내내 매달 예방약을 먹는 것이 안전하고 편리하다.

안타깝게도 심장사상충에 감염되면 치료과정이 간단하지 않다. 심장사상충감염증 치료에 가장 어려운 점은 치료 과정 중 폐동맥에 자리 잡은 심장사상충 성체가 약물로 인해 죽게 되면 대부분 자연스럽게 분해되어 몸 속에서 사라지지만 기생충의 수가 많은 경우에는 사체가 잘게 분해되어 혈관을 떠돌다 작은 혈관을 막는 혈전증(혈관 속에서 피가 굳은 덩어리인 혈전이 혈관을 떠돌다 혈관을 막아 혈액공급 및 혈액순환 장애를 나타내는 질환이다. 혈전이 동맥을 막으면 그 동맥에 의해 혈액을 공급받는 장기와 조직은 혈액을 공급받지 못하게 되며 정맥에 혈전이 생기면 심장으로 되돌아오는 혈액순환에 문제가 생겨 피가 고여 여러 문제를 야기시킨다)을 일으킨다는 것이다. 혈전이 동맥을 막게 되면 동맥을 통해 혈액을 공급받는 장기와 조직은 혈액을 공급받지 못하고, 정맥에 혈전이 생기면 심장으로 되돌아오는 혈액순환에 문제가 생기고 피가 고여서 여러 가지 문제를 야기한다. 따라서 치료 시작 시에 흉부 엑스레이 검사와 혈액검사 등의 사전검사를 바탕으로 감염의 단계를 파악한 후 그에 적합한 치료를 실시한다.

정도가 비교적 가벼운 감염 1기, 2기에는 증상이 아예 없거나 가벼운 기침 등의 증상만 보인다. 3기에는 심한 증상이 나타나고 흉부 엑스레이 검사 시 확연한 병변도 관찰된다. 4기에는 복수증(복수가 차는 증상), 질소혈증(혈액 중 요소질소 수치가 정상보다 높은 증상) 등 심한 합병증이 동반된다.

감염 정도가 1기, 2기라면 혈전증과 합병증만 발생하지 않는다면 완치될 확률이 높지만 확진 판정을 받으면 한 달 간격으로 성충구제제 주사처치를 2~3회 받아야 하고 7개월 이상의 치료 및 안정화 기간이 필요하다. 3기, 4기에는 치료의 성공을 장담할 수 없고 치료 도중에 혈전증과 합병증 발생으로 급사할 확률 또한 매우 높다.

심장사상충 감염은 치료가 간단하지 않을 뿐만 아니라 치료 시기를 놓치면 사망에 이를 수 있는 무서운 질환 중 하나이다. 그러나 매달 한 번의 간단한 예방약 투약으로 완벽하게 예방할 수 있으니 철저한 건강관리를 게을리 하지 말자.

심장사상충에 관한 모든 것

겨울에도 심장사상충 예방을 해야 하나?

원래 모기는 우리나라의 겨울 날씨에는 생존할 수 없다. 그러나 환경의 변화와 실내생활의 증가로 인해 실내에서 겨울을 나는 모기가 증가하고 있다. 따라서 완벽한 심장사상충 예방을 위해서는 월 1회 투약을 연중 지속하는 것이 좋다.

심장사상충 예방약을 2개월 이상 먹이지 않았다면?

수의사와 상담한 후 즉시 예방약 투약을 시작하고, 7개월 후에 심장사상충 감염 검사를 실시한다. 투약하지 않은 기간에 감염이 이루어져서 예방약이 효과를 발휘하지 못하는 감염기로 진행되어 버렸다면 키트 검사에서 양성으로 판정되는 시기가 대략 7개월 후이기 때문이다.

지속적인 예방약 투약은 간에 무리가 되지 않나?

수의사에 의해 처방되는 심장사상충 예방약은 약효와 안전성이 보장된 약이다. 강아지 시기에도 생후 8주가 넘어가면 안심하게 투약할 수 있다. 장기 투약에 따른 간손상 문제도 걱정할 필요 없으며 노령동물도 안전하다.

블랙월넛이 심장사상충 예방에 효과가 있을까?

검증된 심장사상충 예방약 이외에 효과가 검증된 천연물질은 없다는 것이 학계의 정설이다. 블랙월넛 또한 마찬가지이다. 지나치게 과장된 심장사상충 예방제제의 부작용을 걱정해서 효과가 없는 물질로 예방을 하는 것은 바람직하지 않다.

실내에서 생활하는 반려견도 심장사상충 예방이 필요한가?

모기는 실외뿐만 아니라 실내에서도 활동한다. 사람도 여름이면 모기에 물리지 않기 위해 모기약을 준비하는 것과 같은 개념으로 이해하면 된다. 실제로 심장사상충 예방을 하지 않은 실내견이 심장사상충에 감염된 사례가 종종 있다.

집고양이도 심장사상충 예방이 필요한가?

고양이는 개보다 심장사상충이 몸에 들어와 사는 곳인 폐동맥이 좁아서 설령 심장사상충에 감염되어도 성충이 폐동맥에서 잘 살아남지 못해 자연스럽게 감염증이 사라지는 경우가 많다. 하지만 분명 개보다 빈도가 덜하지만 고양이도 심장사상충에 감염될 수 있고 증상을 보일 수도 있기에 매달 예방을 해 주는 것이 권장된다. 요즘은 심장사상충 예방과 내·외부 기생충을 동시에 구제하는 약물도 있으므로 이를 이용하면 편리하다. 단, 예방약의 용량이 개와 다르므로 반드시 수의사에게 처방받아야 한다.

사람도 심장사상충에 걸릴 수 있다

개가 심장사상충에 걸렸는데 사람에게 옮기지 않는지 걱정하는 사람도 있다. 개 심장사상충은 아주 드물지만 사람도 감염될 수 있다. 하지만 심장사상충에 걸린 반려동물과의 직접 접촉에 의해서 감염되는 것은 절대 아니다. 사람이 심장사상충을 가진 모기에 직접 물려 감염되는 것이다. 다행히 사람은 감염되더라도 증상을 알아챌 수 없을 정도로 경미하게 지나가 버리니 걱정할 필요는 없다.

권장되는 개, 고양이 구충 프로그램

개와 고양이가 생후 2주가 되었을 때 피란텔 파모에이트pyrantel pamoate 성분의 광범위 구충제를 이용해 첫 구충을 한다. 이후 매 2주마다 생후 8주가 되기까지 구충제를 먹이고 8주가 지나면 심장사상충 예방약을 매달 먹이기 시작한다. 현재 대부분의 심장사상충 예방약은 심장사상충 예방효과뿐만 아니라 회충 등 내부기생충 구제에도 효과가 있어서 8주 이후부터는 심장사상충 예방약을 통해서 구충을 하는 게 좋다. 단, 심장사상충 예방약으로 모든 내부기생충이 예방되는 것이 아니므로 최소 1년에 한 번 이상은 동물병원에서 분변검사를 통해 내부기생충 감염 여부를 확인한다.

7

노견 마음이는 살이 찐 게 아니라 쿠싱증후군

쿠싱증후군에 관한 모든 것

일찍 남편을 떠나보내고 자식들을 모두 분가시킨 할머니와 함께 사는 마음이는 할머니에게는 없으면 안 되는 소중한 친구이자 자식이다. 그도 그럴 것이 막내딸이 결혼한 후 혼자 생활하게 된 할머니는 지병인 고혈압이 심해져서 병원에도 자주 가야 했고, 우울증도 있어서 무척 힘든 노년을 보내고 있었다. 그런 와중에 지인의 권유로 시골 친척 집에서 강아지 한 마리를 집으로 데려오게 됐는데 그 강아지가 지금의 마음이다.

마음이는 10년째 할머니와 함께 살고 있다. 마음이와 함께 살게 된 이후 할머니는 성격도 다시 밝아졌을 뿐만 아니라 지병인 고혈압 증세도 많이 좋아져서 이제는 먹고 있는 약의 가짓수가 많이 줄어들었다. 특히 우울증은 언제 그랬나 싶을 정도로 좋아져서 마음이는 이름 그대로 할머니의 깊은 마음의 병을 고쳐준 고맙고 기특한 존재이다.

마음이는 귀엽게 생긴 외모와 함께 성격 또한 차분해서 처음 보는 사람에게도 아무 거리낌 없이 다가가는 친화성이 뛰어난 완벽한 반려견이다. 그래서 할머니는 시장을 갈 때나 옆 동네 친구네 집에 갈 때도 목줄을 하고 항상 마음이와 함께 걸어다녔다. 만나는 사람마다 마음이가 예쁘다 칭찬해 주면 잘난 자식을 둔 것 같아 기분이 무척 좋았다.

그런 마음이가 얼마 전부터 달라지기 시작했다. 조금씩 살이 찌고 배가 불러오기 시작하더니 근래에는 외출도 하지 않으려 하고 걸을 때 뒷다리가 아픈지 절뚝거리기 시작했다. 할머니는 마음이도 나이를 먹었으니 나잇살이 붙어서 뚱뚱해지고 관절염이 온 거라고 대수롭지 않게 생각했다. 그래서 동물병원에 데려갈 생각도 하지 않고, 먹을 것을 줄여서 살을 빼려고만 했다.

하지만 할머니의 바람과는 달리 마음이는 더 뚱뚱해졌고 이제 동네 산책이라도 나가면 만나는 사람마다 뚱뚱하다고 놀려대기 시작했다. 급기야 지난 주말, 모처럼 집에 온 막냇사위가 마음이는 개가 아니라 올챙이배를 가진 돼지 같다며 속상한 할머니의 속을 완전히 뒤집어 놓았다.

"교수님, 동네 사람들이랑 가족들이 마음이 밥 좀 그만 먹이라고 하는데 저는 우리 마음이에게 그렇게 밥을 많이 주지 않아요."

답답하고 억울한 할머니의 심정이 그대로 느껴졌다. 그리고 할머니의 억울함을 내가 풀어 드릴 수 있을 것 같았다.

"혹시 마음이가 물을 많이 마시지 않나요?"

이 말이 떨어지기가 무섭게 할머니는 신기한 듯한 표정으로 나를 보며 맞장구를 치셨다.

"맞아요, 맞아. 물을 너무 많이 마셔서 하루에도 여러 번 물그릇을 채워 주는데 그래서 그런지 소변도 정말 많이 봐요."

밥을 많이 주지 않는데도 살이 찌고 배가 불러온다는 할머니의 주장은 사실이다. 마음이는 검진결과 부신피질기능항진증, 일명 쿠싱증후군이라는 질환을 앓고 있었다. 이 질환은 신장 위에 존재하는 부신이라는 장기에서 당질 코르티코이드라는 호르몬이 과도하게 분비되어 나타나는 질환으로, 주로 뇌하수체에 이상이 있거나 부신에 종양이 있는 경우에 생긴다. 피부질환 치료나 기타 질환 치료로 장기간 스테로이드 약물을 복용한 경우에도 생긴다.

이와는 반대로 부신이 제 기능을 못해 부신피질 호르몬이 잘 분비되지 않아서 무기력증과 아울러 몸의 전해질 불균형 현상과 구토, 설사증이 나타나는 부신피질기능저하증(애디슨병)에 걸리기도 한다. 쿠싱증후군에 비해 애디슨병 발병은 흔하지 않다.

개가 쿠싱증후군에 걸리면 많이 먹지 않아도 몸통이 물렁해지고 살이 찌는 것처럼 부으며 간의 크기가 커져서 배가 불러온다. 반면 근육량은 급격히 줄어들어 다리가 가늘어지고 힘이 없을 뿐만 아니라 복부근육도 줄어서 불러온 배가 아래로 처지는 일명 올챙이배가 된다. 물을 많이 마시고 피모가 얇아지면서 혈관이 두드러져 보이며 탈모증과 피부감염증이 나타나기도 한다.

쿠싱증후군은 모두에게 어렵고 힘든 질환이다. 대부분 통증을 수반하지 않기 때문에 발병 초기에는 발병 유무를 눈치 채지 못하는 경우가 흔하다. 그러나 진행되면 직접적 원인이 되는 부신, 뇌하수체의 통증은 나타나지 않아도 근골격계 이상에 따른 통증, 방광염과 같은 잦은 세균감염에 의한 염증 및 당뇨, 신부전, 심장질환 등 각종 합병증으로 고통받게 된다.

반려인 입장에서는 치료를 하는데도 병이 완치되지 않고 계속 진행된다는 것을 수긍하기 어렵고 치료에 드는 비용도 만만치 않아서 치료를 포기하는 경우가 있다. 솔직히 수의사도 약을 용량에 맞게 올바로 처방했는데도 개체마다 각기 다른 반응을 보이는 현실에 당황하는 경우가 있다.

이렇듯 쿠싱증후군은 수의학에서 잘 알려지고 치료법이 세세히 연구된 질환임에도 불구하고 아직까지 모든 개체에게 부작용 없이 완벽하게 치료효과를 나타내는 치료약과 치료법은 없다. 따라서 쿠싱증후군은 보호자, 수의사, 반려동물이 가능한 한 자주 만나서 상의하면서 최상의 결과를 얻기 위해 맞춤형 관리법을 확립해 나가는 것이 최선이다.

마음이의 검사가 모두 끝나고 결과를 듣기 위해 다시 내원한 할머니께 마음이가 쿠싱증후군을 앓고 있음을 말씀드린 후 앞으로의 치료 방향에 대해 설명드렸다. 설명을 듣고 있던 할머니는 마음이를 쓰다듬으면서 입술을 살짝 깨문 채 혼잣말을 하신다.

"내가 이번 주말에 막냇사위 오면 가만두나 봐라. 마음이가 아파서 그런 건데 비만이라고, 올챙이배라고 놀리고…."

마음이의 쿠싱증후군 치료는 마침 국내에 도입되기 시작한 신약의 효능과 할머니의 사랑이 더해져 결과가 좋았다. 일반적으로 개가 쿠싱증후군에 걸리면 각종 합병증으로 인해 진단 시점부터 평균 3년 정도 살 수 있는 것으로 보고되었는데 마음이는 별다른 후유증 없이 5년 넘게 치료를 받다가 열다섯 살에 하늘나라로 갔다. 질병을 가지고 있는데도 평균 수명만큼 살다가 떠난 것이다.

마음이가 떠났다는 전화를 받은 얼마 후 할머니가 다시 병원에 오셨다. 품 안에 곱슬 털에 눈망울이 초롱초롱한 갈색 푸들 강아지를 안은 채 케이크를 건네주셨다.

"이거 드시고 새로운 우리 식구도 잘 부탁드립니다."

할머니께 감사히 잘 먹겠다 말씀드리고 새 식구의 머리를 쓰다듬어 주었다. 할머니도 새로 온 강아지도 아픈 곳이 없어서 큰 병원에 올 일이 없었으면, 그래서 앞으로 할머니와 최소 15년간은 만나지 않았으면 좋겠다고 생각했다. 다행히 아직 할머니를 다시 뵌 적이 없으니 할머니와 새 가족 모두 건강하리라 믿는다.

쿠싱증후군에 관한 모든 것

쿠싱증후군은 왜 생기나?

쿠싱증후군은 신장 위에 있는 부신이라는 기관에서 당질 코르티코이드가 과도하게 생성되어 발생한다. 일반적으로 뇌의 뇌하수체에 문제가 발생해 부신피질자극 호르몬이 과도하게 분비되는 경우(개에게 가장 흔한 쿠싱증후군의 원인), 부신피질자극 호르몬과는 상관없이 부신 자체에서 당질 코르티코이드가 과도하게 생산되는 경우(대부분 부신에 종양이 발생한 경우), 피부질환 등 질병 치료 목적으로 스테로이드 제제를 과량 장기 투약한 경우에 발생한다.

고양이도 쿠싱증후군에 걸리나?

고양이도 쿠싱증후군에 걸리지만 개와 비교하면 빈도가 훨씬 낮다.

쿠싱증후군의 증상

쿠싱증후군은 여덟 살 이후의 노령견에서 주로 발생하며 토이 푸들, 시추 등 소형종에서 발생률이 높다. 쿠싱증후군에 걸리면 평소와 달리 물을 많이 마시고, 소변량이 증가하며, 식욕도 증가할 뿐만 아니라 자주 헐떡이는 증상을 보인다. 점점 배가 올챙이배처럼 불러오고, 사지의 근육량이 줄어들며, 몸 털이 대칭적으로 빠진다. 쿠싱증후군이 발생하면 피부가 얇아져 배쪽의 가는 모세혈관이 두드러져 보일 수 있으며 농피증 등 피부질환이 자주 발생한다.

쿠싱증후군의 진단

쿠싱증후군이 의심되면 기본 혈액검사를 통해서 간효소수치가 증가했음을 확인하고 복부 방사선검사를 통해서 간이 비대해졌는지를 확인하는 기본적인 진단검사를 실시한다. 부신피질자극 호르몬 투약 검사 등과 같은 호르몬 검사를 통해 확진되면 정확한 발병원인을 감별하기 위해 뇌, 복부 자기공명영상(MRI) 검사나 컴퓨터단층촬영(CT) 검사를 하기도 한다.

쿠싱증후군의 치료

쿠싱증후군의 치료는 뇌하수체 이상이 원인인 경우 부신에서 당질 코르티코이드 생산을 억제하는 약물을 복용하는 것이 일반적이다. 부신에 발생한 종양이 원인인 경우에는 종양 제거수술을 한다. 스테로이드제의 과다 투약으로 쿠싱증후군이 발생한 경우에는 스테로이드 투약을 중단한다. 이외 합병증인 피부질환, 간효소 수치 상승에 대한 치료가 필요한 경우도 있다.

쿠싱증후군 치료를 위해 투약하는 약물은 증상의 개선 정도와 혈액 내 당질 코르티코이드 농도 등의 호르몬 검사를 통해 용량이 세심하게 설정된다. 따라서 수의사의 지시 없이 임의로 투약을 중단하거나 용량을 증량해서 투약하면 심각한 부작용이 발생할 수 있다.

쿠싱증후군 합병증

쿠싱증후군에 걸리면 신체 내 면역력이 저하되어 피부감염, 방광염과 같은 비뇨기계 감염 등 각종 감염증이 합병증으로 나타날 수 있다. 따라서 평소보다 위생, 청결에 주의해야 하며 근육이 약화된 상태이므로 과격한 놀이나 운동은 하지 않는 것이 좋다. 노령견에게 주로 발생하는 특징상 간부전, 신부전, 당뇨와 합병되어 발생하는 경우도 흔하다. 다른 질환과 합병되어 발생한 경우는 더욱 자주 동물병원을 찾아 진료를 받는 것이 중요하다.

어떻게 먹여야 하나?

쿠싱증후군에 걸리면 식이조절을 잘해야 하므로 식단을 주치의와 상의한다. 간부전 및 신부전인 경우에는 단백질 함량과 종류에 주의해야 한다. 당뇨인 경우에는 탄수화물 섭취량을 조절해야 하는데 인슐린 주사를 맞고 혈당수치를 주기적으로 검사해 가면서 혈당수치에 맞춰서 식단을 조절해야 한다.

8

만성 피부병으로 고생하는 미니와 뮤 모녀

개, 고양이 아토피피부염 관리법 | 개털, 고양이털 알레르기가 있는 반려인을 위한 조언

몰티즈 미니와 뮤는 모녀지간이다. 귀여운 표정과 활달하고 사람을 좋아하는 성격까지 서로 꼭 닮은 모녀. 집에서 기르는 반려견이 출산을 하면 새끼를 대부분 입양 보내는 경우가 많은데 여섯 살인 미니가 네 살 때 출산한 딸 뮤는 함께 생활하고 있다. 그러다 보니 미니와 뮤는 같은 주거 환경에서 같은 음식을 먹고, 같은 생활방식으로 살아가고 있어서 외모는 물론 성격까지 똑같은 게 어찌 보면 당연해 보인다.

미니와 뮤의 보호자인 부부는 둘이 똑같이 닮은 것에 만족하며 미니만 있을 때보다 행복감이 두 배 이상이라고 말했다. 그러나 뮤가 엄마를 지나치게 닮아서 곤란한 점이 딱 하나 있으니 바로 피부질환이다. 엄마 미니는 1년 내내 입과 귀 주위를 긁고 발가락 사이사이 드문

드문 털이 빠지고 부풀어 오르는 전형적인 알레르기 피부질환을 앓고 있다. 불행하게도 뮤도 알레르기피부염, 그중에서도 아토피피부염으로 고생하고 있다. 개와 고양이에게 아토피피부염 증상은 빠르면 한 살 무렵, 대부분 두세 살 무렵에 나타나는데 뮤는 한 살을 갓 지날 무렵 몸 여기저기를 긁기 시작했다.

알레르기피부염은 특정 물질에 대해서 면역계가 특이적으로 과민하게 반응하여 가려움증을 동반하는 피부병으로, 아토피피부염이 대표적이다. 사람의 아토피피부염이 난치성 질환인 것과 마찬가지로 개, 고양이의 아토피피부염도 평생 가려움의 고통 속에서 자유로울 수 없는 난치성 질환이다.

놀랍게도 사람의 아토피피부염과 개, 고양이의 아토피피부염은 발병 메커니즘과 증상이 거의 일치하는 것으로 알려져 있다. 심지어 산업화에 따른 환경오염의 증가로 현대사회에서 환자수가 증가한다는 것 또한 일치한다. 따라서 사람과 동일한 환경을 공유하고, 먹을거리 또한 사람과 유사한 반려동물에게 동일한 질환이 유사한 발병 빈도로 발생하고 있는 것은 어찌 보면 당연해 보인다.

우리나라 반려동물에서 발생하는 아토피피부염의 형태를 조사해 보면 외국과는 다른 한국적 특징을 몇 가지 발견할 수 있다. 우선 아토피피부염이 있는 반려동물이 대부분 실내생활을 하며 집먼지진드기에 과민반응을 나타낸다는 것이다. 물론 집먼지진드기는 아토피피부염을 일으키는 대표적인 알레르기 유발물질(알레르겐allergen)로 알려져 있지만, 국내 반려동물은 외국과 달리 꽃가루나 잡초류에 과민하게 반응하는 경우는 드물다. 그래서 계절에 따라 악화와 감소가 반복되는 꽃가루나 잡초류 알레르기에 의한 아토피피부염과는 달리 국내의 아토피피부염 환자는 1년 내내 증상이 나타난다.

개, 고양이의 아토피피부염은 생후 한 살 무렵 긁는 증상으로 시작되어 세 살 무렵 긁는 증상과 더불어 피부가 붉게 되는 피부발적, 피부에 고름이 차는 농포, 과도한 비듬 발생 등의 전형적인 증상으로 진행된다. 대부분 귓병이 동반되므로 어린 개와 고양이에게 귓병이 계속 나타나면 아토피피부염을 의심해 봐야 한다.

아토피피부염은 사실 현대의학으로는 완치를 기대하기 어려운 질환이다. 그러나 관심을 가지고 약물요법, 약욕요법, 제한된 식이급여 등 검증된 치료법을 꾸준히 지켜 나가면 증상이 몰라보게 완화되어 반려동물이 긁는 고통에서 해방될 수 있다. 하지만 객관적으로 검증되지 않은 민간요법에 현혹되어 증상을 악화시켜서는 안 된다. 몇 년 전에 아토피피부염을 앓고 있는 반려견을 목초액으로 목욕시킨 후 전신에 과민반응에 따른 두드러기가 나타나고 눈에도 결막염이 생겨서 동물병원 응급실로 내원한 사례가 있다. 또한 제조법이 불분명하고 보관상태도 불량한 정체불명의 효소액을 먹인 후 구토와 설사로 병원에 온 반려견도 있다.

일반적으로 아토피피부염의 치료에 사용되는 스테로이드 제제는 면역조절제의 부작용 때문에 꺼리는 경우가 있지만 수의사의 처방에 따라 정확한 용법, 용량으로 적용하면 부작용 없이 좋은 효과를 기대할 수 있으니 무턱대고 피부병약을 거부할 필요는 없다.

만성 아토피피부염은 완치가 불가능한 질환임을 이해해야 한다. 만성 아토피피부염처럼 완치가 불가능한 질환의 치료목표는 완치가 아니라 증상을 완화시키고 악화되지 않도록 유지시키는 데 있다. 이를 위해 면역력을 조절하고 감염증을 치료하기 위한 각종 약물요법, 망가진 피부생리 상태를 회복시키기 위해서 피부 국소치료제 적용요법, 알레르기를 일으키는 물질을 투여함으로써 서서히 적응하게 하는 면역요법 등의 다양한 치료법을 적용하고 있다.

그런데 문제는 이 치료법이 모든 환자에게 효과적이지 않다는 점이다. 아토피피부염은 환자별로 치료반응이 각기 다르게 나타난다. 따라서 환자별 상태와 치료반응을 검토해서 개별로 가장 효과적인 치료법을 맞춤형으로 설정해야 한다. 만성 아토피피부염을 앓고 있는 각 반려동물의 효과적인 치료법을 찾는 것은 수의사에게도 분명 힘든 과정이다. 그러나 끈기를 가지고 고민을 거듭하다 보면 맞춤형 해답을 찾을 수 있으므로 치료를 중도에 포기하지 말아야 한다.

미니와 뮤 모녀도 평생 함께 갈 질병인 아토피피부염을 극복하기 위한 노력을 시작했다. 우선 그동안 아무 제한 없이 먹여 왔던 사료와 간식 등 먹을거리를 단백질과 탄수화물이 제한된 처방식이로 바꾸었다. 간식도 아토피피부염 유발과는 관련이 없는 야채와 과일만 먹고 있다. 빨갛게 부은 발과 입 주위에 염증을 완화시키고, 보습효과가 있는 크림을 매일 바르고 있다. 가려움증을 완화시키는 성분이 함유된 샴푸와 항균샴푸를 이용해서 주 1~2회 약욕도 한다. 발병한 지 비교적 오래된 엄마 미니는 하루 한 번 면역조절제를 먹고, 만성화 정도가 덜한 뮤는 약물 투약을 억제하면서 식이조절과 약용샴푸만으로 진행 정도를 늦추고 있다. 앞으로 뮤는 아토피 유발물질을 알아보기 위해서 피내반응검사(원인으로 예상되는 물질을 직접 피부에 주입해 과민반응을 보이는지 알아보는 검사)를 실시하고 그 결과에 따라 맞춤형 면역치료를 실시할 계획이다.

반려동물이 미니와 뮤처럼 몸 여기저기를 자주 긁는다면 즉시 동물병원을 방문해 아토피피부염인지 확인해 봐야 한다. 아토피피부염은 하루라도 빨리 진단받고 관리하는 것이 반려동물을 긁는 고통에서 벗어나게 하는 지름길이다.

개, 고양이 아토피피부염 관리법

집 안 환경을 정리한다

우리나라 개, 고양이의 아토피피부염을 야기하는 주된 원인은 집먼지진드기이다. 집먼지진드기는 주로 천 소파, 침대 매트리스, 반려동물의 천방석 속에 서식하므로 반려동물이 집먼지진드기에 반응하는 아토피피부염을 앓고 있다면 천 소파, 침대에서 생활하는 것을 삼가고 천방석은 자주 세탁한다. 곰팡이류에 민감한 경우는 곰팡이가 서식하기 쉬운 화분(일반적으로 화분의 흙에 곰팡이가 다량 서식한다)을 정리하는 것이 좋으며 자주 청소하고 환기를 한다. 공기청정기를 사용하는 것도 좋다.

적정 습도를 유지한다

아토피피부염을 앓는 반려동물은 실내가 건조하면 가려움증이 심해지므로 항상 적정습도(상대습도 40퍼센트 내외)를 유지해야 한다. 무덥고 습한 여름에도 증상이 악화될 수 있으므로 가능한 한

쾌적한 온도와 습도가 유지될 수 있도록 신경 쓴다.

먹을거리에 주의한다

음식물이 직접적으로 반려동물의 아토피피부염을 일으키지는 않지만 증상을 악화시킬 수는 있다. 또한 아토피를 앓는 개, 고양이의 상당수가 음식 과민반응도 함께 가지고 있으므로 먹을거리에 주의해야 한다.

이론적으로는 토끼, 캥거루 고기 등 한 번도 먹지 않았던 생소한 동물성 단백질과 감자, 고구마 등 저알레르기성 탄수화물로 구성된 식단이 아토피피부염과 음식 과민반응으로 인한 피부염을 완화시키는 것으로 알려져 있다. 그러나 제한된 동물성 단백질은 구하기가 어렵고 매번 영양균형을 맞추어 식단을 준비해야 하는 어려움이 있으므로 보통은 가수분해 단백질과 제한된 원료로 제조한 처방식(사료)을 동물병원에서 처방받아 급여하는 것이 좋다.

아토피피부염과 음식 과민반응에 의한 피부염을 앓고 있다면 제한식이나 처방식 이외의 음식은 먹이지 말아야 하지만 소량의 야채와 과일을 급여하는 것은 무방하다. 음식 과민반응(음식 알레르기)일 경우에도 아토피피부염과 동일한 증상이 나타나므로 동일한 식단관리를 한다.

피부손상을 막는다

아토피피부염을 앓고 있는 개, 고양이는 가려움증을 참지 못해 발로 긁거나 입으로 깨물어 피부에 상처가 생기는 경우가 흔하다. 이후 상처 부위에 세균이 감염되면 더욱 가려울 뿐만 아니라 심하면 피부궤양으로 발전하기도 한다. 따라서 피부를 긁어서 상처가 덧나지 않도록 얼굴에는 보호막인 엘리자베스 칼라(개, 고양이가 발로 얼굴을 긁거나 몸을 핥지 못하게 하기 위해 목에 씌우는 고깔 모양의 보호대)를 씌우고 면으로 된 옷을 입혀 주는 것이 좋다. 단, 옷을 입힐 때는 아침저녁으로 옷을 벗겨 피부 상태를 확인하고 옷은 매일 깨끗이 빤 옷으로 갈아 입힌다.

피부 보습에 신경 쓴다

아토피피부염을 앓고 있으면 피부가 건조해지기 쉬우므로 약용 샴푸와 더불어 반드시 보습용 컨디셔너나 보습 크림을 수시로 피부에 발라준다. 단, 피부가 균이나 효모균 감염으로 인해 지루성으로 바뀌었다면 수의사의 진료 후 일시적으로 항지루 샴푸를 사용하는 것도 도움이 된다.

일주일에 1~2회 약욕한다

아토피피부염을 앓고 있는 개와 고양이의 목욕 빈도는 상태에 따라 다르나 피부감염이 있거나 지루성 피부 상태라면 개를 기준으로 최소 일주일에 1~2회는 반드시 약용샴푸로 약욕을 시킨다. 피부감염과 지루증이 나타나지 않아도 매주 저자극성 샴푸로 목욕을 시키고 보습제를 발라 주면 증상완화에 도움이 된다.

약물요법을 두려워하지 않는다

일반적으로 아토피피부염을 비롯한 알레르기 질환에 흔히 처방되는 면역억제제인 스테로이드의 과용과 남용으로 인한 부작용

(면역력저하, 간손상, 호르몬성 장애)을 지나치게 염려해서 약물복용을 꺼리는 반려인이 많다. 하지만 스테로이드도 수의사의 처방에 따라 투약하면 부작용을 너무 걱정하지 않아도 된다. 최근에는 스테로이드 부작용을 극복할 수 있는 면역억제제도 처방되고 있으니 부작용 위험을 최소화하면서 효과를 극대화할 수 있는 약물요법은 피하지 말아야 한다.

개털, 고양이털 알레르기가 있는 반려인을 위한 조언

반려인에게 알레르기 증상이 나타나면 가장 먼저 병원에 가서 자신의 알레르기 반응이 개와 고양이에 의한 것이 맞는지 정확한 검사를 받는 것이 중요하다. 만약 정확한 검사(개털, 고양이털이나 분비물을 피부에 반응시켜 결과를 보는 검사법)를 통해 개, 고양이 알레르기로 판정되었다면 아쉽지만 가장 좋은 것은 개와 고양이를 멀리하는 것이다. 그러나 개, 고양이와 함께 생활하면서 알레르기 증상을 조절하는 것 또한 불가능하지 않으므로 함께 살기로 결심했다면 아래 사항을 실천하는 것이 도움이 된다.

1. 개, 고양이의 침실 출입을 막는 등 반려동물이 생활하는 공간을 제한한다. 특히 함께 잠을 자는 것은 피한다.

2. 가능한 한 개, 고양이를 안거나 쓰다듬지 않는 것이 좋은데 특

히 얼굴을 직접 개, 고양이의 몸에 접촉시키는 행위를 자제한다. 그리고 개, 고양이를 만진 경우에는 가능한 한 빨리 비누로 씻는다.

3. HEPA 필터가 장착된 공기청정기를 가동하고 수시로 진공청소기를 이용해서 집 안 청소를 한다.

4. 개, 고양이를 매주 목욕시킨다. 단, 빈번한 목욕으로 인해 피부에 문제가 생기지 않도록 잘 살피면서 간격을 조정한다.

5. 알레르기 증상이 심해지면 즉시 병원에서 진단과 치료를 받는다. 개털, 고양이털과 분비물을 소량씩 자주 투약받는 면역요법이 가장 효과적인 치료법으로 알려져 있으니 의사와 상의한다.

여러 노력에도 불구하고 감당할 수 없는 고통이 지속된다면 반려동물에게 새 가족을 찾아준다.

9

경련, 발작, 간질…
무섭지만 필요한 건 가족의 사랑

특발성 간질에 대한 이해와 발작 대처법

황금색 가슴털에 검고 둥근 눈과 오뚝한 주둥이로 인해 영민해 보이는 똘똘이는 유기견 출신이다. 시 위탁 유기동물 보호소에서 주인을 기다렸지만 끝내 주인이 나타나지 않아 안락사될 위기에 처한 어린 똘똘이를 지금의 가족 분들이 입양했다.

"유기동물 보호소에서 똘똘이보다 품종견인 몰티즈나 시추를 먼저 보여 주더라고요. 그런데 당시 초등학생이었던 막내딸이 한쪽 구석에 웅크리고 있던 잡종견 강아지를 발견하고는 그 아이로 하겠다는 겁니다."

똘똘이의 새로운 견생은 이렇게 시작되었다. 한 살 미만으로 추정되었던 잡종견 똘똘이는 이후 2년간 가족의 보살핌을 받으며 사랑받는 반려견으로 재탄생했다. 앙상하게 마른 몸은 곧 빛나는 황금색 털에 토실토실하게 살이 오른 모습으로 바뀌었고 철장 속에서 초점을 잃었던 눈은 어느새 호기심 가득한 어린 아이의 눈처럼 보석처럼 빛나게 되었다. 똘똘이의 보호자는 자식 자랑은 팔불출이란 걸 알고 있다고 말하면서도 연신 웃으며 똘똘이의 역사를 행복하게 나열했다.

사실 반려동물의 표정과 모습을 유심히 살펴보면 가족들로부터 얼마나 사랑받으며 살고 있는지 느껴지는 경우가 많다. 단언컨대 똘똘이도 참사랑 속에서 살아가고 있는 행복한 반려견임에 분명했다. 그런데 똘똘이 건강 문제로 주제가 옮겨가자 이전까지 밝은 표정으로 막내아들 자랑에 여념 없던 아주머니의 표정이 순식간에 변했다.

"똘똘이가 경련을 합니다. 경련을 할 때는 몸이 굳고 다리와 목을 쭉 뻗은 채 대소변을 그 자리에서 보기도 합니다."

낯선 진료실이 신기한 듯 엄마 품에 안겨 진료실을 구경하고 의료진을 향해 살랑살랑 꼬리 치던 똘똘이도 엄마의 목소리에 흠칫 놀란 눈치였다. 첫 진료 이후 똘똘이는 며칠에 걸쳐 혈액검사, 방사선검사, 뇌파검사, 머리 MRI 검사 등 각종 검사를 통해서 최종적으로 특발성 간질로 진단되었다. 특발성 간질은 원인을 알 수 없는 발작, 경련이 반복되어 나타나는 질환으로 말 그대로 뇌에 확인될 수 있는 병적 변화나 해부학적 이상이 존재하지 않으면서 경련성 발작이 반복되는 질환이다. 주로 다섯 살 미만의 어린 개, 고양이에게 처음 증상이 나타나며, 일반적으로 유전성 소인을 가지는 것으로 알려져 있다.

특발성 간질 발병은 어렵게 찾은 행복을 다시 송두리째 뺏길 수도 있는 청천벽력과도 같은 결과였다. 아마 보호소에 있거나 다른 가족을 만났더라면 똘똘이의 삶은 쉽게 포기되었을지도 모른다. 그런데 다행스럽게도 똘똘이의 가족은 이런 큰 장애물도 행복으로 승화시키는 강인함을 보였다.

"똘똘이가 정말 우리 가족이 되려고 이런 몹쓸 병에 걸렸나 봅니다. 똘똘이가 정상적인 개였다면 아마 지금과 같은 미묘한 감정과 연민을 우리 가족 모두 느끼지 못했을 거예요."

다른 어떤 특발성 간질에 걸린 가족과는 비교할 수 없을 정도로 똘똘이의 가족은 사랑을 다해서 똘똘이를 돌봤다. 경련의 빈도와 지속시간을 줄여 주는 항경련제 약물복용, 주기적인 병원검진, 경련의 형태와 지속시간을 상세히 기록한 일기작성 등 간질증을 보이는 반려동물에게 요구되는 관리법을 모두 너무나 성실하게 지켜나갔다.

덕분에 한 달에 두세 번 정도 발생하던 경련이 이후에는 몇 개월에 한 번 정도로 줄었고 항경련제의 장기 복용에 따른 부작용 발생도 없는 상황이다. 이대로라면 일상생활에 전혀 문제없이 가족과 함께 행복한 시간을 오래도록 보낼 수 있을 것이다. 물론 이 질환은 완치가 어려워서 언제 다시 증상이 악화될지 아무도 예상할 수 없지만 현재는 안정적이니 계속 유지되기를 바랄 뿐이다. 무엇보다 반려동물에 대한 진정한 사랑이 무엇인지 보여 주는 똘똘이의 가족과 똘똘이가 오래도록 행복하길 바란다.

특발성 간질에 대한 이해와 발작 대처법

주기적으로 반복되는 경련은 특발성 간질이 아니다?

주기적으로 반복되는 경련의 원인은 다양하다. 대부분 뇌이상에 의한 발작성 경련이지만 때로는 신장, 심장, 간 등 내부 장기이상에 의한 증상일 수도 있고, 당뇨가 있는 경우에도 경련, 발작 증상이 나타날 수 있다. 또한 급성 중독 시에도 간질발작과 같은 경련 증상이 나타날 수 있다.

따라서 경련 증상이 나타나면 빨리 진단을 받고 원인에 따라 치료를 시작해야 한다. 정확한 경련의 원인을 파악하려면 혈액검사, 머리 MRI 검사 등을 받아야 하므로 이런 검사가 가능한 종합병원을 찾는 것이 좋다.

항경련제를 오래 복용하면 간이 나빠진다?

반려동물의 경련을 치료하기 위해 주로 처방되는 항경련제인 페노바비탈은 간독성을 일으킬 수 있으므로 간 기능에 문제가 있는 경우에는 투약해서는 안 된다. 그러나 혈액 내 농도를 주기적으로 관찰하면서 약물 투여량을 조절하면 간독성 위험을 현저하게 줄일 수 있다.

경련, 발작 시 대처하는 법

1. 절대로 당황하거나 흥분하지 말아야 한다. 경련 시 대부분의 동물이 의식이 없지만 주인의 마음과 행동에 따라 더 불안해지거나 경련이 심해질 수 있다. 또한 반려인이 당황하면 경련, 발작이

일어나고 있는 동물을 슬기롭게 도와줄 수 없다.

2. 경련, 발작하는 동물의 주위를 빠르게 정돈한다. 주변에 날카로운 물건이 있거나 쓰러져서 동물을 다치게 할 수 있는 물건은 즉시 치운다. 만약 경련, 발작이 계단이나 소파 등 아래로 떨어질 수 있는 장소에서 시작되었다면 즉시 동물을 평평한 곳으로 옮긴다. 몇 번의 경련, 발작으로 인해 경련, 발작이 일어나는 형태를 알고 있다면 동물 몸 주위로 담요, 쿠션 등을 받쳐 주는 것이 좋은데 이 또한 몸에 손상을 줄 수 있으므로 신중해야 한다.

3. 입 주변에 손이나 수건 등 물건을 가져가서는 안 된다. 경련 중일 때에는 입 주위에 무언가가 닿으면 무의식적으로 강하게 힘을 주어 물어서 크게 다칠 수 있다. 경련, 발작 중에 자신의 혀를 물기도 하는데 혀가 기도를 막는 경우는 거의 발생하지 않으니 크게 염려하지 않아도 된다.

단, 심하게 혀를 물어 혀에 심한 상처가 생기는 경우가 반복될 경우에는 어쩔 수 없이 예방 차원에서 수건을 돌돌 말아 경련 시 입에 재갈처럼 물린다.

4. 경련은 평균 1~2분, 길어도 5분 이내에 멈춘다. 경련이 5분을 넘겨 지속되면 즉시 동물병원으로 데리고 간다. 경련이 멈추면 잠시 의식이 뚜렷하지 않고 침울해하거나 헉헉대기도 하는데 이때 가볍게 안고 정다운 목소리로 격려해 주면서 몸 구석구석을 가볍게 마사지해 주면 회복에 도움이 된다.

대부분의 간질성 경련은 경련, 발작 후 쉽게 회복되고 예전과 다름없는 상태로 돌아오지만 그렇지 않다면 진료를 다시 받는 것이 좋다.

5. 첫 경련 후에는 가능한 한 빨리 동물병원을 찾아 원인에 대한 정확한 진단과 처치를 받는 것이 중요하다. 하지만 이미 진단과 처치가 이루어지고 있는 상황에서 발생한 경우에는 경련, 발작의 형태와 지속시간 등을 일지에 기록하고 다음번 진료 때 일지를 보면서 수의사와 치료방향 설정에 대해 논의한다.

10

소변색으로 알아낸 시추 츄츄의 요로결석

요로결석 제거수술 후 무엇을, 어떻게 먹여야 하나?

저녁을 먹고 어김없이 반려견인 타이, 키씨와 함께 산책에 나섰다. 출근 시간에 쫓겨 일찍 마무리하는 새벽 산책과는 달리 밤 산책은 여유가 있어서 개들과 천천히 걸으며 느긋하게 하루를 정리하고 내일을 준비하는 시간을 갖기 위해 노력한다. 그래서인지 개들도 새벽 산책보다는 느긋한 밤 산책을 더 좋아하는 것 같다.

사계절이 뚜렷한 우리나라에서 겨울을 제외하고 반려견과 산책을 하기에 적합한 시간은 초저녁 무렵이다. 특히 복잡한 도시에서 산다면 특히 이 시간대의 산책이 좋다. 일상으로 바쁜 낮 시간에는 왕래하는 사람도 많고 차량의 통행도 빈번하지만 저녁은 번잡함이 줄어서 반려견과 함께 산책하기에 안성맞춤이기 때문이다.

지금 동네로 이사 와 7년 넘게 폭우와 폭설만 아니면 하루도 산책을 거르지 않아서 같은 시간에 산책 나오는 이웃의 반려견과 자주 만난다. 대부분 안면이 있어서 인사하고 지내는데 그날은 새로운 친구를 만났다. 큰 얼굴, 긴 허리에 짧은 다리로 뒤뚱거리며 걷는 모습이 무척 귀여운 츄츄는 이웃 아파트로 이사 온 반려견이다. 츄츄는 처음 만난 우리 집 대형견에게 전혀 주눅 들지 않는 성격에 대담하고 활달한 시추 종 아가씨였다. 그런데 반려견과 달리 함께 산책 나온 아저씨는 무뚝뚝할 뿐 아니라 어딘가 화가 난 모습이었다.

"이제 그만 들어가자! 벌써 몇 번째 소변을 보는 거니?"

우리 집 개들과 인사를 나누기 무섭게 뒤돌아서 소변 자세를 취하는 츄츄에게 아저씨는 인상을 찌푸리며 연신 목줄을 팽팽히 당기고 있었다. 아저씨가 츄츄에게 좀 부드럽게 대해 주면 좋겠다는 생각을 하며 돌아서려는 순간, 보도블록에 볼일을 본 츄츄의 소변색이 조금 이상했다. 수의사는 낯선 동물을 만나면 무의식적으로 동물의 건강 상태부터 파악하는 경우가 많다. 어디가 아픈지 절대로 말해 주지 않는 동물 환자들의 아픈 곳을 찾아내기 위해 노력하다 보니 생긴 직업병이다. 츄츄의 소변도 그날 동네 산책 중 처음 만난 수의사에게 운 좋게 딱 걸린 것이다.

산책길에서 다른 반려견을 만나면 반려견들도 서로 인사를 하고 덕분에 반려인들도 반려동물이라는 공통 관심사를 주제로 쉽게 대화를 하게 된다. 그런데 츄츄의 아저씨는 사교적인 츄츄와는 달리 만사가 귀찮은 듯 이야기 좀 나누자는 내 제안을 무척 거북하게 받아들였다. 그럴 때면 자주 사용하는 나름의 무기가 있으니 그게 바로 "제가 이래 봐도 수의사입니다."라고 신분을 밝히는 것이다. 대부분의 경우 이 한 마디면 자연스럽게 간단한 건강상담과 반려동물 이야기가 오가는데 어째 이날은 이마저도 통하지 않았다. 최후의 일격이 필요해 보였다. 결국 "제가 ○○ 수의과대학 교수입니다. 제 말 좀 들어 주시겠어요." 라고 사정하다시피 아저씨의 손목을 잡고서야 겨우 츄츄가 진료를 받아야 한다는 말을 진지하게 할 수 있었다.

반려견이 평소와 달리 배뇨횟수가 증가하고 소변색이 갈색이거나 혈액이 섞여 나오면 방광염이나 요로결석일 가능성이 높다. 특히 개에게 자주 발생되는 요로결석 중 하나인 스트루바이트struvite 결석은 원인이 요로계 세균감염이라서 평소에 반려견의 배뇨 상태를 세심하게 살펴봐야 한다.

소변에 조금이라도 이상이 보이면 즉시 병원을 찾아 원인이 되는 세균감염에 의한 방광염을 조기에 치료해야 한다. 특히 츄츄처럼 암컷은 발정기가 끝날 무렵에 요로와 자궁 감염에 취약하기 때문에 더욱 주의해야 한다. 그리고 감염예방을 위해 분비물로 인해 생식기 주변이 불결해지지 않도록 청결하게 관리해야 한다.

스트루바이트 결석을 제외한 반려견의 요로결석은 대부분 한 번 생기면 수술로 제거하지 않는 한 자연적으로 없어지지 않으므로 평소 예방이 중요하다. 평소 물을 적게 먹고 건사료를 먹는 반려견이라면 음수량을 늘리고 수분 함유량이 높은 음식을 주기적으로 공급해야 한다. 또 평소보다 소변을 자주 보거나 소변 시 통증을 호소하고 소변색이 평소와 다른 방광염 증상이 있을 때에는 반드시 병원에 가야 한다. 병원에서 소변검사를 실시하고 염증치료와 더불어 반드시 결석 예방을 위해서 처방받은 처방식을 먹는 것이 결석 예방을 위해서 반드시 필요하다.

그날 이후 산책길에서 모습을 볼 수 없었던 츄츄를 다시 만난 건 보름 정도 지난 후였다. 여전히 츄츄는 활달했다. 아저씨는 그날 이후 동물병원에서 콩만 한 크기의 방광결석을 3개나 제거하는 수술을 받았다고 알려 주었다.

"의사양반, 고맙습니다. 저희 집에 가서 커피라도 한 잔 하시고 가시지요."

처음 만났을 때와는 달리 부드럽게 먼저 인사를 건네시는 아저씨에게 대형견이 두 마리나 있어서 곤란하다고 정중히 말씀드린 후 마지막으로 또 한 번 수의사 직업병을 끄집어 냈다.

"꼭 처방식 급여하시고 병원에서 정기검진 받으시는 거 잊지 마세요."

요로결석 제거수술 후 무엇을, 어떻게 먹여야 하나?

요로결석 제거수술 후에는 꼭 처방식을 먹인다

반려동물의 요로결석은 수술로 제거하더라도 다시 발생할 확률이 상당히 높다. 그래서 처방식을 먹이는 게 좋은데 흔히 결석사료라고 불리는 처방사료는 결석의 원인이 되는 미네랄 성분과 소변의 산도를 조절하고, 소변량을 증가시켜 요로결석이 생성되는 것을 억제하는 효과가 있다.

결석의 종류에 따라 처방식도 다르다

처방식은 결석의 종류에 따라 다른 처방식을 먹여야 한다. 요로 결석 제거수술을 받았다면 결석 성분 분석검사를 통해서 결석의 종류를 확인하고 그에 적합한 처방식을 먹여야 한다. 그런데 최근에는 결석 종류와 상관없이 대다수의 결석을 예방하는 처방식도 시판되고 있으니 수의사와의 상담을 통해서 가장 적합한 처방식을 선택한다.

수분 함량이 높은 캔사료가 좋다

처방식의 형태는 건사료 형태보다는 캔사료가 수분 함량이 더 높으므로 좋다. 아니면 건사료와 캔사료를 섞어서 먹여도 좋다.

직접 만든 간식을 가끔 소량씩 먹인다

처방식을 먹이고 있다면 원칙적으로는 다른 음식을 먹이지 않는 것이 좋으나 소량의 삶은 닭고기, 달걀, 파스타, 완두, 쌀을 혼합한 경단 등의 간식을 직접 만들어서 가끔 소량씩 주는 것은 무방하다.

칼슘옥살레이트 결석일 때 먹이면 안 되는 음식

결석 성분이 칼슘옥살레이트calcium oxalate로 판명된 경우에는 옥살산이 풍부하게 함유된 토마토, 수박, 키위, 감자, 호박, 블루베리, 시금치, 콩 등을 먹여서는 안 된다.

결석 처방식은 언제까지 급여해야 하나?

결석이 한 번 생긴 개, 고양이는 수술로 결석을 제거해도 쉽게 결석이 다시 생기는 경우가 많다. 따라서 이를 예방하기 위해 급여하는 결석 처방식 사료는 수술 후 평생 급여하는 것이 좋다. 대부분의 결석 처방식은 완전 균형식으로 오래 급여해도 별다른 문제가 나타나지 않는다. 단, 일부 특수 처방식은 장기간 급여에 적합하지 않으므로 처방식 급여는 반드시 수의사의 지시를 따라야 한다.

11

짱가를 하늘나라로 보낸 악성 림프종

개, 고양이 암 환자 돌보기

윤기 나는 짧은 크림색 털과 여우처럼 쭉 나온 주둥이와 바짝 선 큰 귀가 매력적인 짱가는 조상이 누구인지 추정하기 어려운 일명 발바리과로 분류되는 반려견이다. 어린 자녀와 내원한 젊은 부부는 10년 전 남편이 대학생일 때 육교 위에서 강아지 몇 마리를 박스에 담아서 팔고 계신 할머니로부터 짱가를 데려와 평생가족이 되었다고 했다. 짱가라는 이름은 1980년대 초반 초등학교를 다녔다면 누구나 알고 있는 애니메이션 주인공 이름이다. 부부는 그 주인공처럼 믿음직스럽고 강인하게 가족에게 희망이 되는 반려견으로 자라길 바라는 마음에서 그렇게 이름을 지었다고 했다.

"짱가의 목에 혹이 생겼어요. 동네 병원에 갔는데 상태가 심각하다면서 큰 병원에 가 보라고 했어요. 많이 심각한가요?"

근심 가득한 얼굴에 목소리마저 떨리는 남편의 말이 끝나기가 무섭게 엄마 손을 잡고 진료실 한쪽에 서 있던 아이가 울먹이기 시작했다.

"엄마, 짱가 죽어?"

진료를 시작도 하지 않았는데 진료실 분위기는 최악의 상태였다. 분위기 반전이 필요했다.

"괜찮아요. 짱가가 조금 아프긴 한데 병원에 왔으니 곧 괜찮아질 거예요. 봐요. 저렇게 짱가도 괜찮다고 꼬리 치고 있잖아요?"

아이를 달래기 위해 말은 그렇게 했지만 만져 보지 않아도 쉽게 알 수 있을 정도로 짱가의 목 양쪽 혹 상태는 심각했다. 그런데 짱가는 눈도 충혈되고 목도 부어서 입을 벌려 거칠게 숨을 몰아쉬면서도 처음 만난 의사와 눈이 마주 치면 꼬리를 흔들어 반가움을 표시했다. 짱가는 천성적으로 낙천적이고 사람을 무척 좋아하는 것 같았다.

곧바로 여러 가지 검사가 실시되었다. 혹에서 세포를 떼어내서 검사를 하고, 혈액검사와 방사선촬영도 실시했다. 검사결과 짱가는 악성 림프종을 앓고 있는 것으로 진단되었다. 흔히 림프선 또는 림프절로 불리는 신체 면역조직계에 발생하는 혈액성 종양 중 하나인 악성 림프종은 개에서 발병 빈도가 높은 암 중 하나이다. 대부분 짱가처럼 목덜미 부근의 턱밑림프절과 무릎 안쪽인 오금림프절에 발병되나 전신 어느 장기에서나 발생할 수 있으며 병이 진행되면 골수, 간, 지라(비장) 등에서도 병변이 발견된다.

사실 개의 악성 림프종은 워낙 발병이 많은 암 중 하나여서 이에 대한 연구도 상당히 진행되어 있고 치료를 위한 항암요법 또한 다른 암에 비해 잘 수립되어 있다. 항암요법을 통해 암의 진행을 늦출 수 있고 발병 후 비교적 오랜 기간 동안 생존할 수 있는 확률도 높일 수 있을 뿐만 아니라 초기에 발견되면 완치까지 기대할 수 있다.

하지만 아쉽게도 짱가는 병원에 왔을 때 이미 악성 림프종이 상당히 진행된 상태로 간, 지라뿐 아니라 골수에도 병변이 관찰되는 말기였다. 항암요법을 하더라도 효과를 장담하기 어려운 상황이었다. 선택이 필요해 보였다. 힘들지만 유일한 희망인 항암요법을 받는 경우와 지금의 상태를 받아들이고 소염제와 진통제를 복용하면서 평화롭게 생을 마감하게 해 주는 경우가 있다. 짱가의 경우 이중 어떤 선택이 옳은지는 누구도 판단하기 어려웠다.

"이름이 짱가 아닙니까? 우리 짱가는 로봇 짱가처럼 어떤 어려운 상황도 잘 이겨낼 수 있을 겁니다."

어떤 결과에 대해서도 후회하지 않겠다는 부부의 굳은 의지에 따라 짱가는 항암요법을 받았고 기적처럼 수개월에 걸친 항암요법을 무사히 마치고 건강을 되찾았다. 반려동물의 항암요법도 사람의 항암요법과 방법이 유사해서 상당히 고통스럽다. 구토와 현기증, 식욕저하 및 각종 감염증이 나타날 수 있고, 이런 증상이 반복되면 체력이 급격히 떨어질 수 있다.

그나마 위안이 되는 점은 개체 차이가 있긴 하지만 개는 사람에 비해 항암요법을 잘 견딜 확률이 높고, 항암제로 인해 발생하는 탈모도 사람에 비해 훨씬 덜하므로 막연한 공포감으로 항암요법을 두려워할 필요는 없다. 짱가 또한 주인의 용기 있는 선택과 관심이 더해져서 첫 항암요법을 무사히 마치고 건강을 회복했다.

하지만 아쉽게도 첫 항암요법을 끝내고 두 달이 될 때쯤 짱가의 몸 여기저기에서 림프종이 재발했다. 결국 짱가는 엄마, 아빠 그리고 짱가의 등을 잡고 걸음마를 시작한 아들의 슬픔을 뒤로 한 채 조용히 숨을 거두었다.

"혹이 만져질 때 빨리 병원을 찾았어야 했는데 직장 다니고 아이 돌보느라 차일피일 미룬 게 정말 후회됩니다."

짱가의 부모는 스스로를 자책했다. 물론 초기에 발견했다면 예후가 좋을 수 있지만 림프절이 크게 만져진다면 이미 암세포는 몸 속 곳곳에 퍼져 있었을 거라는 말로 위로를 했다. 또한 포기하지 않고 짱가를 위해 최선의 선택을 했고 이를 짱가도 알 거라고 위로했다.

"저도 로봇 짱가 좋아했는데 마지막 회에 로봇 짱가도 하늘나라로 갔지요? 아마 이름이 같은 두 짱가가 하늘나라에서 신나게 날아다니고 있을 겁니다."

개, 고양이 암 환자 돌보기

평상시와 같은 평온함을 유지한다

사람과 달리 개, 고양이는 자신이 암에 걸렸다는 사실을 모른다. 그래서 곧 마주칠 암울한 미래에 대해서도 걱정하지 않는다. 그런데 오히려 반려인이 평소와 다르게 불안하고 슬픈 감정을 드러내면 반려동물은 사람의 감정을 그대로 이어받아서 불안하고 슬퍼하는 경우가 많다.

그러므로 반려동물이 암에 걸렸다고 불안하거나 슬픈 감정을 아이 앞에서 너무 티 내는 것은 좋지 않다. 비록 암에 걸렸지만 자신을 사랑하는 가족이 곁에 있고 따뜻하고 안전한 보금자리와 먹을거리만 있으면 반려동물은 평상시와 다름없이 무한한 행복감을 느낀다.

행동이나 활력 징후를 세심하게 관찰한다

암은 서서히 신체기관의 기능을 저하시켜 목숨을 잃게 하는 질병이다. 따라서 암에 걸린 개와 고양이는 시간이 지남에 따라 점점 기운을 잃어가게 된다. 이러한 변화는 암의 종류에 따라 급속히 진행될 수도 있고 느리게 진행될 수도 있다.

암에 걸린 반려동물이 며칠 동안 먹지 않거나 구토, 설사를 지속한다면 즉시 동물병원에 데려가 필요한 치료를 받아야 한다. 또한 항암치료를 하고 있다면 항암제 투여 후 며칠 동안은 식욕저하, 구토, 설사가 나타날 수 있으므로 더욱 유심히 살펴야 한다. 가능하다면 매일 아침 저녁으로 체온과 심장박동수(사타구니 안쪽에서 분당 맥박수를 세면 된다)를 측정한다. 만약 체온이 높고(39.5도 이상), 안정된 상태일 때 심장박동수가 너무 빠르거나 느리다면(분당 150회 이상 또는 50회 이하) 동물병원에 가는 것이 좋다.

개와 고양이는 통증이 있으면 통증 부위를 입으로 핥거나 움직이지 않고 끙끙대며 입을 벌리고 헉헉댄다. 이러한 통증 증상이 보인다면 동물병원에서 적절한 진통제(때로는 마약성 진통제) 처치를 받는 것이 좋다.

식단에 세심하게 신경을 쓴다

일반적으로 암에 걸린 개와 고양이는 평소와는 다른 대사 변화와 여러 합병증으로 인해 점점 식욕을 잃고 체중이 줄어든다. 따라서 체중 변화가 조금이라도 감지된다면 평소보다 영양가가 높고 잘 먹을 수 있는 식단으로 바꾸어야 한다.

암에 걸린 개, 고양이마다 식욕 변화나 체중의 변화가 무척 다르게 나타나므로 획일화된 권장 식단은 없지만 기본적으로 탄수화물 양은 줄이고, 단백질과 오메가 지방산(특히 오메가 3)의 함량을 높이는 것이 좋다.

평소 건사료를 먹었고 계속 잘 먹는다면 건사료를 끊을 필요는 없다. 대신 건사료를 물에 불려 향미를 증가시키거나 소고기, 닭고기, 삶은 당근이나 브로콜리와 같은 채소 소량, 오메가 3 지방산을 첨가하면 좋다.

만약 항암치료를 받고 있어 구토를 하거나 식욕이 없는 경우에는 캔 사료를 먹이거나 소고기 또는 닭고기를 밥과 일대일로 섞고 물을 소량 부은 후 삶은 채소를 다져 넣어서 죽으로 만들어 먹이면 좋다.

항암치료로 인해 구토가 너무 심하다면 구토억제제를 처방받아 투약해야 한다.

암에 걸린 개와 고양이는 소화력이 떨어지는 경우가 많으므로 밥을 소량씩 자주 급여하는 것이 좋다. 하루에 먹을 양을 세 번 이상으로 나눠서 시간에 맞춰 급여한다.

12

모낭충증으로 흉했던 시추의 놀라운 변신

모낭충증에 관한 모든 것

동물병원 대기실은 조용하고 차분한 사람 병원과 조금 다르다. 많이 아픈 동물은 주인들의 품에 안겨 조용히 자기 순서를 기다리지만 병원 출입에 익숙한 단골 동물 환자들은 대기실을 돌아다니며 누가 지나가기라도 하면 우렁차게 짖는 경우가 흔하기 때문이다. 또 보호자들도 공통 관심사인 반려동물의 건강과 평소 관리법에 대해서 이야기꽃을 피우게 마련이다. 그래서 동물병원의 대기실은 늘 반려견이 짖는 소리와 반려인들의 대화 소리로 활력이 넘친다.

그러나 이런 분위기에 소외된 채 대기실 구석에서 진료순서를 기다리는 분들이 있는데 그런 분들은 대개 피부과 진료를 기다리는 경우가 많다. 겉으로 아픈 곳이 잘 드러나지 않는 내과, 외과 동물 환자와는 달리 피부과 환자들은 병변 자체가 확연히 드러나서 타인에게 반려동물의 흉한 모습을 보여 주기를 꺼린다. 게다가 피부병은 다 전염된다고 잘못 알고 있는 사람들이 많아서 전염성 질환이 아님에도 불구하고 괜한 오해를 받지 않으려고 조심하는 것이다.

시추치고는 무척 작은 몸집의 다섯 살 명이네도 그랬다. 이동장을 어깨에 메고 내원한 아주머니는 피부과 진료실과는 정반대인 화장실 앞에 앉아 있었다. 일부러 대기실의 제일 구석자리에 앉으신 것이다. 아이 모습이 많이 좋지 않아서 사람들이 불쾌해할까 봐 진료시간까지 피해 있겠다고 했다. 드디어 명이의 진료 차례가 되었다. 진료실로 들어온 아주머니는 미리 당부를 했다.

"우리 명이 모습이 좀 그런데 너무 놀라지 마세요."

이동장 문이 열리고 명이가 얼굴을 내미는데 아주머니의 경고대로 그 모습은 수의사에게도 충격이었다. 시추라면 복슬거리는 털이 눈을 덮고 있어야 하는데 명이의 얼굴은 털이 하나도 없을 뿐 아니라 얼굴 전체 피부가 시커멓게 변하고 심하게 갈라져서 피가 나고 있었다. 어떻게 이 상태가 됐을까? 정상적인 진료를 받았다고 볼 수 없는 피부 상태여서 그동안의 치료과정이 궁금했다.

"다른 동물병원에서 모두 모낭충이라고 하는데 치료를 받으면 차도가 있지만 치료를 중지하면 다시 재발했어요. 이제는 얼굴이 이렇게 돼서 다들 괴물 같다고 해 속상해 죽겠습니다."

모낭충은 털주머니 내에 살고 있는 외부기생충으로 출생 후 포유시기에 어미로부터 물려받는다. 기생충이지만 건강한 개체는 기생충의 수가 일정하게 유지되기 때문에 별다른 문제를 일으키지 않는다. 하지만 선천적으로 모낭충의 번식을 통제하는 면역계에 문제가 있거나 암, 당뇨 등 면역력이 저하되는 만성질환을 앓고 있는 경우에는 모낭충 수가 증가해서 피부질환을 야기한다. 문제는 선천적 모낭충증인 경우는 치료기간이 길고 재발이 잘 된다는 것이다.

특히 명이처럼 암컷은 매년 두 번 정도 찾아오는 발정기를 전후 해서 증상이 더욱 심해지고 재발을 반복해서 피부가 더욱 검고 두꺼워진다. 선천적으로 모낭충에 면역력이 약해 모낭충증이 나타난 명이는 이전 병원에서 치료를 받았고 증상도 모두 사라져 완치 판정을 받았다. 그런데 중성화수술을 하지 않아서 매번 발정기가 되면 신체 면역력 변화로 인해 재발하는 악순환이 거듭되고 있었다.

그동안 치료가 힘든 질환으로 여겨졌던 모낭충증도 지금은 새로운 약제와 치료 프로그램이 소개되면서 완치율이 높아졌고, 재발률도 크게 줄었다. 따라서 중간에 보호자가 치료를 임의로 중단하지 않는다면 정상 개체와 다름없는 피부 상태를 지속적으로 유지할 수 있다. 명심할 점은 명이처럼 암컷은 발정기를 전후 해서 증상이 재발하거나 악화될 가능성이 높으니 반드시 치료 후 중성화수술을 해 주어야 한다. 또한 모낭충증은 자손들에게도 유전될 확률이 높으므로 중성화수술이 꼭 필요하다.

명이는 6개월 동안 치료를 받았다. 모낭충증에 의한 이차적인 피부 세균감염을 치료하기 위해 한 달가량 항생제를 복용했고, 모낭충을 사멸시키는 약을 5개월 동안 매일 먹었다. 약용샴푸를 이용해서 주 1~2회 약욕도 하고, 3주마다 병원을 방문해서 중간 상태를 점검받았다. 그사이 평소 진료를 받던 동네 병원에서 중성화수술도 무사히 마쳤다.

그야말로 길고 힘든 치료과정이었는데 가족의 관심과 노력 덕분에 무사히 마칠 수 있었다.

이제 명이는 병원에 올 때마다 사람들 눈치를 보며 수건에 싸인 채 이동장 안에 모습을 감추고 있을 필요가 없어졌다. 다른 아이들처럼 대기실에서 아주머니 품에 안겨 있는 명이는 이제 주변 사람들에게 "이렇게 작고 귀여운 얼굴을 가진 시추는 처음 봐요."라는 칭찬을 듣는 개가 되었다. 명이의 변신은 무죄.

모낭충증에 관한 모든 것

어릴 시절 모낭충증은 자연스럽게 사라진다

모낭충증은 증상이 처음 나타나는 시기에 따라 예후가 다르다. 강아지 때 입 주위와 발가락 주위에 아주 경미하게 나타난 모낭충증은 어려서 면역력이 완전하지 못해 발생한 것으로 대부분 자연스럽게 사라진다. 그러나 강아지 때 시작된 모낭충증이 나이가 들어서도 지속적으로 문제를 일으키면 만성 모낭충증에 대한 치료를 받아야 한다.

다른 병으로 인해 모낭충증이 생긴다

젊을 때는 없던 모낭충이 나이가 들어서 갑자기 생겼다면 종양, 당뇨, 호르몬장애 등 심각한 다른 질환으로 인한 것일 가능성이 높다. 그러므로 다른 질환이 없는지 반드시 진료를 받아야 한다. 내재된 질환을 치료하지 않으면 모낭충증 또한 치료되지 않는다.

모낭충증의 치료

모낭충증의 치료는 대부분 이차 세균감염을 치료하기 위해서 초기에 항생제를 일정기간 투약하고(일반적으로 2~4주), 직접적으로 모낭충을 죽이는 경구약을 복용하거나 살충제를 이용한 약욕요법을 이용한다. 그러나 살충제에 의한 약욕요법은 동물환자와 반려인 모두 중독증이 나타날 위험성이 높아서 최근에는 잘 실시하지 않는다.

모낭충증이 있는 암컷은 반드시 중성화수술을 해 준다

모낭충증이 암컷에게 발생한 경우 반복되는 발정기를 전후해서 증상이 악화된다. 또한 치료를 통해 완치된 이후에도 발정기를 전후해 증상이 재발될 위험성이 아주 높다. 이는 발정기에 호르몬 변화와 함께 신체 면역력에 변화가 생겨서 모낭충이 더욱 잘 성장하고 번성하기 때문이다. 따라서 모낭충증을 앓고 있는 암컷 개는 반드시 모낭충 치료를 끝마친 직후 중성화수술을 해 주어야 한다.

완치 판정

모낭충증 치료에서 주의할 점은 눈으로 보기에 완치된 것처럼 보여도 피부 소파검사(피부를 긁어서 현미경하에서 모낭충 등 외부기생충 감염 여부를 판정하는 검사)에서는 모낭충이 발견될 수 있다는 점이다.

그러므로 최소 2주 간격으로 피부 소파검사를 2회 연속 실시해서 음성이어야 완치 판정을 받을 수 있다. 총 치료기간은 개체에 따라 다르지만 일반적으로 3~6개월 정도 걸린다. 모낭충증 치료는 장기 치료이므로 중간에 임의로 치료를 중단하지 않는 것이 중요하다.

13

진단도 어렵고 치료법도 없는 무서운 고양이 전염성 복막염

고양이 전염성 복막염에 관한 모든 것 | 고양이면역부전증 | 고양이 전염성 백혈병

대박이는 흰색과 흑갈색의 줄무늬가 멋지게 섞인 수컷 고양이이다. 이런 줄무늬가 고등어 몸통 무늬와 비슷하다고 해서 고양이 애호가들은 고등어라고 부른다. 이름이 조금 우스꽝스럽지만 길고양이였다가 힘든 길에서의 생활을 청산하고 입양되었으니 그의 삶을 대변하는 이름 같아서 나쁘지 않다고 생각했다. 그런데 앞으로는 사랑받고 행복한 날만 남은 줄 알았는데 대박이의 행운은 아쉽게도 오래가지 못했다.

"대박이가 며칠째 시름시름 앓고 있어요. 병원에서 진료도 받고 약도 먹였지만 도통 차도가 없네요."

평소 동네 길고양이에게 먹이를 챙겨 주는 아주머니를 유난히 경계심 없이 따르던 대박이는 집까지 쫓아와 먹을 것을 달라거나 만져 달라고 보채는 경우가 많았다. 그런 대박이를 아예 식구로 삼은 지 이제 겨우 두 달 되었는데 한 달 전부터 밥도 잘 먹지 않고 행동이 둔해지더니 살이 점점 빠지기 시작했다. 동네 동물병원 두 곳에서 진료를 받았지만 정확하게 어디가 아픈지 알아내지 못했고, 처방받은 약을 먹으면 식욕이 조금 돌아오지만 워낙 적게 먹으니 살이 빠진 것이다.

아주머니의 말대로 대박이의 상태는 한눈에도 심각해 보였다. 털은 볼품없이 푸석거리고 얼굴 살도 빠져서 눈 위의 뼈가 다 드러날 정도였다. 앞발을 조용히 모으고 눈을 감은 채 힘없이 야옹거리는 대박이를 조심스럽게 안아 몸을 자세히 살펴봤다. 마른 몸과 달리 볼록하게 나와 있는 배 부분을 조심스럽게 만졌다. 동네 동물병원에서 받은 진료기록에는 가장 가능성 높은 질환이 언급되어 있었다. 그래서 그 부분에 더 집중해서 살펴보았다.

"대박이 배에서 무언가 만져집니다. 배에 복수가 차 있는 듯하고요. 이미 다니시던 병원의 수의사 선생님께서 말씀해 주신 대로 전염성 복막염이 의심됩니다. 물론 확진을 위해서는 몇 가지 검사가 더 필요하고요."

아주머니는 한숨을 쉬며 이해하기 힘들다는 표정으로 질문을 주신다.

"하라는 검사는 이미 다 했는데요. 도대체 그 전염성 복막염이라는 진단을 확실하게 하지 못하는 이유가 뭔가요?"

아주머니의 의문처럼 고양이의 전염성 복막염은 바이러스 감염에 의한 주요 전염성 질환임에도 불구하고 진단이 어렵고 완치방법 또한 아직 없는 무서운 질환이다. 설상가상으로 전염성이 높고 치사율이 거의 100퍼센트이지만 효과가 완벽한 예방백신조차 개발되지 않았다. 이런 이유로 수의사들은 본의 아니게 실력이 형편없는 돌팔이로 매도당하기 십상이다. 고양이 전염성 복막염의 가장 정확한 확진은 사망 후 부검과 조직검사를 통해서 이루어진다. 이런 지경이니 아무리 설명해도 보호자들은 대부분 믿지 못하고 수의사의 실력을 의심하는 경우가 많다.

그래도 대박이처럼 복수가 차고 복강 내 림프절이 부어 있는 경우에는 복수와 림프절 검사를 통해 어느 정도 확진이 가능하다. 물론 이 경우에도 증상이 악화되어 충분한 양의 복수가 존재하고 림프절이 부어 있어야 한다.

아쉽게도 대박이는 바이러스 감염에 의한 전염성 복막염으로 확진을 받았다. 확진결과와 질환에 대한 설명을 듣던 아주머니가 중간에 말을 가로챘다.

"저도 어제 인터넷에서 검색을 좀 해보았습니다. 치료방법이 없는 거지요? 교수님이 우리 대박이 사망 예고선고를 하시는군요."

그 말에 당혹스러웠지만 상황을 반전시킬 만한 어떠한 말도 없었다.

"그래도 속은 시원합니다. 이제 왜 아픈지 이유를 알았으니까요. 얼마 남지 않았지만 남은 시간만이라도 더 잘해 줘야지요. 집에 데려가서 자기가 살던 동네도 구경시켜 주고…."

아주머니의 눈에서 눈물이 흘렀다. 아주머니의 말처럼 고양이 전염성 복막염을 치료하는 특효약이나 치료방법은 없다. 단지 발병된 고양이의 식욕을 증진시키고 염증을 완화시켜서 남은 생이 조금이나마 편안해질 수 있도록 돕는 보존적 치료만 가능하다. 아픈 동물을 치료하는 수의사들은 일반적으로 적극적인 치료를 시도하지만 유독 고양이 전염성 복막염은 보존적 치료도 적극적으로 권하기가 어렵다. 완치를 기대하기 힘든 불치병인데 보존적 치료가 오히려 동물과 가족, 수의사 모두를 더욱 힘들게 할 수 있기 때문이다.

몇 주 후 동물병원으로 편지와 함께 사과 한 상자가 배달되었다. 대박이는 평온하게 하늘나라의 별이 되었으니 꼭 열심히 연구해서 고양이 전염성 복막염을 정복해 주면 좋겠다는 바람이 적힌 편지였다. 그날 받은 사과는 수의과대학의 각 연구실과 실험실 몇 곳으로 보냈다. 그 사과를 먹은 연구원 중 한 명이 고양이 전염성 복막염에 대한 대단한 발견을 하기를 기대하면서.

고양이 전염성 복막염에 관한 모든 것

고양이 전염성 복막염 진단은 왜 어려운가?

전염성 복막염에 걸린 고양이는 특정 증상이 아니라 여러 이상 증상이 복합적으로 나타나는 경우가 많다. 이로 인해 초기일 때 전염성 복막염 여부를 의심하기가 어렵다. 또 원인이 되는 코로나 바이러스는 정상 고양이에게서도 발견되는 바이러스여서 왜 이 바이러스가 특정 고양이한테만 치명적인 전염성 복막염을 일으키는지 아직 완벽하게 밝혀지지 않았다. 따라서 여타 바이러스성 질환을 진단하기 위해 이용되는 바이러스 검출법을 통해서도 정상적인 코로나 바이러스와 병적인 코로나 바이러스를 구별할 수 없어서 확진이 어렵다.

동물병원에서는 대부분 임상증상을 면밀히 관찰하고 혈액검사,

방사선검사, 복수검사 등을 포함한 다양한 검사결과를 종합해 진단한다. 일반적으로 특징적인 복수(복수가 존재하지 않을 수도 있다)가 존재하고 복수에서 분자유전학적으로 원인 바이러스인 코로나 바이러스가 검출되면 확진에 가까운 진단을 내릴 수 있다.

전염성 복막염의 초기 증상은?

고양이 전염성 복막염은 복수와 흉수가 발생하는 습성형, 복수와 흉수가 발생하지 않는 건성형으로 구분된다. 습성형인 경우에는 복수로 인해 배가 불러오거나 흉수로 인해 호흡이 나빠져 숨을 거칠게 몰아쉬거나 기침 증상이 나타난다.

복수증 등 비교적 구분 가능한 증상이 나타나는 습성형에 비해 건성형은 손상 장기가 무엇인지에 따라 증상이 다르게 나타난다. 건성형은 위, 장, 간, 신장 및 신경계에서 병변이 나타나 설사, 구토증과 같은 소화기 증상 및 황달, 신부전증, 경련 등의 증상이 나타날 수 있다.

또한 두 형 모두에서 확연한 질병의 증상보다 식욕부진, 침울, 발열 등의 비특이적 증상이 훨씬 흔하게 관찰된다.

전염성 복막염의 치료방법은 정말 없나?

아쉽게도 현재까지 확실한 치료방법은 알려져 있지 않다. 대부분 고통스러운 증상이 수반되고 예후 또한 극히 나빠서 안락사가 권장되나 수액요법, 영양유지요법, 스테로이드와 항바이러스제 투약 등의 치료를 실시할 수 있다. 그러나 이런 치료는 직접적 치료가 아닌 보존적 치료임을 이해해야 한다.

고양이면역부전증

고양이면역부전증은 렌티바이러스*Lentivirus*에 속하는 고양이 면역부전 바이러스 감염에 의해 발생하는 고양이 전염병 중 하나이다. 놀랍게도 원인 바이러스가 사람의 후천성 면역결핍증(에이즈)을 일으키는 바이러스와 매우 유사해 고양이 에이즈라고도 불린다. 물론 사람에게는 감염되지 않는다.

고양이면역부전증은 전염병이기는 하지만 전염력이 약해 전세계적으로 전체 고양이의 2~4퍼센트 정도만 감염된 것으로 보고되고 있으며, 정확한 조사연구는 없지만 우리나라는 이보다도 훨씬 감염률이 낮아 1퍼센트 미만일 것으로 추정하고 있다.

감염은 바이러스가 침으로 배출되므로 바이러스를 보유한 고양이에게 물리거나 감염된 어미로부터 임신 중에 감염된다. 고양이는 감염 시 즉시 심각한 증상을 나타내지는 않지만 발병하면 평생토록 식욕부진, 체중감소, 치은염 및 구내염, 결막염을 달고 살며, 각종 세균이나 다른 바이러스 감염에 취약해 다른 감염병에 걸려 고통받게 된다.

인터페론 치료 등을 하기도 하지만 특효약이 없으며 주로 나타나는 증상을 완화시키는 치료만 하는 편이다. 예방접종이 개발되어 있지만 예방효과가 확실하지 않아 적극적으로 권장하지 않는다.

고양이 전염성 백혈병

고양이 전염성 백혈병은 레트로바이러스에 의해 발생하는 고양이의 주요 전염성 질환 중 하나이다. 고양잇과 동물에게만 전염되며 개와 사람에게는 전염되지 않는다. 감염은 주로 감염된 고양이의 침, 소변, 혈액 등 체액과 분변으로 배출되는 원인 바이러스에 직접 접촉한 경우에 일어난다.

다행스럽게도 원인 바이러스는 고양이 체내에서 배출되어 환경에 노출되면 쉽게 사멸되므로 감염된 고양이와 직접 접촉하지 않는다면 감염될 확률이 극히 낮다. 다만 어미 고양이가 감염된 경우 새끼고양이가 태반 감염을 통해서 태어났다면 이미 감염된 상태인 경우가 많다. 또한 수유 중 어미를 통해 감염될 확률도 아주 높다. 대체적으로 어린 고양이가 나이 든 고양이보다 훨씬 잘 감염되는 것으로 알려져 있다.

고양이가 전염성 백혈병에 걸리게 되면 백혈병 및 림프육종 등의 종양 발생, 빈혈증, 장염 및 면역력 저하에 따른 이차적인 세균과 바이러스 감염에 의한 합병증으로 인해 대부분 3년 이내에 사망하게 된다.

아쉽게도 현재까지 고양이 전염성 백혈병을 완벽하게 치료하는 치료제와 치료법은 존재하지 않는다. 그러나 초기에 발견하여 합병증에 대한 적극적인 치료를 포함해 적절한 건강관리(나타나는 증상들에 대한 대증치료, 주기적인 건강검진, 이차감염에 대한 적극적 처치 등)를 해 주면 수명을 연장할 수 있다.

예방을 위해서는 예방접종을 하는 것이 가장 효과적이나 고양이 전염성 백혈병에 대한 예방접종은 필수 종합예방접종으로 권고하지 않고 있기에 필요에 따라 접종 여부를 결정해야 한다. 우리나라의 경우는 감염률이 극히 낮아서 실내에서만 생활하는 고양이에게는 예방접종을 권장하지 않는다. 그러나 실내와 실외 생활을 동시에 하는 고양이인 경우에는 감염 위험성이 있으므로 예방접종을 하는 것이 좋다.

14

자가면역성 용혈성 빈혈로 자신에게 공격당한 통통이

개, 고양이 빈혈에 관한 모든 것

사람도 중병에 걸리면 작은 병원에서 치료가 불가능할 경우 규모가 큰 병원이나 대학병원으로 옮겨 진료를 받는다. 마찬가지로 동물도 위중하면 장비가 잘 갖춰져 있고 전문화된 진료가 가능한 대학 부속 동물병원으로 옮기는 경우가 많다. 그래서 우리 병원은 상태가 위중하거나 만성질환이 있는 환자가 대부분이다.

월요일 오전, 전날 응급실을 통해 입원한 동물 환자로 바쁜 내과 진료실로 원무과에서 쪽지 하나가 전달되었다. 경기도 내 한 동물병원에서 긴급히 수혈을 요하는 개가 있는데 그 병원에는 수혈할 혈액이 없어서 우리 병원으로 이송시키려 하니 연락을 달라는 요청이었다. 다행히 수혈용 혈액을 넉넉히 보유하고 있으니 수혈은 진행이 가능했지만 전날 너무 많은 동물 환자를 돌보느라 밤을 꼬박 지새운 수의사들이 많아서 누구를 담당 주치의로 배정해야 할지 난감했다.

"교수님! 제가 맡겠습니다."

다행스럽게도 평소 체력적으로 남자 수의사에 절대 뒤지지 않는 강철체력의 박모 수의사가 주치의를 맡겠다고 나섰다. 전날 잠을 거의 자지 못했는데 괜찮겠냐는 나의 걱정스러운 물음에 그의 대답은 시원시원했다. 자신은 체력이 좋아서 오늘밤도 문제없다고 하니 믿기로 했다.

얼마 지나지 않아서 수혈을 해야 할 개가 도착했다. 아주머니의 품에 힘없이 안겨 있는 시추 통통이는 한눈에 보기에도 상태가 심각했다.

"통통이는 우선 내가 맡을 테니 박 선생은 이전 병원 진료기록을 검토해서 정리한 후 아주머니를 만나세요. 처음 증상이 어땠는지 등 자세한 발병 경과를 알아봐요."

빈혈 증상이 심한 통통이는 곧바로 수혈을 해야 할 정도로 온몸이 창백할 뿐 아니라 배쪽 피부와 눈의 흰자가 노랗게 변해 황달이 의심되는 상태였다. 수혈도 중요하지만 빈혈의 원인이 무엇인지 빨리 파악해서 수혈과 동시에 원인을 교정하는 치료를 실시해야 하는 상황이었다. 아주머니와 만나서 이야기를 나눈 박 선생에 따르면 통통이는 며칠 전부터 활동량이 부쩍 줄어들고 어제부터는 배와 눈이 노랗게 되더니 소변색도 갈색으로 변했다고 했다.

"그렇다면 어떤 질환이 가장 의심되고 수혈 전 어떤 검사를 진행해야 할까요?"

대학 부속 동물병원은 진료를 통해 학생실습과 박 선생 같은 수련의들의 수련기능도 겸하고 있다. 늘 동기에 비해 우수한 능력을 보이는 박모 수의사는 그날도 내 물음에 주저 없이 대답했다.

"빈혈은 황달이 존재하므로 용혈성 빈혈로 추정되지만 정확성을 기하기 위해서 혈액도말검사를 포함한 혈액, 혈청 검사와 아울러 용혈성 빈혈의 원인 감별검사가 필요해 보입니다."

완벽한 답변대로 검사를 진행하도록 지시했다. 빈혈로 호흡이 힘든 통통이에게 산소 마스크를 씌운 채 산소를 공급하며 검사결과를 기다렸다. 얼마 지나지 않아 검사결과가 나왔다.

"교수님 예상대로 자가면역성 용혈성 빈혈입니다. 제가 검사실에서 현미경으로 직접 보고 왔는데 혈액이 고춧가루처럼 보이고 적혈구들이 서로 뭉쳐 있었습니다. 쿰즈검사(적혈구의 표면에 반응하는 자가항체 존재 여부를 판정하는 검사) 결과도 양성입니다."

수혈과 아울러 면역억제제 투약 등 집중적인 내과적 처치가 필요했다. 통통이를 괴롭힌 자가면역성 용혈성 빈혈은 외부의 적인 세균과 바이러스 등으로부터 신체를 보호하는 기능을 해야 하는 몸 안의 항체가 자기 혈액 내 적혈구를 공격하여 나타나는 질환이다. 적혈구 내에 기생하는 기생충을 죽이기 위해 또는 다른 질환의 증상으로 나타나기도 하지만 대부분은 뚜렷한 이유 없이 면역체계가 적혈구를 적으로 오인해서 나타난다. 즉, 외부의 적과 싸워야 하는 면역계가 엉뚱하게도 자기 신체 일부를 적으로 오인해서 무자비하게 공격하는 것이다. 이렇게 공격받은 적혈구는 정상적인 형태를 유지하기 힘들어지면서 혈액 내에서 제 역할을 수행하기도 전에 깨져서 빈혈과 황달이 나타난다.

이 질환은 흔한 질환은 아니지만 그렇다고 발병률이 희박한 질환도 아니다. 치료는 빈혈이 심하면 수혈을 하고, 거의 평생 동안 면역억제제를 투약받아야 한다. 제때 수혈을 받는 등 적절한 처치가 이뤄지지 않으면 사망할 수도 있는 무서운 병이다.

다행스럽게도 통통이는 수혈과 함께 여러 내과적 처치를 받고 회복되어 지금은 이틀에 한 번 면역억제제를 복용하면서 재발 없이 잘 지내고 있다. 물론 그뒤에는 밤낮없이 통통이를 돌본 체력 좋고 맹렬하게 일만 하는 주치의 박모 수의사의 노력이 있었다.

개, 고양이 빈혈에 관한 모든 것

자가면역성 용혈성 빈혈 이외에 반려동물에서 빈혈을 일으키는 흔한 원인

1. 중독을 유발하는 약물 및 음식물을 섭취했을 때 빈혈이 나타날 수 있다. 가정에서 흔히 상비약으로 구비하고 있는 사람용 타이레놀, 아스피린 등의 소염제를 삼킨 경우 급성 빈혈이 발생할 수 있다. 또한 양파(조리된 형태로 먹어도 중독증이 나타난다), 다량의 마늘이나 파 종류를 섭취한 경우에도 빈혈이 발생할 수 있다.

2. 헤모바토넬라, 바베시아 감염처럼 진드기가 옮기는 원충에 감염되어도 빈혈이 나타난다. 그러므로 수풀이 우거진 곳의 출입을 삼가는 등 진드기 감염에 주의한다.

3. 지라종양 등 몸속 장기에 악성 종양이 발생한 경우, 신부전증

등의 만성 소모성 질환에 걸려도 빈혈이 나타날 수 있다.

빈혈을 의심할 수 있는 증상

1. 평소와 다르게 무기력하고 피부가 창백해 보인다. 특히 잇몸, 귓바퀴, 복부 피부가 선명한 핑크색이 아니고 창백한 흰색에 가깝게 변하면 빈혈을 의심해 볼 수 있다.

2. 눈동자색, 피부색, 잇몸색이 노랗게 변하는 황달 증상이 나타나면 빈혈을 동반하고 있을 확률이 높다.

3. 짙은 갈색 소변은 방광염인 경우가 대부분이지만 적혈구 파괴에 의해서도 갈색뇨 증상이 나타날 수 있으므로 진료를 받아본다.

빈혈 치료법

빈혈은 발생원인이 다양해서 근본적인 원인을 찾아내서 치료하는 것이 중요하다. 빈혈의 정도가 심하거나 다량의 출혈로 인해 급히 혈액을 보충하려면 수혈을 해야 한다. 일반적으로 개와 고양이의 혈액형은 사람의 ABO식이 아니어서 혈액형을 판정한 후 수혈할 필요는 없다. 하지만 수혈 전에 수혈받을 혈액과 수혈받는 동물의 혈액을 서로 반응시켜서 이상반응이 나타나지 않는지 알아보는 수혈교차반응 검사를 한 후에 수혈을 실시하는 것이 원칙이다.

15

추간판탈출증(디스크)으로 기저귀를 찬 닥스훈트 깜비

반려동물 추간판탈출증에 관한 모든 것

동물병원의 풍경은 소아과병원과 유사한 점이 많다. 소아과병원은 어린 자녀를 데리고 온 부모들이 진료순서를 기다리고, 동물병원은 말 못하는 가족인 반려동물과 동행한 보호자들이 진료순서를 기다린다. 소아과병원이 아이들의 재잘거리는 소리와 울음소리로 가득한 것처럼 동물병원은 때로 '멍멍', '야옹야옹' 소리로 소란스럽다.

아픈 동물로 가득한 병원 진료대기실에서 반가운 얼굴을 만났다. 엉덩이에 기저귀를 차고 병원에 온 닥스훈트 종 깜비가 나를 보더니 반가운 마음에 앞발을 동동거리며 고개를 들어 힘차게 짖는다. 그 소리가 얼마나 큰지 다른 동물과 보호자의 시선이 일순간 깜비 쪽으로 향했다. 개라면 내게 달려와 꼬리 치며 애교를 부려야 하지만 제자리에서 동동거리며 짖기만 하는 깜비는 지금 자신이 할 수 있는 최대의 환대를 하는 것이다.

얼마 전 깜비는 갑작스런 복통과 구토와 탈진 증세로 응급실로 내원했었다. 올해 다섯 살로 아직 젊고 그동안 별다른 병치레가 없어서 가족이 많이 놀란 상태였다. 우선 복통과 구토의 원인을 파악하는 것이 중요했다. 가족들의 말에 따르면 평소 이물을 주워 먹는 습관도 없고, 마지막으로 먹인 음식도 평소 깜비가 주식으로 먹던 사료였다고 했다. 개에게 가장 흔하게 구토를 일으키는 이물 섭취와 췌장염(이자염), 식이성 위장염 등은 아닌 것 같았다.

의료진은 잔뜩 웅크린 자세로 누워만 있는 깜비를 진찰하기 위해 자리에서 일으켜 세웠다. 그 순간 깜비는 외마디 비명을 지르며 엉덩이에 손을 올리고 있던 수의사의 손을 물어 버렸다. 이 행동은 깜비가 하복부 쪽에 극심한 통증을 느끼고 있다는 증거였다. 어디가 아픈지 결코 말해 주지 않는 동물 환자의 행동을 통해서 이런 식으로 병의 원인을 알게 되는 경우는 동물병원에서 아주 흔한 일이다.

진료결과 깜비는 추간판탈출증으로 진단되었다. 흔히 우리가 말하는 디스크는 정식 병명이 아니라 잘못 사용되는 속어이다. 추간판탈출증은 척추뼈 사이의 완충물인 추간판이 제자리에서 튀어나와 주위 신경을 압박하는 질환으로 깜비와 같이 허리 쪽에 발생하면 요통과 함께 심하면 하반신마비가 나타날 수 있다.

이미 응급실 내원 당시 깜비는 정도가 심한 하반신마비로 인해 일어설 수 없었고, 자발적인 배뇨가 불가능해서 요독증도 온 상태였다. 더 늦었다면 요독증으로 목숨을 잃었거나 평생 뒷다리가 마비된 채

살았을 것이다.

그날 이후 깜비는 요독증에 대한 처치를 마치고, 튀어나온 추간판을 제거하는 수술도 무사히 마쳤다. 수술 후에는 하반신마비증에 대한 물리치료와 침치료를 받으러 병원을 찾았다. 비록 자발적인 배뇨가 원활치 않아서 기저귀를 차고 다녔지만 조만간 기저귀에서도 해방될 것이다.

흔히 인간처럼 직립보행을 하는 동물만 추간판탈출증에 걸리는 것으로 알려져 있지만 놀랍게도 네 발 달린 개에게서도 이 질환은 비교적 흔하다. 특히 깜비와 같은 닥스훈트, 페키니즈, 코커스패니얼 종에서 발생이 잦다. 따라서 이 견종들과 함께 사는 경우는 추간판탈출증을 예방하기 위해 주의해야 한다. 일반적으로 나이 든 개에게 잘 발생하는 것으로 알려져 있으나 실제로는 모든 연령대에서 발생할 수 있다. 나이가 어린 경우에는 초기 단계라서 통증, 마비 등의 확연한 증상이 나타나지 않아서 조기 발견이 어려운 경우가 많다.

개의 추간판탈출증은 다리가 짧고 허리가 긴 닥스훈트 종처럼 해부학적 결함에 따른 선천적 위험인자가 주요 발생원인이다. 하지만 비만, 과도한 움직임 등과 같은 후천적 요인도 질병의 시작을 앞당기고 증상을 악화시킨다. 따라서 추간판탈출증 발생위험도가 높은 견종은 평소 식이조절을 통해서 비만해지지 않도록 주의해야 한다. 또한 계단 오르내리기, 침대와 소파에 오르내리기 등 허리에 가해지는 힘이 큰 행동이나 급격한 움직임은 자제시켜야 한다.

개를 비롯한 대부분의 동물은 아이처럼 자기조절 능력이 부족하다. 다리가 짧고 허리가 길지만 활발한 성격의 깜비와 같은 닥스훈트 종은 침대나 소파에 올라가기 위해 도움닫기를 힘차게 하는 것과 선천적으로 왕성한 식욕이 자신의 건강을 해칠 수 있음을 알지 못한다. 이처럼 모든 면에서 반려동물은 사람의 보살핌 없이는 결코 바르게 생활할 수 없고 행복할 수도 없다. 따라서 반려동물의 행복은 우리들의 관심과 보살핌을 통해서만 가능함을 잊지 말아야 한다.

반려동물 추간판탈출증에 관한 모든 것

추간판탈출증이 발생하기 쉬운 견종

닥스훈트, 시추, 코커스패니얼, 페키니즈, 웰시코기 종에게 잘 발생하지만 모든 견종에서 발생할 수 있다.

추간판탈출증 예방법

발생 빈도가 높은 견종은 평소에 비만해지지 않도록 특별히 유의해야 한다. 이 견종은 해부학적 특징으로 목, 허리에 가해지는 하중이 특히 높은데 살이 찌면 척추가 감당해야 하는 무게가 더욱 늘어나서 추간판이 탈출할 확률이 높아진다. 또한 점프를 하거나 급격하게 방향을 바꾸어 뛰는 행위 등과 같은 과도한 신체활동, 계단 오르내리기, 침대나 소파 오르내리기 등도 추간판탈출증을 유발하므로 자제시킨다.

추간판탈출증의 증상

증상은 크게 목 부위에 발생한 경우와 목 아래 척추(주로 허리)에 발생한 경우로 구분할 수 있다. 목 부위에 발생하면 고개를 돌리지 않으려 하는 증상과 함께 음식, 물을 먹을 때 고개를 숙이는 데 힘이 들고 통증을 호소하게 된다. 심하면 사지마비 증상이 나타나기도 한다. 반면 척추에 발생하면 초기에는 주로 복통을 호소하듯 허리를 구부리고 잘 걷지 않으려 하며 보행이 자연스럽지 못한 증상이 나타난다. 더욱 진행되면 하반신에 마비가 오고 대소변 또한 자발적으로 보지 못하는 상황까지 악화된다.

추간판탈출증의 기본 치료

추간판의 탈출 정도가 경미하고 증상 또한 심하지 않으면 일정 기간(일반적으로 4~8주) 동안 좁은 우리나 케이지 내에서 생활하도록 하는 등 활동을 극도로 제한한다. 또한 통증 조절과 탈출된 추간판 주위의 염증을 완화시기키 위해서 비스테로이드성 소염제를 투약한다. 약물요법만으로 증상이 호전되고 더 이상 탈출증이 진행되지 않는 경우도 있다. 하지만 약물요법은 근본적인 치료가 될 수 없다. 단지 통증을 경감시키고 추간판 주위의 염증을 완화시키는 치료법일 뿐이다.

추간판탈출증의 치료법을 결정하려면 세심한 신체검사, MRI 검사가 이루어져야 하며, 때에 따라서는 유사한 질환을 감별하기 위해 뇌척수액검사도 받아야 한다. 이 검사들을 통해 추간판탈출증의 정도가 심한 것으로 판정되면 수술을 통해서 교정해야 한다.

재활물리치료와 한방치료를 통한 보존치료

추간판탈출증의 정도가 경미하여 약물요법을 받고 있거나 수술 후 마비된 신체를 회복시키려면 재활물리치료나 한방치료가 필요하다. 재활물리치료로는 온열요법, 레이저물리치료요법 등이 있고 수영이나 강한 물살을 이용한 수(水)치료요법 등이 있다. 한방치료로는 침치료요법, 전기자극 침을 이용한 전기침요법, 약물을 혈자리에 주입하는 약침요법 등이 효과가 있다. 한방치료에서는 침과 아울러 뜸치료도 실시하며 한약재를 복용하기도 한다.

고양이 추간판탈출증

고양이도 개와 같이 추간판탈출증에 걸리기도 한다. 하지만 발생 확률은 개보다 현저히 낮으며 증상과 치료방법은 개와 동일하다.

추간판탈출증에 걸린 개를 위해서 집에서 할 수 있는 관리법

추간판탈출증을 앓고 있거나 치료를 받으며 회복 중인 개는 아무래도 이전보다 활동량이 줄어들어 칼로리 소모량이 감소한다. 따라서 쉽게 비만해지고 비만해지면 다시 추간판탈출증이 재발하거나 증상이 악화될 수 있으므로 비만해지지 않도록 식사량을 조절해야 한다.

목 쪽에 추간판탈출증이 발생한 경우에는 건사료와 같은 딱딱한 음식과 씹는 장난감은 목에 부담을 주므로 주지 않는다.

또한 목과 등에 부담을 줄일 수 있는 환경으로 바꾸어 준다. 목을 구부리지 않고도 쉽게 먹을 수 있도록 물그릇과 밥그릇을 받침대 위에 올려놓는다.

수술이나 치료를 받으며 회복 중인 경우에는 활동을 제한하는 것이 중요하다. 평소 집으로 사용하는 크레이트(철제장)에 들어가서 휴식을 취하게 하는 것이 좋지만 크레이트에 들어가는 것을 싫어한다면 억지로 들어가게 하지 않아도 된다. 대신 활동반경을 제한하는 울타리 등을 설치하는 것이 좋다. 개가 편안히 쉴 때는 바닥보다 높은 곳에 두어서(단, 뛰어내리지 않도록 조치해야 한다) 고개를 높이 들어 사람이나 주변을 보지 않도록 한다.

추간판탈출증을 앓고 있는 개, 고양이를 들어올릴 때에는 조심스럽게 안아야 한다. 가슴과 엉덩이를 동시에 손으로 받치고 들어올린 후 가슴 쪽으로 가볍게 당겨 안아 척추가 펴진 상태를 유지하도록 한다.

매일 목, 등뿐만 아니라 네 다리를 가볍게 마사지해 주는 것도 좋다. 특히 목욕 후에는 혈액순환이 잘 되므로 털을 말린 후 전신 마사지를 해 주면 좋다.

개가 추간판탈출증 치료 후 다시 걸을 수 있다면 무리하지 않는 선에서 가볍게 산책을 한다. 이때 목줄보다는 가슴줄을 하는 것이 좋으며, 절대로 개를 끌지 말고 개가 줄을 당겨 걷지 않도록 주의한다.

추간판탈출증과 유사한 환축추아탈구

환축추아탈구는 첫 번째 목뼈와 두 번째 목뼈 이음부의 불안정으로 척수가 눌리는 것으로 목의 추간판탈출증과 유사한 증상이 나타나는 질환이다. 주로 치와와, 푸들, 페키니즈와 같은 소형종에서 발생한다. 치료는 목을 움직일 수 없도록 부목으로 고정해서 장기간 안정을 취하는 요법을 초기에 실시하고 통증과 염증 완화를 위한 약물을 투약한다. 이러한 치료에 반응을 보이지 않는다면 수술적인 교정이 필요하다.

16

안구건조증 찰스랑 누나랑 인공눈물 공유 금지

개, 고양이에게 흔한 안과질환

"찰스, 그만! 안 돼!"

깔끔한 정장차림으로 내원한 여성이 진료순서를 기다리며 반려견인 찰스가 앞발로 자신의 얼굴을 비벼대는 행동을 막기 위해 무척 애를 쓰고 있었다. 달래기도 하고, 따끔하게 야단도 쳤지만 찰스는 아랑곳하지 않고 심하게 앞발로 얼굴을 비볐다. 결국 찰스가 싫어하는 엘리자베스 칼라를 쓰고서야 겨우 진정이 되었다.

"찰스가 앞발로 얼굴을 심하게 긁어요. 처음에는 피부병인 줄 알고 피부병 치료를 했는데 긁는 횟수와 정도가 나날이 심해지기만 하네요. 지난 주부터는 눈이 충혈되면서 붓고 있어요."

말이 끝나기가 무섭게 자신을 찰스의 누나라고 소개한 여성은 눈물을 흘렸다. 직장생활을 하느라고 바빠서 병원에 바로 못 데려와서 찰스가 아픈 것 같아 미안하고 속상하다고 했다. 목소리까지 떨리며 흘리는 눈물에 눈 화장이 지워질 지경이었다.

진료과가 분리되어 있는 종합병원이어서 다른 과에서 일어나는 상황을 잘 모르는데 찰스는 안과에 내원하기 전에 얼굴의 가려움증으로 인해서 내가 있는 피부과를 먼저 찾은 상황이었다. 진료결과 안검 주위 피부에 나타난 염증은 눈의 문제로 인한 이차적 문제로 추정되어 안과로 진료 전환을 의뢰했다. 실제로 눈에 염증이 있으면 이차적으로 눈 주위 피부에 피부염이 발생할 수 있고, 반대로 아토피피부염과 같이 얼굴에 가려움증이 심한 피부염의 경우는 이차적으로 결막염 등이 발생하기도 한다.

정밀진단 결과 찰스는 안구건조증으로 인한 건성 각결막염을 앓고 있는 것으로 진단되었다. 눈물분비량검사에서는 눈물 분비량이 정상 수치에 비해 너무 낮았다. 눈물 분비량이 적으니 항상 눈이 가렵고 불편해서 그동안 그토록 앞발로 눈 주위를 심하게 비빈 것이다. 자꾸 비비다 보니 염증이 심해져서 결국 눈 주위에도 염증이 생긴 상태였다.

개에게 건성 각결막염은 흔한 안구질환 중 하나이다. 눈물을 생산하는 눈물샘이 점차적으로 파괴되어 나타나는 질환으로 어릴 때 바이러스 감염이나 결막염에 따른 눈물샘 조절신경의 손상으로 나타나기도 하지만 면역체계 이상으로 눈물샘이 파괴되어 나타나는 경우가 가장 흔하다. 특히 찰스 같은 코커스패니얼 종은 유전적 소인에 따라 다른 견종에 비해 더 잘 발생한다.

아쉽게도 개의 건성 각결막염은 완치를 기대하기 힘들고 적절한 치료를 받지 못하면 계속된 염증으로 인해 실명에 이를 수도 있다. 그러나 조기에 발견하여 인공눈물과 면역조절 작용이 있는 안약으로 꾸준히 치료하면 별다른 불편함 없이 생활할 수 있다.

찰스에게는 인공눈물, 면역조절제, 항생제 성분의 안약이 각각 처방되었다. 안약을 투약하는 방법을 설명하는데 우느라고 눈 화장이 모두 지워진 찰스 누나의 눈이 반짝였다.

"선생님! 이거 제가 사용하는 인공눈물과 같은 건데 제것을 그냥 찰스에게 넣어 줘도 되나요?"

얼마 전 라식 수술을 받은 찰스 누나도 안구건조증으로 인해 안과에서 동일한 인공눈물을 처방받아서 투약하고 있다고 했다. 찰스와 증상도 비슷하고 약도 같으니 반갑고 신기했나 보다.

"아, 같은 약이긴 하지만 한 병으로 같이 사용하시는 것은 좋지 않습니다. 아무래도 위생에 문제가 생길 수도 있으니까요"

그러고는 서둘러 인공눈물 병에 표시를 했다. '찰스 인공눈물, 공유금지!'. 이제 찰스와 찰스 누나의 두 눈은 다시 촉촉하게 빛날 것이다.

개, 고양이에게 흔한 안과질환

핵경화증

수정체가 혼탁해져 동공이 뿌옇게 흐려지는 현상으로 흔히 백내장과 혼동되지만 백내장과는 달리 나이 든 개, 고양이에게서 흔히 관찰되는 노령성 변화이며 시력에는 아무 문제가 없다. 그러나 핵경화증과 백내장은 육안으로는 구분하기 힘들 뿐만 아니라 함께 합병되어 나타나는 경우도 있으므로 병원에서 백내장 여부를 정확히 진단받는 것이 좋다. 핵경화증은 시력에도 거의 영향이 없기에 별다른 치료는 필요없다.

백내장(316쪽 참조)

포도막염

안구의 중간층을 형성하는 홍채, 모양체, 맥락막을 포함하는 부위를 포도막이라고 하며 이곳에 염증이 발생하면 포도막염이라고 한다. 쉽게 말하면 안구 내부에 염증이 생긴 경우이다. 포도막염은 다양한 원인에 의해 발생할 수 있으며 주로 세균, 바이러스와 같은 병원체 감염과 외상 및 면역반응 등에 의해 발생되나 특별한 원인을 찾을 수 없는 경우도 흔하다.

포도막염의 증상은 발생원인과 질병의 정도에 따라 다양하나 흔히 눈이 충혈되고 잘 뜨지 못하는 증상, 각막부종, 눈꺼풀 경련 증상이 나타날 수 있다. 치료가 지연되면 시력을 잃을 위험이 크므로 조금이라도 눈에 이상이 나타나면 진료를 받아야 한다.

녹내장

안압이 상승하는 질환으로 주로 안방수(눈의 각막과 수정체 사이, 홍채와 수정체 사이를 가득 채운 액체) 배출장애로 인해 발생한다. 안압이 상승하면 눈 뒤쪽의 시신경과 망막을 압박해 갑작스럽게 통증이 유발되고 시력을 완전히 잃을 수도 있다. 개의 실명 중 가장 큰 원인이 되는 질환 중 하나이다.

녹내장이 발생하면 결막이 충혈되고 눈을 잘 뜨지 못하며 심한 통증으로 인해 눈을 자주 비벼대거나 끙끙대며 먹이를 먹지 않고 안절부절하지 못하는 증상이 나타난다. 치료는 안약을 이용한 약물처치와 안방수 배출을 돕는 보조기구를 삽입하는 수술요법이 있지만, 치료가 어려운 질환이므로 안과 전문의에게 진단과 치료를 받아야 한다. 약물요법이나 수술요법에 반응하지 않는 경우에는 부득이 하게 통증 완화와 삶의 질 개선을 위해 안구를 적출하기도 한다.

4장

나이 들어 아파도 끝까지 책임지기

소형견과 고양이는 9~10살이면 노령이고,
그들의 1년은 인간의 5~7년이다.

1

노령동물과 함께 사는 건 값지고 멋진 일이다

반려동물 정기검진의 필요성 | 가정용 반려동물 응급상자

알람을 끄고 자리에서 일어나려 하는데 발 밑에서 자고 있던 고양이 공주가 자기는 아직 일어날 시간이 아니라는 듯 짧게 야옹 소리를 한 번 내고는 다시 잠을 청했다. 공주를 살짝 쓰다듬은 후 건너편 개들이 자고 있는 방으로 갔다. 타이와 키씨 두 녀석의 이름을 정답게 불러보지만 녀석들도 고개를 들어 힐끗 쳐다본 후 꼬리를 두어 번 흔들고는 이내 다시 잠을 청했다. 바람과는 달리 개와 고양이의 요란한 아침 인사는 오늘도 받지 못했다.

돌이켜 보니 이렇게 아이들에게 무시 아닌 무시를 받기 시작한 지도 꽤 된 듯하다. 평균 수명이 12세 전후인 올해 열두 살, 열 살인 대형견 아프간하운드, 막내인 고양이 공주도 벌써 여덟 살 생일을 지난

지 오래니 다들 노견 노묘이다. 사람은 나이가 들면 아침잠이 없어진다는데 아이들은 하루 종일 거의 잠만 자는데도 아침잠 또한 점점 늘어나고 있다. 이미 생체 나이로는 아이들이 40대 초반인 나보다 훨씬 나이가 많으니 이해는 되지만 조용한 아침 인사가 아이들이 하루하루 늙어가는 신호 중 하나라는 사실에 마음이 무겁다.

정확한 기준은 없지만 대개 반려동물이 평균 수명의 3분의 2에 해당되면 노령으로 접어든다고 볼 수 있다. 즉, 평균 수명이 15세 전후인 소형견과 고양이는 9~10세, 수명이 이보다 짧은 대형견은 6~8세이면 노령이라고 볼 수 있다.

우리 집 아이들처럼 활동량이 줄어들고 잠자는 시간이 부쩍 늘어나는 것이 노화에 따라 자연스럽게 나타나는 대표적인 신체변화 중 하나이다. 사람도 나이가 들면 흰머리가 나듯 개, 고양이도 눈과 턱 주변을 중심으로 털색이 하얗게 변하고, 윤기 나던 털도 색이 바래고 푸석거리게 된다. 눈동자도 탁해지며 주변 소리나 사물의 움직임에도 둔감해진다. 이런 변화가 하나둘씩 관찰되기 시작하면 행복하고 건강한 노후를 보낼 수 있도록 더욱 세심히 보살펴야 한다.

사람도 나이가 들면 아파서 자주 병원을 찾는데 반려동물도 마찬가지이다. 나이가 들면 줄어든 기초대사량과 활동량으로 인해 비만해지기 쉽다. 비만해지면 당뇨와 같은 질환에 걸릴 확률이 높아질 뿐만 아니라 관절과 척추에도 문제가 발생할 수 있고, 고지혈증에 의한 췌장염(이자염) 및 담낭질환에 걸릴 확률도 높아진다. 또한 피부에 사마귀와 같은 양성 종양이 잘 발생하며 흔히 암이라고 불리는 악성 종양의 발생률도 높아진다. 고양이는 갑상샘기능항진증과 신장 이상에 따른 신부전증이 발생하기 쉽고, 소형견은 심장판막 이상에 의한 심부전증이 나타날 가능성이 높아진다.

노령기의 반려동물이 자주 헉헉거리고 기침을 하거나 눈에 띄게 식욕이 떨어진 경우에는 즉시 동물병원을 찾아야 한다. 따라서 개와 고양이가 노령기에 접어들면 평소 체중과 식욕 변화 여부를 유심히 관찰하고 별다른 이상 증상이 없더라도 주기적으로 동물병원을 찾아 건강검진을 받는 것이 좋다.

또한 노령의 반려동물이 잦은 병치레로 인해 동물병원을 찾는 횟수가 늘어나면 반려인은 정신적으로 힘들 뿐만 아니라 늘어난 의료비로 경제적 부담이 가중될 수 있다. 따라서 노령기에 접어들면 눈에 띄게 아픈 곳이 없더라도 정기검진을 통해서 질병을 예방하고 사전에 발견하는 것이 가장 중요하다.

때로는 경제적인 이유로 인해 반려동물이 앓고 있는 만성질환을 잘 보살피지 못하는 경우도 있다. 이런 경우 지레 치료를 포기하지 말고 자신의 상황을 수의사에게 솔직하게 말한 후 치료와 관리법을 경제 상황에 맞게 만들어 나간다. 동물의 만성질환은 꼭 교과서적으로만 진단되고 치료되어야 하는 것은 아니다. 그러니 자신의 반려동물에게 최상의 의료혜택을 주지 못하는 것에 죄책감을 느끼지 말고, 자신이 처한 상황에서 최선을 다해 가능한 방법을 끊임없이 찾는 것이 더 중요하다.

개와 고양이도 나이가 들면 기초대사량이 줄어들고 소화능력이 떨어진다. 따라서 노령의 반려동물에게는 평소 소화가 잘 되는 음식을 먹이되 전체 지방 섭취량과 칼로리는 줄이고 약화된 배변기능 개선을 위해 식이섬유가 풍부한 채소(살짝 데친 브로콜리, 호박, 당근, 양배추 등이 좋다)를 조금씩 먹인다. 살이 찌는 속도가 너무 빠르면 병원에서 판매되는 비만용 사료를 먹이는 것이 좋다.

나이 든 개가 허리나 관절에 이상이 없다면 굳이 운동을 중지할 필요가 없다. 물론 젊었을 때처럼 과격하게 뛰고 점프하는 운동은 할 수 없지만 나이에 맞는 운동의 강도와 시간을 조절해서 꾸준하게 운동을 시켜 주는 것이 중요하다. 젊었을 때보다 강도는 낮게, 시간은 짧게. 그러나 오히려 횟수는 조금 증가시켜 주면 근육이 약화되는 것을 늦출 수 있고, 행복한 기분을 유지할 수 있어서 건강관리에 도움이 된다. 새로운 운동법을 찾지 말고 평소 하던 산책을 속도를 느리게 하고 짧은 거리를 하루에 두 번으로 나누어서 산책하면 노령견에게 아주 좋다.

만약 관절과 허리에 이상이 있을 경우에는 계단을 오르내리거나 점프하는 행동은 못하게 해야 한다. 그런데 평소 침대와 소파에서 생활하던 개와 고양이라면 쉽게 오르내릴 수 있는 반려동물 계단을 마련해 주는 것이 좋다.

사람도 나이가 들면 뇌의 인지 기능에 문제가 생겨 이상행동을 하는 경우가 많다. 이를 흔히 치매라고 하는데 개도 나이가 들면 사람의 치매와 유사한 인지기능장애 증상이 나타날 수 있다. 평소 나이 든 개가 신체이상이 없는데도 무기력하고, 이름을 불러도 잘 대답하지 않으며, 친숙한 장난감이나 놀이에도 반응하지 않고, 자주 멍한 표정으로 어딘가를 응시하는 증상이 있다면 일단 인지기능장애를 의심해 볼 수 있다.

증상이 심해지면 낮에 자는 시간이 늘어나는 반면 밤에는 잠을 자지 않고 집 안을 돌아다니거나 짖는 행동이 나타난다. 가구나 문, 계단 등 평소에 익숙한 장애물 앞에서 어떻게 행동해야 할지 몰라 당황하는 행동도 보인다. 대소변을 잘 가리던 개가 하루아침에 아무 곳에나 볼일을 보는 경우도 개의 인지기능장애 시 나타나는 대표적인 증상 중 하나이다.

만약 노령의 개가 위와 같은 인지기능장애 증상을 보인다면 혹시 다른 신체이상에 의해서 증상이 나타나는 것인지 정밀하게 검사를 받는 것이 좋다. 인지기능장애라고 판정된 경우에는 전문적인 약물복용을 통해 증세를 완화시켜 주어야 한다.

한때는 넘치는 힘과 기운으로 온 집 안을 헤집고 다니던 개와 고양이가 얼굴에 밀가루를 뒤집어 쓴 듯한 희끗한 얼굴을 내 발과 무릎 사이에 기대고 지긋한 눈빛으로 올려다본다면 언제 시간이 이렇게 흘렀는지 울컥한 마음이 들게 마련이다. 더구나 병 들고 늙은 개와 고양이를 데리고 산다고 이런저런 이야기들을 쏟아내는 주변 사람들로부터 상처 아닌 상처도 받는다.

그러나 늙은 개와 고양이와 함께 사는 일은 어린 강아지, 고양이와 사는 것만큼 보람되고 가치 있는 소중한 경험임을 알면 좋겠다. 한 생명의 일생을 끝까지 책임지고 보살피며 정을 나눈 시간은 경험해 보지 않고서는 이해할 수 없는 대단한 일이며 누구나 가질 수 있는 행복도 아니기 때문이다. 그러니 다가올 이별에 미리 슬퍼하지 말고 사람과 동물 모두에게 지금 이 순간이 최고의 시간이 될 수 있도록 노령동물에 대한 주의사항을 숙지하면서 하루하루 소중하고 즐겁게 생활해 나가자.

반려동물 정기검진의 필요성

사람과 마찬가지로 반려동물도 정기적인 건강검진을 통해 건강을 관리해 주는 것이 중요하다. 반려동물과 생활하면서 건강에 이상이 생기면 병원을 찾는 경우가 많다. 하지만 건강한 반려동물이라도 주기적으로 건강검진을 받는다면 질병을 예방하고, 조기에 발견할 수 있어서 좋다.

건강에 문제가 없어 보여도 7세 미만이라면 최소 1년에 한 번은 종합검진을 받는다. 혈액검사, 소변검사, 전염병 예방을 위한 예방접종, 심장사상충을 포함한 내·외부 기생충 예방 진료, 치아건강검진도 반드시 받는 것이 좋다.

7세가 넘으면 노령화 시기로 접어들므로 건강관리에 더욱 신경써야 한다. 사람도 40세가 넘으면 체력이 떨어지고 각종 질병에 걸릴 확률이 높아지는 것과 마찬가지로 반려동물도 7세 무렵부터 신체에 이상이 발생할 확률이 높아진다. 그러므로 신체이상 증상이 없더라도 6개월에 한 번 이상 건강검진을 받는 것이 좋다. 동물병원을 방문할 때마다 종합검진을 받을 필요는 없지만 최소 1년에 1회 이상은 간기능, 신장기능 평가를 위한 혈액검사와 소변검사를 받는 것이 좋다. 7세 이상이 되면 종양 발생 빈도도 증가하므로 흉복부 방사선검사와 필요하다면 복부초음파검사도 주기적으로 받는 것이 좋다.

사람보다 짧은 개와 고양이들의 평균 수명을 기준으로 환산하면 7세 이후의 반려동물에게 1년의 시간은 사람에서의 5~7년의 시간에 해당된다. 따라서 동물이 1년에 한 번 건강검진을 하는 것은 사람으로 따지면 5~7년에 한 번 건강검진을 하는 것과 같다. 노령동물에서 자주 건강검진이 필요한 이유가 바로 이것이다.

가정용 반려동물 응급상자

칸이 나누어진 플라스틱 공구함이나 도구함에 아래의 물품을 구비해 두면 응급상황 발생 시 유용하다.

1. 동물용 체온계를 준비한다. 사람이 사용하는 귀 체온계는 동물에게는 유용하지 않다.

2. 의료용 가위, 핀셋, 집게 모양의 포셉은 의료기기상에서 구입 가능하며 전문가용이 아니라 사람용 구급함에 사용되는 정도면 무방하다.

3. 일반거즈 및 멸균거즈는 약국에서 구입 가능하다.

4. 솜 붕대는 약국에서 구입 가능하다.

5. 의료용 테이프는 약국에서 구입 가능하다.

6. 멸균 생리식염수는 눈에 상처가 나거나 피부에 상처가 나서 출혈이 있을 때 세척용으로 필요하다. 약국에서 구입 가능하다.

7. 상처 소독을 위해서 요오드 성분 소독제를 약국에서 구입한다.

8. 화상연고 및 피부연고는 동물병원에서 수의사와 상의한 후 처방받아 구비하는 것이 좋다.

2

백내장으로 잃은 시력을 찾은 복남이

백내장 치료에 관한 모든 것 | 시력 잃은 개, 고양이 돌보기

"교수님, 안녕하세요. 반갑습니다."

병원 복도에서 반갑게 인사를 건네는 분들은 복남이의 할아버지, 할머니이다. 올해 열 살이 된 코커스패니얼 종 복남이는 노부부의 막내딸이 시집을 가면서 친정에 남겨두고 간 반려견이다. 노부부에게 복남이는 딸이 시집가기 전만 해도 단지 막내딸이 먹여 키우는 개 이상은 아니었다. 그런데 딸이 시집간 후 복남이의 지위가 한껏 상승하여 지금은 늦둥이 아들이 되었다.

"처음에는 대소변 치워 주고 먹을 것 챙겨 주고 여간 귀찮은 존재가 아니라 구박도 많이 했는데 그래도 주인이라고 품에 안기고 하는 걸 보니 우리가 잘못했다는 생각이 들더라고요."

자식들이 모두 분가한 일흔을 넘긴 노부부가 허탈감을 느끼고 있을 때 불쑥 등장한 또 다른 인생의 동반자가 바로 복남이였던 것이다. 복남이는 몇 년 전 귓병과 알레르기성 피부질환으로 진료를 받고 완치 판정을 받았는데, 병원에 또 오시다니 복남이 건강에 문제가 생긴 듯했다. 이야기를 나눠 보니 이번에는 눈에 문제가 생긴 것이다.

그러고 보니 보지 못한 몇 년 사이 복남이가 변하긴 했다. 그때만 해도 왕성한 호기심과 활력으로 진료실 여기저기를 돌아다니며 짖어댔는데, 지금은 동공 가운데가 희뿌옇게 변한 채 조심조심 냄새를 맡으며 주변만 왔다갔다하는 소심한 개로 변해 있었다. 양쪽 눈에 발생한 백내장으로 시력을 잃은 것 같았다.

"오늘 드디어 우리 복남이가 백내장 수술을 받는답니다."

걱정이 되어서 복남이를 살피는 내게 걱정 말라는 듯 할머니께서 웃으며 말씀하셨다. 다시 궁금해졌다. 굳이 안과 진료용 정밀기구를 사용하지 않더라도 백내장임이 분명해 보이는데 왜 지금까지 수술을 하지 않았을까? 노부부는 조금 망설이더니 복남이의 얼굴에 번갈아 뽀뽀를 하며 대답하셨다.

"딸이 수술비가 부담되니 그냥 이대로 살게 놔두라는데 안쓰러워서 그렇게 못하겠더라고요. 그래서 우리 부부 용돈을 모아서 이제 겨우 수술비를 마련했어요."

대부분 다른 질환이 그렇듯 개, 고양이의 눈에도 사람과 같이 백내장이 생길 수 있다. 발생원인도 사람처럼 노령이나 당뇨 합병증이 대부분이다. 간혹 유전적 소인에 의해 선천성으로 발생하기도 한다. 품종과 성별에 관계 없이 발생하는 양상을 보이지만, 특히 복남이와 같은 코커스패니얼, 시추, 푸들에서의 발생률이 상대적으로 높다.

동물에게 백내장이 발생하면 시력저하로 시야가 명료하지 않아서 불편하지만 동물은 말로 표현하지 못하기 때문에 초기에는 백내장을 알아채지 못하는 경우가 흔하다. 대부분 육안으로도 명확하게 양쪽 눈이 희뿌옇게 변하고 장애물을 잘 피하지 못하는 시력저하가 나타났을 때에야 문제를 인식하고 병원을 찾게 된다. 그런데 이때쯤이면 백내장 후기이다.

동물의 백내장도 완전히 치료하려면 사람과 마찬가지로 수술을 해야 한다. 그런데 아쉽게도 아직 수의 분야에서 안과는 보편화된 진료 영역이 아니어서 안과 진료 경험이 풍부하고 고가의 백내장 수술 장비를 갖춘 병원을 찾기가 힘든 것이 현실이다. 게다가 사람과는 달리 의료보험이 적용되지 않기에 수술비 또한 상당히 높다. 다행인 것은 반려동물의 백내장 수술 성공률이 90퍼센트 이상이고 수술 후에는 대부분 이전 시력을 회복한다는 것이다.

며칠 후 병원 대기실에서 다시 복남이 가족을 만났다. 흰 가운을 입은 나와 눈이 마주친 복남이가 입꼬리를 슬슬 올리더니 맹렬하게 짖어댔다.

"녀석이 가운 입은 의사 선생님만 보면 짖어대니 이거 원…."

할아버지께서 연신 복남이 궁둥이를 두들겼다. 복남이가 다시 시력을 찾았구나. 그것도 수의사 가운을 단번에 알아볼 정도로 완벽하게 말이다.

백내장 치료에 관한 모든 것

백내장의 진행단계별 분류

골든리트리버, 래브라도리트리버, 미니어처슈나우저, 아메리칸코커스패니얼 등 특정 품종에서 발생되는 유전성 백내장(대부분 막 성견이 될 무렵에 발병한다)을 제외하면 개의 백내장은 주로 9~10세 이후 노령에서 발생한다.

초기 백내장 : 수정체에 작은 혼탁부가 나타나기 시작한다. 즉, 검은 눈동자(품종별로 색깔이 다르지만 대부분 어두운 검은색과 갈색이다)에 뿌옇고 희게 변하는 부위가 작게 나타난다. 백내장 시작 단계로 시력장애가 없다.

미성숙 백내장 : 검은 눈동자의 혼탁한 부위가 넓어졌지만 혼탁부가 완전히 검은 눈동자를 가리지는 않았다. 여전히 안검사 시 반사판이 관찰된다. 반사판은 사람에게 없는 구조물로 동물의 눈에 빛을 비추면 순간적으로 빛을 반사하여 눈에서 반짝 빛이 나게 하는 것이다. 집에서 카메라 플래시를 터뜨려 개, 고양이 사진을 찍을 때 눈에서 번쩍 빛이 나는 것처럼 찍히는데 이게 정상적인 반사판으로 인해 나타나는 현상이다.

성숙 또는 완전 백내장 : 검은 눈동자의 모든 부위가 혼탁해지고 안검사 시 반사판이 관찰되지 않는다.

과성숙 백내장 : 검은 눈동자로 보이는 수정체 내부물질이 빠져나오고 흡수되어 수정체의 크기가 줄고 수정체낭이 찌그러진다. 백내장 말기라고 할 수 있다. 간혹 부분적으로 혼탁한 부위가 사라

져 반사판 반사가 관찰되고 시력이 일부 회복되는 경우도 있다. 이 상태에서 시력이 일부 회복되는 경우도 있지만 안구 내에서 염증이 발생하고 녹내장, 각막손상, 망막변성 등 백내장보다 더 심각한 상태로 진행되는 경우가 대부분이므로 과성숙 단계에 접어들기 전에 수술을 해야 한다.

사람과 개의 백내장 수술은 무엇이 다른가?

사람과 개의 백내장 수술은 기본적으로 수술에 이용되는 기구와 방법이 같다. 그러나 사람은 백내장이 대부분 초기에 발견되어 수술도 간단하고 예후도 좋은 편이지만, 개는 상태가 악화되어 수술을 받는 경우가 많고 수술 후 염증발생과 같은 후유증이 발생할 확률도 사람보다 높다. 따라서 반드시 백내장을 전문적으로 진단하고 치료할 수 있는 동물병원을 찾아야 한다.

백내장 수술을 꺼리는 이유

전신마취 때문에 백내장 수술을 꺼리는 경우가 많은데 전문 동물병원에서는 대부분 30분 이내에 백내장 수술을 끝내기 때문에 크게 우려하지 않아도 된다. 다만 백내장 발생원인이 당뇨병과 같은 전신질환 때문이거나 망막변성을 동반한 백내장인 경우에는 수술이 불가능할 수 있으므로 다른 질환을 가지고 있는지 검사해야 한다. 백내장 수술은 수술비용뿐만 아니라 수술 전 검사비 및 수술 후 치료비 등을 포함해서 몇 백만 원이 지출되는 고가의 수술이므로 수술 전에 반드시 수술비용에 대한 문의가 필요하다.

개의 백내장을 치료하는 안약이 있다?

개용 백내장 치료용 안약이라 선전하며 판매하는 안약들은 아쉽게도 아직까지 객관적인 실험과 임상시험을 통해서 효과가 명확하게 증명되지 않았다. 따라서 안과 전문의들은 이 안약을 백내장 치료 목적으로 투약하지 않고 있다. 현재 백내장을 완벽히 치료할 수 있는 방법은 수술이 유일하다.

꼭 수술을 해야 하나?

백내장 발생 시 유일한 완치치료법은 수술이지만 백내장을 앓고 있는 개, 고양이가 모두 반드시 수술을 받아야 하는 것은 아니다. 백내장 수술은 생명을 구하거나 연장하는 수술이 아니라 단지 삶의 질을 개선시키기 위한 수술임을 이해해야 한다.

사람과 달리 개와 고양이는 백내장을 앓고 있어도 합병증이 없다면 별다른 불편함을 호소하지 않는 경우가 많고 설령 시력을 잃어도 비교적 잘 적응하는 편이다.

그러나 수술을 하지 않으면 포도막염 등 안구 내 염증이 잘 발생하고, 녹내장과 수정체이탈증이 잘 나타나 극심한 통증으로 고통받을 수 있다.

고양이도 백내장을 앓는다?

고양이 또한 눈에 백내장이 발생할 수 있다. 그러나 발생빈도는 개보다 훨씬 적다. 고양이 백내장은 대부분 노령성으로 발생하나 페르시안 종에서는 유전성으로 아주 어린 나이부터 백내장이 발생하기도 한다.

시력 잃은 개, 고양이 돌보기

경제적 여건상 수술을 해 줄 수 없거나 다른 여러 가지 이유로 백내장 수술을 시키지 않고 남은 삶을 돌보기로 결정하는 경우도 많다. 이럴 경우 최소 1년에 두 번 이상 동물병원에서 안과검진을 받고, 염증 예방관리를 위한 항염증 성분 안약을 투약해 주는 등 노력이 필요하다.

사람과 달리 개와 고양이는 후각이나 청각에 의존하는 습성상 시력을 잃어도 크게 불편함을 호소하지 않고 평소와 다름없이 생활하는 경우도 많다. 그래도 시력을 완전히 잃었다면 주변 생활환경을 개, 고양이가 불편하지 않도록 바꾸고 관리방법도 바꿔야 한다.

우선 실내에 개, 고양이가 걸으면서 부딪힐 수 있는 장애물이 있다면 제거하는 것이 좋다. 하지만 늘 같은 자리에 있었던 큰 가구의 위치를 바꾸거나 동선이 바뀔 정도로 가구 등을 정리하면 동물이 더 혼란스러워하므로 피해야 한다. 가구의 모서리, 기둥 등 부딪칠 수 있는 곳에는 쿠션이나 충격 완충제를 설치한다. 계단이 있다면 올라가거나 내려오지 못하도록 안전 펜스를 설치한다.

물그릇과 밥그릇은 위치를 바꾸지 말아야 스스로 물그릇과 밥그릇을 찾아갈 수 있다. 고양이는 화장실 위치도 옮기지 말아야 한다.

함께 사는 개, 고양이가 있다면 목에 방울을 달아서 이들이 어디에 있는지 알 수 있도록 해 준다. 사람도 손목이나 실내화에 방울을 달아서 어느 위치에 있는지 쉽게 알아챌 수 있도록 하면 좋다.

눈이 먼 개와 고양이에게 그들이 스스로 알아차릴 새 없이 갑자기 다가가면 절대로 안 된다. 그러므로 방문자나 산책하면서 만나는 사람들에게 눈이 멀었음을 미리 알려서 갑자기 접근하거나 만지지 못하게 한다.

반려인이 수다쟁이가 되어야 한다. 평상시에 다정한 어투로 개, 고양이와 말을 많이 나누면 눈이 먼 동물들의 정서적 안정에 도움이 된다.

3

나이 든 개, 고양이를 괴롭히는 병, 신부전증

먹을거리부터 혈액검사 결과 보는 법까지 개, 고양이 신부전증에 관한 모든 것

제우스가 오늘 병원에 다시 입원했다. 지난 달 정기검진 때와는 달리 부쩍 수척한 얼굴에 표정 또한 밝지 않았다. 두 눈을 감고 앞발을 모은 자세로 입원 케이지 안에서 고개를 든 채 앉아서 꼼짝도 하지 않는다. 이 기품 있는 멋진 러시안블루 수컷 고양이 제우스는 현재 신부전증을 앓고 있다. 평소에는 '신사 고양이'라는 별명처럼 누구에게나 온화하고 얌전했던 제우스는 지금 몸이 온전치 않음에도 불구하고 정말 최선을 다해 기품을 잃지 않으려고 애쓰고 있다.

고양이는 개와는 달리 아픈 곳이 있어도 잘 내색하지 않는다. 인간 세계에 완전히 동화된 개와 달리 고양이는 아직 야생성에 기인한 본능이 존재하기 때문이다. 약육강식의 야생에서 질병이 있고 약해 보이는 것 자체가 약점이 되어서 도태의 빌미를 제공하기 때문에 최대한 아픈 모습을 숨겨 아무런 문제가 없는 것처럼 행동하는 것이다. 그런데 현대의 집고양이에게도 이런 습성이 일부 남아 있어 때로 심각한 결과를 가져온다. 반려인이 고양이가 아픈 것을 전혀 알아챌 수 없을 정도로 정상적인 행동을 하다가 어느 날 갑자기 쓰러져 병원을 찾았을 때에는 이미 치료시기를 넘긴 경우가 흔하기 때문이다.

제우스도 자신의 약점을 흰 가운 입은 낯선 인간들에게 보이지 않기 위해 초인적인 정신력을 발휘해서 최대한 당당하게 보이려고 애쓰고 있었다. 이런 모습이 안쓰러워서 입원 케이지 앞을 수건으로 가리고 최대한 주변을 조용하게 했다.

그제서야 제우스는 감고 있던 눈을 뜨더니 오른쪽 다리에 장착된 정맥주사용 카테터를 한 번 쳐다보더니 거추장스럽다는 듯이 발을 심하게 털었다. 평소 몸에 이물이 붙는 걸 허용하지 않는 고양이이기에 자연스러운 행동이지만 정맥 카테터는 앞으로 며칠 동안 제우스를 살릴 생명줄이다. 그래서 터는 정도의 충격에 손상되지 않게끔 의료용 반창고로 단단히 감싸져 있다. 영리한 제우스는 이내 상황을 파악하고 더 이상의 체력을 소모하지 않기 위해 다시 앞발을 가지런히 모은 채 눈을 감았다.

신부전증을 앓는 제우스가 병원에 입원한 것은 이번이 처음이 아니다. 지난 달에 열세 번째 생일이 지났으니 벌써 이 질환으로 고생한 지도 4년이 넘었다. 다행스럽게도 가족 중 실질적으로 제우스를 보살피는 큰딸이 바쁜 직장생활 중에도 잘 보살피고 있어서 상태가 유지되고 있었다. 큰딸은 고양이 신부전증에 대한 지식을 거의 전문가 수준으로 습득하고 있고, 진료진을 절대적으로 신뢰해서 병원 진료도 소홀히 하지 않아서 신부전증을 앓는 다른 고양이에 비해 병원에 입원하는 횟수가 훨씬 적었다.

반려동물이 나이가 들면 생길 수 있는 질환 중 대표적인 것이 신부전증이다. 특히 개보다는 고양이의 발생빈도가 다소 높은데 이는 평소 개와는 달리 물을 잘 먹지 않는 고양이의 습성 탓도 있다. 즉, 고양이는 개와는 달리 그릇에 담긴 채 장시간 정체된 신선하지 않은 상태의 물을 잘 먹지 않으려는 습성이 있다. 만약 이런 습성이 확연한 고양이에게 평소 수분 함유량이 적은 건사료만 지속적으로 주면 수분 결핍 상태에 빠지게 된다. 이 상태가 오래 지속되면 점차 신장이 손상되고 나이가 들어 신부전증에 빠질 가능성이 높다.

나이 든 고양이가 신부전증에 걸리면 사실 특별한 치료방법이 없다. 그저 단백질, 나트륨, 인 성분이 제한된 식이를 기본으로 하는 식이요법을 실시하고, 요독증과 인 수치 상승을 예방하기 위해 약물을 투약한다. 더 이상의 신장손상을 막고 빈혈과 고혈압 등 합병증에 대한 치료에 주력하는 것이 주요 치료방법이다.

따라서 고양이가 신부전증에 걸리지 않으려면 평소 예방법이 중요하다. 물을 잘 먹지 않는 고양이라면 이유를 파악해서 정상적인 하루 음수량을 충족시켜 주어야 한다. 시중에는 고양이의 습성을 이용해 물을 끊임없이 순환시키고 정제시키는 고양이 전용 물 공급기 등이 다양하게 나와 있다. 물그릇을 집 안 곳곳에 두는 것도 도움이 된다. 또한 건사료가 주된 식단이라면 최소 일주일에 이틀 이상은 수분 함유량이 높은 캔사료나 직접 조리한 음식(닭가슴살 등 양질의 단백질을 바탕으로 마른 멸치, 각종 채소를 갈아 넣으면 훌륭하다)을 급여한다.

하루 종일 수액치료를 받은 제우스가 저녁 무렵부터 몸을 살살이 핥기 시작했다. 기운을 차린 듯 보이는데 깔끔한 모습으로 면회 올 누나를 맞으려고 무리하는 건 아닌지 걱정이다.

먹을거리부터 혈액검사 결과 보는 법까지 개, 고양이 신부전증에 관한 모든 것

급성 신부전

주로 독성물질(부동액, 약물, 독성식물)을 먹은 경우, 방광염 등 비뇨기계 감염이 진행된 경우, 심한 탈수 상태 이후 발생한 신부전증 등 급성 신부전은 급작스럽게 발생하고 증상도 심하게 나타난다. 발생 시에 처치가 적절하게 이루어지면 정상으로 회복되기도 하지만 만성형으로 진행되는 경우도 흔하다.

만성 신부전

수개월에서 수년간에 걸쳐 천천히 진행된 신장손상에 의해 발생하는 형태로 주로 노령의 개와 고양이에게 흔한 형태이다. 손상된 신장 기능은 회복되지 않으므로 평생 식이조절과 합병증을 관리하는 치료를 받아야 한다. 만성 신부전 단계 판정은 혈중 크레아티닌 농도에 기반해 아래와 같이 판정하고 치료한다.

- **Stage 1(1기)** : 혈중 크레아티닌 수치가 개 1.4mg/dl, 고양이

1.6mg/dl 이하이지만 요농축 이상이나 단백뇨(뇨에 단백질이 나타나는 증상) 등을 보이면서 초음파검사상에서도 신장 이상이 어느 정도 관찰된다. 특별한 증상이 나타나지 않아서 치료를 하지 않는 경우가 대부분이지만 사구체신염, 결석 등이 있는 경우 치료한다.

- **Stage 2(2기)** : 혈중 크레아티닌 수치가 개 1.4~2.0mg/dl, 고양이 1.6~2.8mg/dl 사이로 혈중 요소질소(BUN) 수치가 높은 정상치이거나 정상보다 약간 높게 나타난다. 확연하게 눈에 띄는 증상은 없는 경우가 많지만 혈압이 높을 수 있고 단백뇨 등이 나타난다. 이때부터 단백질과 인이 제한된 식이조절을 시작하고 필요한 경우 인흡착제나 단백뇨조절, 혈압조절을 위한 약을 먹어야 한다.

- **Stage 3(3기)** : 혈중 크레아티닌 수치가 개 2.1~5.0mg/dl, 고양이 2.9~5.0mg/dl 사이로 혈중 요소질소 수치가 40mg/dl 이상을 나타내는 경우가 많다. 2기에 준해 치료하나 혈중 요소 수치가 확연히 높거나 구토, 설사, 고혈압, 빈혈 등의 증상이 나타나면 증상에 따른 치료를 한다.

- **Stage 4(4기, 말기)** : 혈중 크레아티닌 수치가 개, 고양이 모두 5.0mg/dl을 초과하는 경우로 대부분 혈중 요소질소 수치 상승이 지속되어 구토, 의식혼미, 경련 등의 요독증 증상이 자주 나타난다. 1~3기 단계의 처치법과 아울러 보다 적극적으로 수액

요법, 전해질 교정치료, 혈압조절 등의 치료를 해 주어야 정상 적인 생활을 할 수 있다.

신부전증에 좋은 추천 식단

신부전증의 경우 단백질과 인의 제한식이가 필요하다. 신부전증을 앓고 있는 반려동물은 정상 동물보다 단백질과 인이 제한된 음식을 먹어야 하기 때문이다. 그러나 단백질을 과도하게 제한하면 체중이 감소하고 빈혈도 심해지므로 양질의 단백질로 구성된 수분이 풍부한 식단을 공급해야 한다.

일반적으로 동물성 단백질 원료 중에는 달걀에 포함된 단백질이 생체이용률이 높으므로 개, 고양이 모두에서 달걀과 감자(달걀 하나에 삶은 감자 2개 정도, 고양이에서는 달걀의 비중을 더 높여 준다)에 칼슘제 및 종합비타민을 첨가한 식단이 추천된다. 기름기가 적은 소고기를 단백질원으로 사용해도 된다. 단, 단백질 제한기준은 각각의 동물이 요구하는 양이 다르므로 일률적으로 적용할 수 없으니 수의사와 상의한다.

수시로 혈액검사를 통해 질소혈증과 전해질 불균형 정도를 판단해 조절해야 한다. 동물성 단백질로 만든 식단을 먹였는데 계속 질소혈증이 나타나면 두부, 치즈와 같은 유제품을 단백질원으로 해서 음식을 만들어 반응을 관찰한다.

신부전증과 처방식 급여

위에 설명한 바와 같이 단백질과 인을 제한한 식단을 직접 짜서 만들어 먹이는 것이 불가능하거나 식이조절에도 불구하고 질소혈증과 혈중 인 수치가 높으면 전문적으로 처방된 처방식을 급여한다. 처방식은 건조형과 캔형이 있는데 건조형보다는 캔형이 수분 함량이 높아서 좋다.

신부전증을 예방하는 방법

개

평상시에 먹는 것 이외의 것을 먹지 않도록 평소에 주의해야 한다. 특히 어린 강아지가 호기심에 사람용 약(특히 해열제 계통), 백합 등의 화초 잎을 먹으면 급성 신부전에 걸릴 수 있다. 또한 겨울철 자동차 부동액은 맛이 달콤해서 개, 고양이가 먹고 급성 신부전으로 사망하는 경우가 종종 있으므로 주의한다. 만성 신부전증을 예방하려면 평소 물을 충분히 먹게 하고(특히 건사료를 주식으로 공급하는 경우) 다섯 살이 넘어가면 주기적으로(최소 1년에 1회) 동물병원에서 건강검진을 실시해 신장 기능에 이상이 있는지를 살펴야 한다.

고양이

물을 잘 먹지 않는 습성 때문에 나이가 들어 신부전증에 걸릴 위험이 개보다 높은 편이다. 따라서 평소 물을 많이 먹이려고 노력해야 한다. 가령 건사료만 급여하지 말고 주기적으로 꾸준히 수분 함량이 높은 캔사료나 직접 물을 첨가해서 조리한 음식을 급여해 주면 좋다. 또한 흐르는 물에 반응을 보이고 먹으려는 고양이의 습성을 이용해서 고양이 전용 급수대를 구비해 주거나 집 안 곳곳에 물그릇을 두면 도움이 된다. 개와 마찬가지로 사람용 약을 먹거나 백합 등의 화초 잎과 같은 중독식물을 먹으면 급성 신부전에 걸릴 수 있다.

수컷 고양이는 방광염이 있거나 하부요로계 질환이 자주 발생하면 만성 신부전으로 발전할 위험성이 크므로 평소 소변 색깔이 이상하고 힘들게 소변을 보는 증상(화장실에서 나오지 않고 신음소리를 내거나 평소 소변을 보지 않는 장소에 소변을 여러 번에 나누어 본다)이 나타나면 즉시 병원에서 진료를 받는다.

신부전증을 앓고 있는 경우 혈액검사 결과 보는 법

- **Blood Urea Nitrogen(BUN)** : 혈중 요소질소라고 부르는데 요소질소는 몸속 단백대사에 의해 발생하여 대부분이 신장을 거쳐 소변으로 배설된다. 그러나 신부전증이 있는 경우에는 혈액 내에서 요소질소 수치가 증가하므로 신부전증 검사 시 측정하는 가장 중요한 수치이다. 요소질소 수치가 정상보다 높으면 질소혈증이며, 구토, 의식혼미, 경련 등의 증상이 나타나면 요독증이다. 이 수치는 신부전증 이외에도 심장질환, 탈수, 쇼크 시에도 증가하고, 먹는 것에 따라서도 수치에 변화가 나타날 수 있다.

  정상 수치 : 개 10~25mg/dl
  고양이 10~30mg/dl

- **Creatinine(Cre)** : 근육에서 만들어지는 크레아티닌은 요소질소 수치와 달리 신장 기능 이외의 원인에 의해 영향을 받는 경우가 적어서 신장 기능 평가에 중요하게 이용된다.

정상 수치 : 개 1~2.2 mg/dl

고양이 0.8~2.2 mg/dl

- **Phosphorus(P)** : 인 수치는 신부전증일 때 증가할 수 있다. 신부전증일 때에는 혈중 요소질소 수치와 동반되어 증가하는 경우가 흔하다. 고양이는 신부전증 이외에도 갑상샘기능항진증이나 부갑상샘기능저하증(부갑상샘은 갑상샘 옆에 존재하는 작은 기관으로 칼슘대사에 관여한다)이 있어도 증가할 수 있다.

정상 수치 : 개 2.2~5.6mg/dl

고양이 2~6.5mg/dl

4

관절염으로 누워만 있던 벤이 산책을 시작했다

슬개골탈구증, 고관절이형성증, 퇴행성 관절염 등 관절질환에 관한 모든 것 | 고양이 관절질환에 관한 모든 것

나이 탓에 하얗게 새어 버린 얼굴 털이 온화한 미소를 머금은 눈과 멋들어지게 어울리는 벤은 올해 열두 살 된 수컷 골든리트리버 종이다. 비록 나이가 들어 예전처럼 정원에서 나무를 뿌리째 파내고 연못에 몸을 담가 물장난을 치지는 않지만 그런 과거를 회상하듯 따스한 햇살 아래에서 뛰놀던 잔디밭을 바라보며 누워 있길 좋아한다고 했다.

"예전처럼은 아니더라도 조금만 더 활동적이면 좋겠습니다."

친구의 당숙이신 보호자는 연신 벤의 머리를 쓰다듬고 있는 내게 근심 가득한 목소리로 벤의 뒷다리 상태에 대해서 이야기했다. 벤은 이미 두 해 전 동물병원에서 고관절이형성증 진단을 받았다. 당시 진료를 담당한 수의사는 수술을 하거나 약물요법을 통한 보존치료 중 하나를 선택해야 한다고 설명해 주었다. 벤의 가족은 당시에도 적지 않은 나이를 고려해서 약물요법을 하기로 결정하고는 주기적으로 동물병원에서 상태를 확인해 가면서 소염진통제를 투약해 오고 있었다. 치료 덕분에 벤은 통증으로 힘들어하지 않고, 부자연스럽긴 해도 걷는 데 별 어려움이 없었다. 하지만 움직이는 것을 싫어해서 먹을 때랑 대소변을 볼 때만 잠시 움직일 뿐 잘 움직이지를 않았다. 그러다 보니 몸무게가 많이 늘어서 조금만 움직여도 헉헉대며 힘들어했다. 산책이나 야외활동을 전혀 하지 않느냐는 내 질문에 벤의 반려인은 놀란 표정을 지었다.

"다리가 아픈데 산책을 해도 되나요?"

최근 노견이 많아지면서 관절에 문제가 생긴 반려견을 자주 만난다. 소형견이 많은 우리나라에서는 슬개골(무릎뼈)이라고 하는 슬개골탈구에 의한 관절질환이 가장 많은 편이지만 벤처럼 유전적 요인에 의해 선천적으로 문제가 발생하는 고관절이형성증(엉덩관절이형성증), 특별한 이유 없이 어깨관절이나 대퇴관절에 문제가 발생하는 퇴행성 관절염도 자주 발생한다. 또한 과도한 운동이나 놀이를 하다가 사고로 무릎인대가 손상되는 경우도 있고, 진드기에 의해 전파되는 질환의 증상으로도 관절염이 나타날 수 있다. 흔하지는 않지만 자신의 몸을 공격하는 자가면역질환의 일종인 류머티즘 관절염으로 인해 고생하는 개도 있다. 문제는 이런저런 이유로 한 번 관절에 손상이 발생하면 다시 완벽하게 건강한 관절로 되돌리기 힘들다는 것이다. 또한 나이가 들어감에 따라 점점 증상이 나빠져 삶의 질이 악화된다.

다행스럽게도 신약 개발과 각종 보조제의 등장으로 예전보다 관절염을 앓는 반려견의 고통을 상당히 줄여줄 수 있게 되었다. 물론 아직까지도 고관절이형성증과 같이 유전적 원인에 의해 발생하는 관절질환과 퇴행성 관절염에 대해서는 확실한 예방법이 없다. 또 점점 악화되는 관절의 탄력성과 골 변형을 막는 확실한 치료방법도 없다. 하지만 체중조절 및 적절한 운동요법, 소염진통제 투약, 보조제 급여 등을 통해 관절염에 따른 염증 및 통증을 조절해서 관절염을 앓고 있어도 행복하게 생활할 수 있게 되었다.

관절질환을 앓고 있는 개라면 가장 먼저 체중조절에 신경을 써야 한다. 과체중인 경우는 그만큼 관절에 전해지는 하중이 증가하므로 적절한 칼로리만 섭취하고 무분별한 간식 섭취를 줄여서 적정 체중을 유지해야 한다. 특히 슬개골탈구증, 고관절이형성증을 교정하기 위해 수술을 받은 경우에도 비만하면 기껏 수술한 효과를 잃을 수도 있다.

체중조절과 아울러 운동요법 또한 관절염의 증상완화를 위해 중요하다. 일반적으로 관절질환일 경우 움직임을 제한해야 한다고 알고 있는데, 이는 과도한 관절 움직임을 제한하라는 것이지 아예 운동을 하지 말라는 말이 아니다. 관절질환을 앓고 있더라도 운동을 해야 주변 근육이 퇴화되는 것과 관절의 유연성이 저하되는 것을 예방할 수 있다. 단, 관절염을 앓고 있는 개마다 관절에 무리가 가지 않는 운동의 형태와 강도가 다르니 수의사와 상의해서 운동의 종류와 강도를 맞춤형으로 조절해야 한다.

가능하다면 관절에 큰 무리가 가지 않는 수영(소형견이라면 일반 가정에서도 복대나 애견 전용 구명조끼를 입혀서 욕조에서 할 수 있다)이나 오르막과 내리막 등 경사강도가 적절히 포함된 길을 가볍게 산책하는 것이 좋다. 이러한 운동은 주기적으로 꾸준히 하는 것이 좋은데 개가 체력적으로 힘들어하지 않고 운동 후 관절에 특별한 통증을 호소하지 않는다면 매일 반복하는 것이 좋다.

관절질환을 앓고 있다면 해당 관절 부위를 추위로부터 보호해야 한다. 겨울철에는 관절 부위를 덮을 수 있는 따뜻한 소재의 옷을 입히고, 쉬거나 잠자는 장소 또한 따뜻하게 한다. 특히 휴식을 취하는 방석이나 깔개는 따뜻하고 부드럽고 쿠션감이 어느 정도 있는 메모리폼 소재가 좋다.

또한 일상생활도 편하게 할 수 있도록 배려한다. 오랫동안 하던 것을 관절이 아파서 못하게 되지 않도록 돕는다. 평소 계단이나 침대, 소파에 오르기를 좋아하는 개라면 계단의 높이를 낮게 바꾸고, 침대, 소파 옆에 반려견용 계단을 마련해 준다.

관절염에 따른 통증을 완화시키고 염증 발생을 예방하고 치료하기 위해 투약받는 비스테로이드성 소염진통제는 근래 동물 전용 약으로 다양하게 개발되어 처방되고 있다. 소염진통제 투약 시 주의해야 할 점은 최근에 개발된 약이 비록 부작용이 줄어들었다 해도 여전히 소화기궤양(혈액성 구토, 혈변, 빈혈 증상으로 나타날 수 있다)과 신부전의 위험성이 있으므로 반드시 수의사의 처방과 지시에 따라 용법과 용량을 맞게 투약해야 한다. 약물은 아니지만 오메가 지방산, 글루코사민, 콘드로이친 같은 보조제를 급여해 주는 것도 염증 발생을 막고 관절염의 진행을 완화시키는 데 효과가 있다.

벤은 진료 이후 매일 저녁 천천히 동네를 한 바퀴 도는 산책을 시작했다. 전처럼 비스테로이드성 소염진통제를 장기 복용하고, 오메가 지방산과 글루코사민, 콘드로이친 보조제는 여전히 매일 복용하고 있다. 처음에는 몇 걸음 걷다 멈추기를 반복했지만 6개월이 지날 무렵부터 제법 빠른 걸음으로 집에서 꽤 먼 거리까지 산책을 다니고 있다. 운동요법으로 체중이 줄어서 관절에 가해지는 부담이 줄면 더 즐거운 산책이 될 수 있을 것이다. 나이 들면서 포기했던 산책의 즐거움을 벤과 가족이 다시 찾아서 다행이다.

슬개골탈구증, 고관절이형성증, 퇴행성 관절염 등 관절질환에 관한 모든 것

3대 관절질환

1. 슬개골탈구증

뒷다리 무릎뼈가 제자리에서 벗어나는 질환으로 초기에는 통증이나 걸음걸이에 이상을 보이다가 심해지면 다리가 비틀어지고 걸을 수 없게 된다. 주로 몸집이 작은 소형견에게 자주 발생하며 유전소인이 있는 것으로 알려져 있다.

슬개골이 빠지는 정도에 따라 네 단계로 구분할 수 있으며(220쪽 참조) 일반적으로 슬개골탈구가 2단계 이상이면 수술을 통해 교정해 주어야 한다. 수술 전이나 수술 후에 발생하는 일시적 염증, 통증은 소염진통제 복용을 통해 조절이 가능하므로 슬개골탈구증으로 진단된 경우에는 수술 전후에 동물병원에서 꾸준히 검진을 받는 것이 중요하다.

2. 고관절이형성증

고관절이 정상적으로 엉덩이뼈에 위치하지 않거나 고관절 주위에 이상이 발생한 경우로, 주로 대형견에게 발병하나 소형견도 발병할 수 있다. 일반적으로 유전적 요인으로 인해 선천적으로 나타나지만 나이가 들어서 관절에 염증이 생기는 퇴행성 관절염에 의해 나타나기도 한다.

초기에는 잘 움직이려 하지 않으며, 주로 뒷다리 움직임이 뻣뻣하고 부자연스러운 것 등 걷는 자세가 이상하고, 뛰거나 점프를 하려 하지 않으며, 계단을 오르내리는 것을 싫어하는 등의 증상이 나타난다. 이후 진행되면 누웠다 일어날 때 통증을 호소하고 걸을 때 뒷다리를 끌며 아예 걷지 못하는 경우도 흔하다. 고관절이형성증이 발생한 뒷다리는 점점 근육량이 줄어들게 된다.

치료는 초기에는 통증완화와 염증발생을 줄여 주기 위해 비스테로이드성 소염진통제와 같은 약물요법과 아울러 물리치료, 수영과 같은 수중치료요법 등을 해 주면 도움이 된다. 그러나 약물요법에 반응하지 않고 증상이 심해 삶의 질이 극히 떨어진 경우에는 수술을 해 주고 물리치료와 수중치료 등 재활치료를 꾸준히 해야 한다.

3. 퇴행성 관절염

관절연골부 이상으로 야기되는 진행성 관절염이다. 별다른 이유없이 관절연골에 이상이 발생하고 관절염이 생기는 경우가 많으나 고관절이형성증이나 어깨관절탈구 등의 일차적 원인에 이어 발생하는 경우도 흔하다. 주로 나이 든 개와 고양이에게 발생하는 노령성 질환 중 하나이다.

증상은 다양하게 나타나나 주로 움직이기를 싫어하고 보행이상을 보이며 산책이나 운동 시 다리를 들거나 심하면 주저앉는 경우도 생긴다. 아주 심한 경우에는 전혀 다리를 사용할 수 없게 되기도 한다.

치료는 관절염의 원인을 파악한 후 탈구증이나 고관절이형성증과 같은 일차적 원인이 있다면 먼저 이를 교정하는 치료를 실시한다. 그외 특별한 원인 질환이 없는 경우에는 관절염에 준한 일반적인 약물치료와 물리치료 등을 하면 도움이 된다.

관절질환 약물치료법

통증을 완화시키고 염증발생을 예방, 치료하기 위한 비스테로이드성 소염진통제가 최근에 다양하게 개발되어 있다. 최근에 개발된 약들은 부작용이 많이 줄어들긴 했지만 그래도 부작용에 대비해야 한다. 소화기궤양으로 인해 혈액성 구토, 혈변, 빈혈 증상 등이 나타날 수 있고, 신부전의 위험성도 있으므로 반드시 수의사의 처방과 지시에 따라야 한다.

관절질환을 앓고 있는 개 돌보기

- **체중 조절** : 주식의 양을 조절하고, 간식의 양을 줄인다. 비만이 되면 관절질환 수술 후에도 효과를 보기 힘들다.
- **운동** : 관절질환을 앓는다고 움직이지 않으면 주변 근육이 퇴화하고 관절의 유연성이 감소한다. 그러므로 무리가 가지 않을 정도로 운동을 꾸준히 해야 한다. 관절에 무리가 가지 않

는 수영, 가벼운 산책이 좋다. 개가 힘들어하지 않는다면 운동은 매일 꾸준하게 진행한다.

- **보온 :** 관절질환을 앓고 있다면 보온에 신경 써야 한다. 관절을 덮을 수 있는 옷과 따뜻한 잠자리를 마련한다.
- **일상생활 :** 평소에 하던 일들을 수월하게 할 수 있도록 배려한다. 반려견용 계단을 준비해서 계단을 통해서 소파나 침대에 오를 수 있도록 해 준다.
- **보조제 :** 오메가 지방산, 글루코사민, 콘드로이친 같은 보조제를 급여하면 염증발생을 막고 관절염의 진행을 완화시킬 수 있다.

고양이 관절질환에 관한 모든 것

고양이도 관절염을 앓는다

고양이는 신체가 매우 유연한 동물로 특히 관절이 유연해 관절염을 앓지 않는다고 알고 있는 사람들이 많다. 그래서 아직도 관절질환 치료용으로 '고양이탕'을 먹는 어이없는 일이 발생하고 있다. 실제로 주위에서 관절염을 앓는 고양이를 볼 수 없으니 이러한 오해가 사라지지 않는 것 같은데 근래 조사연구된 논문에 따르면 고양이 또한 나이가 들면서 관절에 이상이 생기는 경우가 흔한 것으로 밝혀졌다.

고양이도 고관절이형성증(특히 메인쿤 종에서 잘 발생), 슬개골탈구증(특히 아비시니안 종에서 잘 발생)으로 관절염을 앓는다. 스코티시폴드 종은 유전성으로 여러 관절에 다발성 관절염이 발생할 위험성이 높다. 그외 노령성 퇴행성 관절염도 자주 발병하는 편이다. 그런데 고양이는 개와 달리 자신의 문제를 숨기려는 성향이 강해서 반려인이 알아채기 어려울 뿐만 아니라 때에 따라서는 수의사도 문제를 찾아내지 못하는 경우가 있다.

고양이가 관절염을 앓을 때 흔히 보이는 이상증상

- 눈에 띄게 움직임이 줄고 사람이나 다른 동물과의 관계를 꺼린다.
- 높은 곳으로 점프를 잘 하지 않거나 한 번에 점프하지 않고 의자나 주변 지형을 이용해 높은 곳으로 이동한다.
- 높은 곳에서 아래로 내려올 때 머뭇거리거나 점프를 하지 않고 주변 지형을 이용한다.
- 계단을 뛰어오르지 않고 천천히 한발 한발 오른다.
- 털을 핥는 그루밍 행동과 시간이 줄어드는데 반대로 통증이 있는 관절 부위의 털은 과도하게 핥는다.
- 혼자 있는 시간이 늘어나고 안거나 몸을 건드리면 신경질적인 반응을 보인다.

고양이 관절염 관리법

- 고양이는 개와 달리 인위적인 운동 유발이 어렵고 산책, 수영 등의 운동이 불가능하므로 인위적으로 운동을 시키려고 노력

할 필요는 없다. 오히려 높은 곳으로 올라가려는 습성 때문에 관절이 나빠지는 경우가 많으므로 무리하게 시키지 않는 것이 좋다. 좋아하는 높은 장소로 편하게 접근할 수 있도록 주변에 소파, 의자 등을 두거나 반려동물용 계단이나 사다리 등을 설치한다.

- 화장실, 밥그릇은 잠을 자는 장소에서 가까운 평지에 설치한다.
- 털 고르기를 힘들어할 수 있으므로 부드러운 솔로 자주 빗질을 해 주고 발톱도 자주 깎아 준다.
- 비만인 경우에는 수의사와 상담 후 체중조절을 위한 먹을거리로 전환한다.
- 개와 마찬가지로 오메가 지방산, 글루코사민, 콘드로이친 등의 보조제를 먹인다.
- 통증이 심하면 진료 후 비스테로이드성 소염진통제를 처방받아 먹인다.

5

영양과잉 시대에 늘고 있는 개, 고양이 당뇨병

당뇨병을 앓고 있는 반려동물 관리법

응급실에서 응급처치를 받는 환자 중에서 올해로 열한 살 된 미니어처핀셔(미니핀) 종 바니는 일어날 기운조차 없는 듯 누운 채로 구토를 하고 있었다. 그런데 갑자기 바니가 감았던 눈을 번쩍 뜨고는 온몸을 부들부들 강하게 떨기 시작했다. 이는 전신경련 증상으로 경련이 지속되면 목숨을 잃을 수도 있는 위급한 상황이었다.

다행히 얼마 후 경련은 멈췄지만 안심할 수 없는 상태가 계속되고 있었다. 경련이 다시 일어나지 않으려면 근본적으로 바니의 몸에 무슨 문제가 있는지 신속히 알아내야 했다. 의료진이 바니의 코에는 산소를 공급하기 위한 카테터를, 앞다리의 정맥에는 수액과 함께 각종 응급약물을 투약할 수 있는 정맥 카테터를 장착했다. 뒷다리의 동맥, 목의 정맥에서 혈액검사를 위한 혈액을 채취하고 소변도 채취해서 즉시 검사에 들어갔다.

잠시 후 바니의 검사결과가 나왔다. 케톤성 당뇨(당뇨가 조절되지 못해 발생하는 당뇨 합병증으로 혈액 내에 케톤이 생성되어 산증이 나타나고 칼륨 고갈 상태에 빠지게 된다)였다. 혈당수치가 매우 높고 소변에서도 케톤이 검출되었다. 체액이 산성으로 기우는 상태인 산증지수도 높아서 빠른 처치가 필요했다. 의료진들의 손놀림이 빨라졌다. 산증 교정을 위해서 수액과 약물이 투여되고 혈당수치를 낮추기 위한 인슐린도 투여되었다.

급박한 처치가 이뤄지고 반나절이 지난 늦은 오후에야 바니의 구토와 경련이 멈췄고 혈당수치도 목표수치 이하로 안정되었다. 조금 기운을 차린 바니는 스스로 고개를 들어 킁킁거리며 주변의 냄새를 맡기 시작했다. 아마도 평소와 다른 낯선 냄새 속에서 가족의 채취를 찾는 듯했다. 보호자 대기실에서 초조하게 대기 중이던 가족들이 바니 앞에 도착하고서야 바니는 안심한 듯 편안한 잠에 빠져들었다.

응급처치를 끝마치고 바니의 가족들에게 바니가 오래전부터 당뇨병을 앓고 있었을 가능성이 높고, 시력도 나이가 들어서 잃은 것이 아니라 당뇨성 백내장 때문이라고 알려드렸다. 그동안 당뇨병이 관리가 되지 않아서 오늘과 같은 위급한 상태에 이르게 된 사실도 알렸다.

인간의 당뇨병은 유전적 소인이 크게 작용하는데 현대에는 서구화된 식습관과 비만, 운동부족 등의 여러 후천적 요인에 의해 증가하고 있다. 이러한 경향은 개와 고양이에게도 예외가 아니어서 당뇨병으로 고통받는 반려동물이 점점 증가하고 있다. 그래서 반려동물의 당뇨병은 인간의 당뇨병과 거의 모든 점에서 일치하는 경향을 보이고 있다.

먹을거리가 훌륭하다 못해 영양과잉이 되고, 운동량 또한 급격히 줄어든 현대의 개, 고양이에게 사람의 성인병과 같은 당뇨병이 증가한다는 것은 당연한 결과일지도 모른다. 바니 또한 평소 사람이 먹는 기름진 음식과 탄수화물, 당분이 높은 과자를 무분별하게 먹었고, 상당한 비만이어서 이런 요인이 당뇨를 유발한 것으로 강하게 추정되었다.

사실 사람의 당뇨병과 달리 개에게 주로 나타나는 인슐린 의존성 당뇨병은 아직 발병원인이 정확히 알려져 있지 않다. 단, 육류, 탄수화물이 과잉된 식습관, 운동량이 부족한 비만한 반려동물이 당뇨병 발병률이 높고 인슐린 투약에도 잘 반응하지 않는 특징이 있다. 따라서 평소 적절한 운동을 통해 비만해지지 않도록 주의해야 하며, 지나친 육류 위주의 식습관을 피하고, 특히 탄수화물 함량이 높은 빵, 설탕이 많이 함유된 가공식품의 섭취를 금지해야 한다.

고양이는 개보다는 당뇨병을 앓는 경우가 드물지만 인슐린 투약에 반응하지 않는 인슐린 비의존성 당뇨병의 발병률이 높은 편이다. 특이하게 당뇨병 증세가 일시적으로 나타나는 경우도 있다. 개와 마찬가지로 비만한 고양이에게 당뇨병이 잘 발생하므로 예방을 위해서 비만해지지 않도록 주의해야 한다.

당뇨병 발병 초기의 특징적 증상은 물을 많이 먹고, 소변량 증가, 활동량 감소, 윤기 없는 털, 체중감소 등이다. 이러한 증상만 나타나는 초기 당뇨 때에는 인슐린요법, 식이요법, 운동요법만 제대로 지켜도 대부분 혈당이 조절된다. 식이요법은 탄수화물을 줄이고, 섬유질을 높인 음식을 직접 조리해 주거나 시판되는 수의사 처방사료를 이용한다.

그러나 조기 치료와 관리에 실패하고 진단이 늦어지면 바니처럼 심각한 케톤성 당뇨로 이환되거나 당뇨성 백내장으로 시력을 상실할 수 있다.

다행스럽게도 바니는 평소 즐겨먹던 육류, 빵, 과자 섭취를 중지하고 저칼로리 처방식을 급여하면서 체중도 많이 줄었고, 인슐린요법을 통해 완벽하지는 않지만 혈당을 조절해 나가고 있다. 이대로만 유지해준다면 기대수명만큼 천수를 누릴 수 있을 것이다.

반려동물에게도 당뇨병은 한 번 발병하면 완치를 기대하기 어려운 무서운 질환이다. 그러나 평소 올바른 식습관을 유지하고 운동을 통해 비만을 예방한다면 당뇨병 발생 위험은 크게 줄어드니 평소 건강관리에 관심을 가져야 한다.

당뇨병을 앓고 있는 반려동물 관리법

당뇨병 진단 직후 혈당수치를 빠르게 낮추는 것은 독이 될 수 있다

반려동물이 당뇨병 진단을 받으면 높아진 혈당수치를 빠르게 정상 수치로 낮추는 것이 좋다고 생각하기 쉽다. 하지만 반드시 그렇지만은 않다. 아무런 처치 없이 당뇨병이 오랜 기간 진행된 개, 고양이는 높은 혈당수치로 인해 여러 가지 대사작용 또한 정상적이지 않다. 그런데 이때 혈당수치를 너무 급격하게 낮추면 혈액삼투압의 급변과 심각한 전해질 불균형이 발생할 수 있고, 다시 급격한 고혈당증이 유발되기도 한다.

따라서 처음 당뇨병 진단을 받았다면 수의사의 지시에 따라 올바른 양의 인슐린을 적절하게 투약하는 방법을 익히고 변화된 식단과 운동요법에 개, 고양이가 적응할 수 있도록 치료 적응기간을 충분히 가지는 것이 중요하다.

올바른 식습관, 신체활동을 유지한다

당뇨병에는 올바른 식습관을 유지하는 것이 중요하다. 육류, 탄수화물을 줄이고 섬유질을 높인 음식을 직접 조리해서 먹이거나 처방사료를 먹인다. 또한 개는 반려인과 함께 가벼운 걸음으로 30분 이상 산책하는 것이 좋고, 운동이 어려운 고양이는 장난감을 이용한 놀이를 통해 가능한 한 신체활동을 늘려 준다.

매일 혈당량 변화를 체크한다

일반적으로 당뇨병 진단을 받게 되면 주기적으로 동물병원에서 일정 시간간격(일반적으로 2시간 간격)으로 혈당을 측정해 혈당곡선을 작성하고 그 결과에 따라 인슐린 투여량을 결정해서 처방받는다. 그러나 혈당은 동물이 스트레스를 받게 되면 수치가 오르는 특성이 있어서 낯선 환경인 동물병원에 하루 종일 머물며 측정한 혈당수치는 집에서 편안한 상태에서 측정한 것보다 높게 나오는 경우가 흔하다. 따라서 가능하다면 매일 아침, 점심, 저녁 무렵 혈당을 직접 집에서 측정해 기록한 후 이를 다음번 동물병원 방문 시 수의사에게 보여 주고 병원에서 측정한 혈당곡선과 비교한 후 최종 인슐린 투여량을 결정하는 것이 좋다.

일반적으로 당뇨 진단을 받고 인슐린을 투약받는 개와 고양이인 경우 혈당수치가 100~250mg/dl(인슐린을 투약한 후에는 혈당수치가 떨어지고 인슐린을 투약하기 직전이나 음식물을 섭취한 직후에는 혈당량이 급속하게 올라간다)이면 안정적으로 혈당이 유지되고 있는 것으로 판단한다. 만약 인슐린을 투약한 후 혈당이 80mg/dl 이하로 떨어지는 경우가 자주 있다면 투여한 인슐린 용량이 과다하므로 투여량을 줄여야 한다. 반대로 인슐린을 투여했음에도 불구하고 계속해서 혈당량이 250mg/dl 이상으로 측정되면 즉시 동물병원에 내원해서 혈당곡선을 다시 작성하고 인슐린 투여량을 올려야 한다.

혈당 관리를 할 때 집에서 혈당량을 측정해서 수의사와 상의 없이 임의로 인슐린 투여량을 줄이거나 늘리는 것은 위험하다. 이는 반려동물의 건강이 위험해질 수 있는 행동이므로 반드시 인슐린 투여량은 수의사의 지시에 따라야 한다.

섬유질이 많고 탄수화물이 적은 식단을 급여한다

당뇨병을 앓고 있는 반려동물의 식단구성 시 기본은 섬유질을 늘리고 탄수화물을 줄이는 것이다. 일반적으로 당뇨에 걸린 개와 고양이는 대부분 비만한 경우가 많으므로 비만을 관리할 수 있고 섭취한 음식물의 당이 장에서 천천히 흡수되는 데 도움이 되는 섬유질이 풍부한 음식을 급여한다. 또한 비만하면 인슐린요법에도 잘 반응하지 않으므로 운동요법과 더불어 저칼로리, 저지방, 고섬유질 함유 식단으로 비만을 조절해야 한다.

그러므로 직접 조리한 음식을 먹일 경우에는 칼로리를 면밀히 계산해서 칼로리를 줄이고 탄수화물원으로는 감자, 고구마, 현미 등으로 종류와 양을 제한한다. 지방함유량이 낮은 살코기 육류와 섬유질이 풍부한 각종 채소(양배추, 브로콜리, 당근 등), 과일(사과, 배 등)로 구성된 식단을 급여한다.

직접 조리한 음식을 먹일 수 없을 경우에는 동물병원에서 식이섬유 함유량이 높고 체중감량 목적으로 설계된 비만관리용 처방사료를 처방받아 급여한다. 최근에는 당뇨병을 앓고 있는 개와 고양이 전용 처방사료도 시판되고 있으므로 수의사와 상의한 후 선택한다.

만약 당뇨병을 앓고 있는 개와 고양이가 비만하지 않고, 정상보다 몸무게가 적게 나가거나 지나치게 마른 경우에는 섬유질이 높고 칼로리가 낮은 음식을 급여해서는 안 된다. 이 경우에는 오히려 칼로리 밀도가 높은 음식을 급여해야 한다. 탄수화물 비율이 낮고 단백질 비율이 높은 사료 중에서 곡류가 함유되지 않은 사료가 대표적이다. 음식을 급여하면서 체중증가와 혈당량을 더욱 신중하게 조정해 준다.

당뇨를 앓고 있고 인슐린을 투약받고 있다면 밥을 주는 시간 또한 중요하다. 대부분의 경우 인슐린은 아침저녁으로 하루 두 번 투약하는데 밥을 먹고 난 후에 인슐린을 투약하는 것이 좋다. 이를 통해 먹이를 먹은 직후 혈당량이 급속히 올라가는 문제와 인슐린 투약으로 인한 저혈당 문제를 예방할 수 있을 뿐만 아니라 하루 혈당량을 안정적으로 유지할 수 있다.

당뇨 관리 일기를 쓴다

당뇨병 진단을 받고 인슐린 처치를 받고 있다면 당뇨 관리 일기장을 마련하는 게 좋다. 매일 먹은 음식의 종류, 밥 먹은 시간, 인슐린 투약 시간, 운동 시간 및 방법 등을 기록하고 가능하다면 하루 중 혈당변화(사람의 혈당측정기를 응용할 수 있으니 사용법에 대해 수의사의 도움을 받는다) 등을 기록한다. 이런 기록은 인슐린 투약 시간과 용량을 정하는 데 도움이 되고, 어떤 생활조건이 혈당수치를 안정된 상태로 유지하는 데 좋은지도 알 수 있다.

6

피부암에 걸린 버니는 임상연구에 기여하고 떠났다

개와 고양이에게 자주 발생하는 암

진료가 거의 마무리되어 가는 늦은 오후, 위중한 질환을 앓는 동물들의 마지막 희망처인 응급실 한쪽 병상에 가쁜 숨을 연신 몰아쉬는 골든리트리버 한 마리가 누워 있다. 아름다운 금빛 털에 나이가 들어 얼굴에 흰 털이 올라온 온화한 중년 신사 표정의 열 살 수컷 버니는 사랑하고 의지했던 가족과 이별을 준비하고 있다.

힘겹게 몰아쉬는 호흡과 의식마저 혼미해 눈동자조차 제대로 맞추지 못하는 버니의 모습에 가족들은 오열했다. 이런 순간이 올 줄 알았고 의연하게 보내 주리라 다짐했지만 수년을 함께한 가족의 임박한 죽음 앞에서 그런 다짐은 소용이 없었다. 버니는 얼마 후 깊은 숨을 한 번 내쉬고는 편안히 눈을 감았다. 버니가 떠난 날은 버니가 강아지 때부터 가족으로 함께 살았고 가장 많은 사랑을 주었던 큰형의 생일이었다. 우연이었는지 모르지만 버니는 그렇게 마지막까지 가족들의 마음 속 깊이 각인된 무엇인가를 남긴 채 떠났다.

버니를 처음 만난 날은 낙엽이 다 떨어지고 때 이른 추위가 곧 닥칠 겨울을 예견하는 늦은 가을이었다. 반려인 옆에서 진료순서를 얌전히 기다리고 있는 황금색의 골든리트리버는 주위 시선을 한몸에 받고 있었다. 그러나 진료실에 들어온 버니의 피부 병변부를 진찰한 후 나는 이 상태를 어떻게 설명해야 할지 당혹스러웠다. 귀 주위 피부와 하복부에 작은 멍자국같이 발생한 피부병변은 지금 버니의 몸속에 악성 종양, 쉽게 말해 암이 자라고 있을 가능성이 높음을 말해 주고 있었다. 버니의 큰형에게 상세히 설명한 후 암 진단을 위한 병리조직검사에 들어갔다.

병리조직검사 결과 버니는 예상대로 악성 피부림프육종으로 불리는 불치의 피부암으로 최종 진단되었다. 이 피부암은 치료법이 알려지지 않은 치명적인 암이다. 당시 버니의 활력상태는 정상에 가까웠지만 상태가 곧 급격하게 악화될 것이고 종양 또한 보기 힘들 정도로 악화될 것이었다. 설명을 들은 버니의 큰형은 슬픔을 억누른 채 조용히 버니의 머리만 쓰다듬었다. 입을 꽉 다문 채 머리만 연신 쓰다듬는 형의 행동이 이상했는지 버니는 연신 앞발을 움직이며 집으로 돌아가자는 신호를 보냈다.

한동안의 침묵 후, 나는 조심스럽게 말을 꺼냈다. 사실 이 암을 완치시킬 수 있는 치료법은 아직 알려진 바가 없지만 나를 포함해 많은 학자들이 이 질환을 연구 중이므로 연구 중인 치료법의 첫 임상적용 사례에 버니가 참여하는 게 어떨지 제안했다.

그렇게 버니는 가족의 동의하에 새롭게 시도되는 항암요법의 첫 임상적용 대상이 되었다. 고맙게도 항암 시작 후 두 달 동안 버니의 암 병변이 눈에 띄게 줄어들었고 호전되는 진행을 보였다. 그러나 기쁨은 오래 가지 못했고 4개월 후에 암이 재발하여 가족과 의료진이 지켜보는 가운데 숨을 거두었다.

수의과대학 부속 동물병원에서는 효과적인 치료법이 아직 나오지 않은 난치성 질환에 걸린 동물이 버니처럼 보호자의 동의하에 새로운 치료법 연구에 참여하기도 한다. 참여하는 가족들은 모두 절망스러운 질병에 굴복하지 않고 최선을 다해 극복할 수 있는 방법을 찾기를 기대한다. 설령 시도가 실패로 끝나도 앞으로 이 질환의 치료법을 찾는데 자신의 반려동물이 조금이라도 기여할 수 있기를 바라는 마음이 간절하다. 의학뿐만 아니라 수의학의 발전, 좁게는 난치성 질환의 정복 하나하나가 이러한 숭고한 정신을 기본으로 한다. 반려동물뿐만 아니라 인간을 대상으로 한 눈부신 의술의 발달이 모두 이런 용기 있는 이들의 도전이 밑거름이 되었다.

매년 병원에서는 동물들의 혼을 달래기 위해 세운 수혼비(동물의 영혼을 위해서 세운 비) 앞에서 제사를 지낸다. 매년 제사상에는 버니도 좋아할 만한 개, 고양이 등 반려동물의 먹을거리와 간식을 올리는데 올해는 버니가 좋아했던 공도 올리고 싶다. 버니가 하늘나라에서도 친구들과 함께 실컷 공놀이를 할 수 있었으면 좋겠다.

개와 고양이에게 자주 발생하는 암

유선종양 : 개, 고양이에게 가장 흔한 종양 중 하나로 대부분 암컷에게 발생한다. 특히 중성화수술을 받지 않은 노령의 동물이 잘 걸리므로 중성화수술로 발생률을 줄이는 게 좋다. 평소에 유선 주위를 자주 만져서 작은 덩어리가 만져지는 등 이상이 있으면 즉시 병원을 찾는다. 유선종양은 수술을 통해 종양을 제거하고(중성화수술을 받지 않았다면 재발 방지 차원에서 중성화수술도 함께 시행한다), 악성인 경우에는 항암요법을 실시한다(213쪽 참조).

악성 림프종 : 체표(몸의 표면) 림프절에 발생하는 경우가 많으며 지라, 위장관계, 피부에서도 발생한다. 체표림프절에 종양이 발생하면 림프절이 부어오르는데, 턱밑림프절 부위가 딱딱하게 부어올랐을 때 발견되어 병원을 찾는 경우가 가장 흔하다. 평소 턱밑림프절 및 뒷다리오금(무릎 안쪽)을 자주 만져서 심하게 종창(염증, 종양 등으로 곪거나 부어오름)되어 있으면 병원을 찾는다(266쪽 참조).

복강장기 암 : 지라, 간, 방광, 창자 등의 복강장기에 발생하는 종양은 대부분 복부가 팽창하는데 증상이 심해지지 않으면 초기에 암을 발견하는 것이 쉽지 않다. 또한 발병 시 예후가 좋지 않기에 노령동물은 평소 주기적인 건강검진(최소 1년에 1회 이상)을 통해 예방하는 것이 좋고, 조기 발견이 중요하다.

피부종양 : 노령의 개, 고양이는 피부에 양성 종양이 발생하는 경

우가 흔한데 간혹 비만세포종, 흑색종 등 악성 종양이 발생한다. 그러므로 피부에 이상종양이 생기면 반드시 병원에서 검진을 받아야 한다. 양성 종양은 수술로 간단히 제거하면 예후가 좋은 편이다. 반면 악성 피부종양은 수술과 항암요법을 병용해도 예후가 좋지 않다.

구강암 : 주로 노령의 개와 고양이에게 발생한다. 입 안에 발생하는 종양은 잇몸에 발생하는 치은종을 제외하면 대부분 악성일 확률이 높으므로 발견 즉시 동물병원에서 정확한 진단을 받아야 한다. 주로 악성 흑색종, 상피세포암, 샘암종 등이 구강 내에서 발생하며, 대부분 예후가 아주 나쁘다.

골육종 : 주로 대형견에게 발생하는 암으로 주로 뒷다리뼈와 같이 긴뼈의 성장부 끝단에서 발생한다. 대부분 초기에 관절염과 같은 통증과 걸음걸이 이상 증상이 나타나다가 종양이 커지면 뼈에 단단히 붙은 종양이 만져지게 된다. 발병하면 폐와 다른 뼈로 쉽게 전이되며, 발생한 다리를 절단하고 항암요법을 실시해도 예후가 좋지 않은 경우가 많다.

7

노령동물의 심장병은 불치병이 아니다

개의 심장질환 표준진단법 및 치료법 | 심장병을 앓고 있는 반려동물 관리법

밤늦은 시간 동물병원에 택시 한 대가 도착했다. 차문이 열리면서 아주머니가 의식이 혼미해 보이는 시추 종을 안은 채 응급실로 뛰어 들어왔다.

"제발, 우리 총총이 좀 살려주세요."

수의사가 즉시 총총이를 받아 안고는 진료대에 내려놓자 총총이는 의식을 조금 찾았는지 주위를 두리번거리면서 아주머니를 찾는 듯했다. 그런데 곧바로 기침을 쏟아내더니 다시 쓰러졌다. 그야말로 응급 상태였다. 담당 수의사가 다급하게 외쳤다.

"여기 CPR 발생, CPR 발생."

수의사의 이 외침은 응급심폐소생술(CPR)이 필요한 환자가 발생했다는 신호로 주변의 의료진은 즉시 심폐소생술 과정에 참여하기로 약속되어 있다. 곧바로 총총이에게 호흡 유지를 위한 기도삽관이 이뤄졌고, 약물투약을 위해 정맥을 확보하는 카테터 삽입, 심장박동과 호흡 상태 판단을 위한 환자 감시기의 각종 센서가 부착되었다. 그리고 수동식 인공호흡기를 연결하고 심장 주위 흉부압박이 실시되었다.

"하나, 둘, 셋, 넷, 다섯, 여섯…."

흉부압박을 반복하던 수의사가 잠시 흉부압박을 멈추고는 환자 감시기를 들여다봤다. 아직 심장박동이 없다.

"제세동기 준비! 레디, 샷!"

총총이의 양 가슴으로 전기충격이 가해지고 총총이의 몸은 충격에 의해 가볍게 흔들렸다. 그 순간 '뚜뚜, 뚜뚜…' 환자 감시기에서 지금까지와는 다른 신호음이 들려왔다. 심장박동이 돌아온 것이다. 곧이어 총총이가 숨을 크게 한 번 내쉬며 바동거리기 시작했다. 순간적으로 멈췄던 호흡과 심장박동이 제자리로 돌아왔다는 신호이다. 그제야 수의사들도 안도의 숨을 내쉬었다. 이럴 때면 흉부압박을 실시한 수의사나 수동식 인공호흡기를 담당한 수의사나 모두 몸은 땀으로 범벅이 되지만 또 하나의 생명을 살렸다는 뿌듯함이 가득하다.

총총이는 이날 채 5분이 되지 않은 동안에 생사를 넘나드는 급박한 상황을 경험했다. 심장이 멈추는 상황이 병원에 도착한 직후 발생해서 목숨을 건졌지 조금이라도 늦었으면 큰일 날 뻔한 상황이었다.

응급실에서 안정을 되찾은 총총이는 며칠 동안 입원한 채 각종 검사를 받았다. 아주머니는 평소에 활발하고 식욕이 좋아서 살도 토실토실 오른 총총이가 건강에 문제가 있을 거라고는 생각지도 못해서 지난 수년간 동물병원을 찾은 적이 없다고 했다. 심지어 예방접종도 직접 백신을 구해서 집에서 했다.

가슴에 청진기를 가져가지 않고 손바닥만 대보아도 심장의 미세한 이상 떨림이 확연히 느껴질 정도로 심한 심장질환을 앓고 있던 총총이의 병이 발견되지 못한 이유가 너무도 명백했다. 예방백신 접종을 위해 동물병원을 주기적으로 방문했더라면 심장질환을 조기에 발견해서 심폐소생술까지 하는 상황이 되지는 않았을 것이다.

이날 이후 총총이는 이뇨제와 강심제를 포함한 혈압조절제를 처방받아서 복용하면서 한 달에 한 번 병원에 와서 심장 상태를 체크하고 있다. 약물에 대한 부작용이 없고 신부전과 같은 심장질환에 수반된 합병증도 발생하지 않아서 앞으로는 응급실을 찾을 일은 없어 보인다.

반려견과 고양이도 나이가 들면 각종 노령성 질환에 시달리는데 그 중 대표적인 것이 총총이가 앓고 있는 심장판막부전에 따른 심부전증이다. 심장 내부 판막이 헐거워져서 제기능을 하지 못해 발생하는 질환이다. 특히 평균 수명이 비교적 긴 소형견에게 잘 발생하는 질환이니 나이 든 소형견과 산다면 반드시 알아 두어야 한다.

심장판막부전이 시작되면 호흡이 힘들어지고, 활동량이 줄어들면서 점차 운동능력이 감소한다. 이런 초기 증상을 대부분 노화의 과정으로 여기고 대수롭지 않게 생각할 수 있다. 하지만 피로한 기색이 역력하고 기침까지 한다면 바로 병원에 가서 심장의 이상 여부를 검사해야 한다.

수의학의 발달로 요즘은 심장초음파검사와 심전도검사 등을 통해 심부전증을 어렵지 않게 진단하고 있다. 또 효과 좋고 부작용이 적은 동물 전용 심장질환 치료제도 개발되어 심장질환을 앓고 있어도 천수를 누리는 개와 고양이를 쉽게 만날 수 있다. 반려동물의 심부전증은 더 이상 불치병이 아니니 의심이 된다면 즉시 병원을 찾아서 예방하고 조기 발견하도록 하자.

개의 심장질환 표준진단법 및 치료법

다음은 미국수의심장학회에서 권고하는 개의 심장질환 진단 및 치료 지침이다.

- **A 단계** : 심장잡음도 없고 기침, 호흡곤란, 운동능력 저하 등의 임상증상도 없지만 유전적으로 심장질환이 나타날 확률이 높은 견종이 이에 해당된다. 대표적으로 카발리에킹찰스스패니얼 종이 이에 해당되며 토이푸들, 닥스훈트 종도 넓은 범위에서 이에 해당된다. 특별한 치료가 필요하지는 않지만 해당 견종을 번식하고자 한다면 미리 심장초음파검사를 통해 심장에 문제가 없음을 확인해야 한다. 이 견종들은 나이가 들면서 심장질환 발생 위험이 높아지므로 최소 1년에 한 번은 주기적으로 동물병원에서 심장검사를 받는 것이 좋다.
- **B1 단계** : 심장잡음이 확연하게 청진되나 임상증상은 없고 엑스선검사와 심장초음파검사에서 특별한 이상이 발견되지 않는 경우이다. 그러나 다음 단계로 발전될 가능성이 크므로 주기적으로 혈압, 심전도검사, 심장초음파검사, 혈액검사, 소변검

사 등을 실시해서 심장질환 상태와 발전 정도를 관찰하는 것이 좋다. 특별한 약물요법과 식이요법은 필요하지 않다.

- **B2 단계** : 임상증상은 없지만 심장초음파검사 시 심장판막의 혈류 흐름 이상이 관찰되고 심장 크기에도 변화가 있다. 대부분 약물요법과 식이요법을 실시하지만 심장 크기에 변화가 있다면 ACE 억제제(혈압조절 작용이 있으며 심부전증의 기본 약물로 이용된다), 베타차단제(혈압조절 작용과 부정맥 개선 작용이 있다) 계열의 약 처방과 저염식이 실시된다.
- **C 단계** : 심장판막이상 등 심장의 구조적 이상이 있고 과거 또는 현재 관련된 임상증상이 나타난 경우이다. 급성으로 증상이 발현되어 응급처치를 받게 될 확률이 높아서 반드시 정기적인 검진과 이뇨제(furosemide 등), ACE 억제제, 피모벤단(심근수축과 혈관확장 작용을 통해 강심효과를 나타낸다) 등의 약을 처방한다. 저염식을 해야 하며 신부전 징후가 없으면 체중이 줄어들지 않도록 충분한 양의 단백질을 먹인다. 약물투약으로 식욕감퇴가 나타날 수 있으므로 식욕을 잃지 않도록 노력해야 한다. 혈액 내 칼륨 정도를 자주 검사하여 칼륨 섭취량도 신중히 조절한다.
- **D 단계** : 치료를 해도 증상개선이 거의 없고 자주 응급상태에 빠지는 단계이다. 기본적인 약물투약, 식이요법은 C단계와 같지만 각 약제별 용량을 늘리거나 작용 메커니즘이 서로 다른 이뇨제를 병용 투여하는 등 환자별로 증상을 완화시킬 수 있는 다양한 약물요법을 시도한다.

심장병을 앓고 있는 반려동물 관리법

저염식을 한다

중등도(B2 단계) 이상의 만성 심부전을 앓고 있다면 평소보다 염분이 적은 음식을 먹어야 한다. 심장질환용 처방식은 저염식이고, 심장질환 시 요구되는 각종 비타민 및 유효 성분이 적절하게 조합되어 있다.

식단관리와 간식

저염식과 함께 항상 비만하지 않도록 칼로리가 너무 높고 지방 함유량이 많은 음식을 급여하지 않도록 주의해야 한다. 또한 이뇨제를 복용 중인 경우에는 혈중 칼륨 수치에 변동이 생기는 경우가 많으므로 칼륨 섭취에도 주의해야 한다. 일반적으로 감자, 고구마, 바나나, 브로콜리가 대표적으로 칼륨 함유량이 많은 음식물이므로 혈중 칼륨 수치가 낮다면 이를 간식으로 급여해 주면 좋다. 반대로 칼륨 수치가 높다면 이 음식들을 급여해서는 안 된다.

무리한 산책과 운동을 하지 않는다

심부전증 초기이고 반려동물이 힘들어하지 않으면 산책과 운동은 건강 유지에 도움이 된다. 하지만 산책, 운동 후 쉽게 피곤해하거나 호흡이 빨라지고 기침 증상이 나타나면 자제하는 것이 현명하다. 대부분의 반려동물은 심부전증을 앓고 있더라도 자제력 없이 평소와 같은 활동량을 유지하려는 경향을 보이므로 보호자가 자제시키는 것이 좋다.

수의사가 처방한 약을 먹인다

처방받는 약을 수의사의 지시 없이 임의로 종류를 바꾸거나 용량을 보정해 투약해서는 안 된다. 심부전 시 처방되는 약물은 대부분 저하된 심장기능을 상승시키고 혈압을 조절하며 부정맥 발생을 예방하는 효능이 있다. 임의로 종류나 용량을 바꾸면 원래의 효능도 잃고, 부작용 발생의 위험성도 높아진다.

8

살이 찌거나 흥분하면 악화되는 기관허탈증(기관협착증)

기관허탈증(기관협착증)에 관한 모든 것

환자를 진료하느라 정신없는데 원무과를 통해 진료실로 다급하게 한 통의 전화가 연결되었다. 진료 환자가 많은 종합병원에서 진료 중에 전화를 받는 것은 거의 불가능하다. 그런데 연결된 전화였다. 수화기 너머 울먹이는 목소리만으로도 절박함과 간절함이 느껴졌다. 오랫동안 치료받고 있는 유나네 집에서 걸려온 전화였다.

"유나가 어제 집에 손님들이 다녀간 후 갑자기 상태가 나빠졌습니다."

한 문장을 채 끝내기도 전에 울먹거리며 당황하는 아주머니를 안정시켰다. 유나의 상태가 어떤지 자세히 들으려면 아주머니가 우선 진정해야 했다. 몇 번의 흐느낌과 한숨 뒤에 아주머니가 말을 이었다.

"바닥에 엎드려 숨을 헐떡이는데 금방이라도 숨이 멎을 것 같아요. 우리 유나 어쩌지요?"

그때 컹컹거리는 거친 소리가 수화기 너머로 들려왔다.

"이 소리가 지금 유나가 내는 소리인가요? 유나를 조심스럽게 안고 최대한 빨리 병원으로 오세요. 주차장에 도착하면 저희가 바로 응급실로 데려가겠습니다."

곧 올 유나의 응급처치를 위한 준비에 들어갔다. 주차장에 도착 즉시 산소를 투여할 수 있도록 휴대용 산소공급장치와 체온 상승을 방지하기 위한 아이스팩이 준비되었다. 원활한 호흡을 돕기 위한 각종 약물과 흥분 상태인 유나를 진정시키기 위한 진정제(대부분 향정신성 의약품으로 남용에 의한 중독과 범죄예방을 위해 사용내역이 엄격하게 관리된다)도 준비되었다.

한 시간 정도 지나자 유나가 주차장에 도착했다. 의료진이 달려가서 차문을 열고 아주머니 품에 안긴 유나의 얼굴에 마스크를 씌웠다. 평소 같으면 마스크를 극도로 싫어하는 유나이지만 이미 지쳐서 마스크에 별다른 반응을 보이지 않았다. 곧 휴대용 산소공급장치가 연결되어서 신선한 산소를 공급했다. 마스크가 입과 코를 덮은 상태로 숨을 가쁘게 몰아쉬는 유나는 눈물이 그렁그렁한 눈으로 나를 힘없이 쳐다봤다. 순간 몸무게가 채 3킬로그램도 나가지 않는 이 작은 요크셔테리어가 겪고 있는 고통이 내게도 고스란히 전해졌다.

응급실로 옮겨진 유나는 호흡을 원활하게 하는 약물과 진정제를 투약받고 곧바로 잠에 빠져 들었다. 여전히 산소공급줄에 연결된 마스크를 쓰고 있었지만 호흡은 훨씬 안정되었다. 다행히 이날 유나는 위험한 고비를 무사히 넘기고 며칠 동안 산소가 공급되는 특수 케이지 안에서 치료를 받은 후 퇴원했다.

유나는 몇 년 전부터 기관허탈증이라는 질환을 앓고 있다. 반려인들이 흔히 아는 기관협착증과 같은 말이다. 공기호흡을 하는 사람, 개, 고양이와 같은 포유류는 입 안쪽 후두에서 폐로 연결되는 공기통로인 기관이 있다. 정상적인 기관은 연골로 지탱되어 일정한 지름을 유지하며, 그 모양이 세탁기 배수구에 연결된 주름관과 매우 흡사하다. 그런데 요크셔테리어, 포메라니안, 토이푸들 등의 소형견은 간혹 나이가 들면서 이 기관을 지탱하는 연골이 약해진다. 이렇게 기관의 연골이 약해지면 숨쉴 때마다 기관의 지름이 좁아지고 펴지고를 반복하여 숨쉬기가 힘들어진다. 또한 숨쉬기가 힘들어 계속 입을 벌려서 숨을 헐떡이게 되면 목이 붓고 거위 우는 소리와 유사한 컹컹대는 소리를 내게 된다.

아쉽게도 기관허탈증은 유전적 소인을 가진 질환으로 증상발현을 예방할 수 있는 특별한 방법이 없다. 따라서 기관허탈증이 빈번히 발생하는 견종인 경우 나이가 들면서 호흡을 힘들어하거나 기침을 하는지 면밀히 관찰해야 한다.

기관허탈증 증상은 비만이거나 흥분하면 악화되므로 기관허탈증을 앓고 있다면 체중조절과 쉽게 흥분하지 않도록 해야 한다. 평소 기관허탈증을 앓고 있었지만 증상이 심하지 않았던 유나도 낯선 손님들의 방문으로 인해 스트레스를 받고 흥분하면서 위급한 상황에 이르게 된 것이다. 유나에게는 장기적으로 복용하는 기관지확장제를 포함한 약물이 처방되었다. 더 이상 유나를 응급실에서 만나지 않기를 바란다.

기관허탈증(기관협착증)에 관한 모든 것

기관허탈증에 취약한 견종

소형견에게 잘 발생하며, 특히 요크셔테리어, 포메라니안, 토이푸들, 치와와에서의 발병빈도가 높다.

꾸준한 약물요법을 통한 관리가 중요하다

약물요법은 기관허탈증을 완치시킬 수 있는 치료법은 아니지만 기관지확장제, 기침억제제, 소염제, 때에 따라 이차적으로 발생하는 세균감염을 치료하기 위해 항생제를 투약한다. 한 번 복용하면 약물 종류와 투여량을 조절하면서 장기적으로 투약해야 효과를 볼 수 있다.

평생 투약하는 것이 좋다

기관허탈증을 앓고 있다면 아쉽게도 심장질환이 나타날 위험성이 높고 폐렴과 같은 합병증도 발생할 위험이 높아서 기대수명이 줄어들게 된다. 그러나 꾸준하게 약물요법을 하게 되면 대부분의 경우 기침증상이 줄어들고 호흡이 훨씬 편안해진다. 약물요법은 나타나는 증상의 종류와 심화 정도에 따라 투약 약물의 종류와 용량이 바뀔 수 있기 때문에 주기적으로 동물병원에서 상태평가 후 투약해야 한다. 또한 일단 투약을 시작했다면 평생토록 투약받는 것이 좋다. 만약 약물요법을 통해서도 전혀 증상이 호전되지 않는다면 수술치료법을 고려한다.

평소 주의해야 할 사항들

- **먹을거리 :** 기관허탈증은 비만하면 더욱 악화되므로 체중을 천천히 줄이는 것이 중요하다. 수의사와 상의 후 목표 체중을 설정하고 식단조절을 통해 체계적으로 비만도를 낮추도록 한다. 특히 기름진 고기, 사람이 먹기 위해 조리한 음식 등은 칼로리가 높아서 살이 찌기 쉬우니 삼가야 한다. 간식은 살이 찌는 것만 아니라면 먹여도 된다.
- **생활환경 :** 기관허탈증을 앓고 있는 경우 주변 공기 질이 나빠지면 기관경련 등이 나타나서 기침이 지속되고 심하면 호흡곤란에 빠질 수 있다. 특히 흡연을 하는 가족이 있다면 담배연기에 노출되지 않도록 각별히 주의해야 한다. 방향제, 살충제에도 민감할 수 있으니 사용을 가능한 한 자제한다.
- **실내온도 :** 여름에 더위로 인해 체온이 올라가면 기관허탈증 증상이 악화되므로 실내온도를 항상 쾌적하게 유지해야 한다. 겨울에는 난방으로 인해 실내습도가 급격히 떨어지므로 가습기 등을 이용해서 실내습도를 항상 40% 내외로 유지한다.
- **운동 :** 천천히 걷기 등 가볍게 산책하는 것이 좋다. 이때 목걸이, 목줄은 기관에 하중을 가해 기관허탈증 증상을 악화시킬 수 있으므로 가슴줄을 이용한다.

기관허탈증 수술 치료법

기관허탈증을 교정하는 수술은 제 역할을 못하는 기관연골을 대체하도록 기관 외부에 플라스틱 링을 걸어 기관을 잡아당겨 지름을 넓히는 것이다. 이 교정수술은 수술 후 일시적으로 증상이 완화되지만 후유증이 발생할 위험이 있고, 수술방법이 간단하지 않아 위험해서 국내에서는 거의 실시하지 않는다. 근래에는 주로 형상합금 소재의 스탠트stent를 내시경을 이용해서 삽입하는 스탠트 시술법이 시행된다. 스탠트 시술은 사전검사를 통해 기관의 변형 여부를 정확히 검사하고 환자에게 맞는 올바른 크기의 스탠트를 장착하지 않으면 오히려 이물반응에 따른 부작용이 커질 수 있으므로 경험이 풍부한 병원에서 충분한 검사를 실시한 후에 해야 안전하다.

9

개, 고양이도 치매에 걸린다

개, 고양이 인지기능장애증후군의 증상 | 개, 고양이 인지기능장애증후군의 치료법

십여 년 전 미국 뉴욕의 한 동물병원에서 연수를 받았다. 그곳은 백 년에 가까운 역사를 가진 곳으로 미국 내에서는 대학병원을 제외한 사설 동물병원 중 규모가 가장 큰 반려동물 전문 종합 동물병원이었다. 당연히 진료과도 세분화되어 있고 최첨단 의료기기와 전문의 자격을 가진 수의사들로 진료진이 구성되어서 뉴욕뿐만 아니라 미국 전역에서 아픈 반려동물이 진료를 받기 위해 찾아왔다.

이렇게 규모가 크고 최첨단 임상수의 기술을 직접 적용하고 있는 병원에서의 연수는 한국에서 접해 보지 못한 교과서에나 나올 법한 희귀 질환을 앓고 있는 동물환자들을 만날 수 있는 기회가 되고 이런 경험은 많은 공부가 된다. 기억나는 환자들은 당연히 내 전공 분야인 피부과 환자이지만 특이하게도 가장 기억에 남은 환자는 피부과 옆 종양내과에서 치료를 받던 이름이 기억나지 않는 열한 살 복서 개였다.

피부과와 종양내과는 같은 층에서 마주보고 있어서 진료뿐만 아니라 진료 외적인 것도 교류가 많은 편이었다. 함께 모여서 샌드위치를 먹기도 하고, 각 과의 휴게실에 커피나 간식이 떨어지면 맞은편 과에서 가져오곤 하는 식이다. 이런 분위기 덕분에 나는 피부과 연수 수의사였지만 진료가 없는 시간에는 자연스럽게 옆의 종양내과를 기웃거리며 그곳 환자들을 만났다.

근육질 몸매와 황금색의 윤기 나는 짧은 털, 표정이 풍부한 얼굴 등 복서 특유의 개성을 잃은 지 꽤 되어 보이는 그 수컷 복서는 림프절에 종양이 생겨서 종양내과에 왔다. 복서를 안쓰럽게 바라보던 나에게 주치의가 진료기록을 보여 주면서 농담을 건넸다.

"이 친구에게 피부질환은 눈곱만큼도 없으니 우리 환자 뺏어갈 생각은 하지 마세요."

주치의의 농담에 웃으면서 진료기록을 읽고 있는 내게 주치의는 엄청난 속도의 영어로 복서 주인이 마음에 들지 않는다고 연신 푸념을 쏟아냈다. 센트럴파크가 한눈에 내려다보이는 뉴욕 맨해튼의 호화주택에 살고 있는 그 아이는 어렸을 때부터 잔병치레가 많아 이곳의 내과와 외과에서 자주 치료를 받았다. 두 달 전부터는 종양내과에서 림프육종에 대한 치료를 받고 있었다. 그런데 문제는 림프육종에 대한 항암제 치료 후 일반적인 항암제 부작용인 구토와 설사 등은 나타나지 않는데 주인의 표현에 따르면 "자기 개가 자기 개다운 면을 완전히 잃어버렸다."는 것이었다. 무슨 말인지 이해하지 못하는 내게 주치의는 이 아이는 림프육종뿐만 아니라 알츠하이머(가장 흔한 치매의 원인) 증상을 보인다고 설명해 주었다. 이를 인지기능장애증후군이라고 한다.

그런데 주인이 인지기능장애증후군을 이곳이 아닌 인접한 수의과대학의 부속 동물병원에서 수의행동학 전문의와 신경과 전문의에게 진단을 받은 후에 이곳 병원에 불만을 제기했다는 것이다. 그러면서 항암치료를 포함한 모든 치료를 그곳에서 받기 위해 그동안의 진료기록을 넘겨 줄 것을 요구하고 있었다.

나는 이곳에서 인지기능장애증후군을 왜 진단하지 못했냐고 물으니 주치의 또한 인지기능장애증후군을 수의과대학 재학 시절 강의시간에만 잠시 들었지 정확히 어떻게 진단할 수 있는지 잘 몰랐다고 했다. 또한 이 병원에는 수의행동학 전문의가 없어서 그 아이의 주인이 "자기 개가 자기 개다운 면을 완전히 잃어버렸다."는 호소를 항암제 투약 후 나타나는 증상으로 오해한 것이다. 인지기능장애증후군일 가능성을 눈치 채지 못했다고 솔직하게 말했다. 그래도 그렇지 두 달 동안 열심히 치료한 보람도 없이 불만만 제기하고 병원을 옮기는 것이 과연 옳은 거냐며 푸념했다.

당시 나도 그랬지만 개, 고양이 인지기능장애증후군은 이 질병에 대한 경험이 없다면 수의사도 간과할 정도로 증상이 모호한 측면이 있다. 활동력 변화 및 감소, 무기력, 불안행동, 가족을 인지하지 못함, 수면시간 변화, 갑작스러운 배변행동장애 등과 같은 인지기능장애증후군의 대표적 증상이 노령동물에게 나타나는 노령성 변화와 비슷해서 전문가가 아니면 구분하기 힘든 경우가 많기 때문이다.

그러나 노령성 변화와 달리 인지기능장애증후군은 사람의 알츠하이머 질환과 마찬가지로 뇌의 퇴행성 변화로 인해 치매 증상을 보이는 질병이다. 2011년 호주와 영국에서 각각 진행된 연구에 따르면 조사대상 노령견의 68퍼센트가 인지기능장애증후군 증상 중 최소 한 가지 이상의 증상을 가지고 있으며, 11~14세 고양이의 약 30퍼센트에서 인지기능장애가 있는 것으로 보고되었다. 노화에 의한 자연스러운 행동변화와는 달리 인지기능장애증후군은 질병이다. 따라서 나이 든 개와 고양이의 가족이라면 인지기능장애증후군이 시작되는지 유심히 관찰해야 하고, 예방하기 위해 노력해야 한다.

개, 고양이의 인지기능장애증후군을 예방하고, 발병 시 질병의 진행 정도를 늦추는 방법으로는 균형 잡힌 식사, 규칙적인 운동, 환경풍부화, 영양보조제 투약 등이 있다. 물론 증상이 심하면 전문적인 약물치료를 해야 하지만 초기에는 이런 것만 실천해도 증상이 호전되는 경우가 많다.

균형 잡힌 식사는 반려동물의 건강에서 가장 중요한 요소 중 하나이다. 항상 신선하고 영양적으로 균형 잡힌 먹을거리를 물과 함께 제공하고, 때때로 과일, 채소 등을 소량씩 급여하면 뇌 건강에 도움이 되는 비타민과 미네랄을 보충하는 데 도움이 된다.

규칙적인 운동 또한 필수적인 요소이다. 특히 나이가 들어서 움직임이 줄어든 경우에는 의식적으로 운동을 시켜 주지 않으면 비만해지기 쉽고 인지기능에도 문제가 발생할 위험성이 커진다. 운동을 시킬 시간이 부족해도 하루에 한 번 가벼운 동네 산책만이라도 꾸준히 반복해야 한다. 동네 산책이 뛰기, 공놀이 등 과격한 운동에 비해 운동량은 적지만 꾸준히 한다면 높은 운동효과와 더불어 개의 환경풍부화 효과가 있다. 산책하면서 주변 사물에 노출되고 바람을 느끼고 흙 냄새 맡기 등을 통해서 기분전환 및 뇌 자극이 되어서 뇌 건강 강화에 도움이 된다. 때로 낯선 사람과의 만남, 수영, 등산 등 평소 접해 보지 못한 경험을 제공하는 것도 좋다.

운동이 힘든 고양이는 밥 먹을 때를 활용한다. 밥그릇에 접근하기 위해서 뛰어오르거나 좁은 통로와 같은 장애물을 통과하게 한다. 또한 고양이가 좋아하는 움직이는 장난감을 이용해서 놀아 준다. 장난감에 간식을 넣어 고양이가 여러 가지 노력을 통해 직접 꺼내 먹도록 고안한 퍼즐 장난감으로 놀게 한다. 이런 환경풍부화는 뇌 건강을 유지시킨다.

노령의 개와 고양이에게 추천하는 오메가 3 지방산은 피부, 관절 건강뿐만 아니라 뇌 건강 유지에도 도움이 되므로 소금 간이 되지 않은 등푸른생선을 종종 먹이거나 영양제로 급여하면 좋다. 요즘은 항산화제와 미네랄이 복합되어 있는 반려동물 전용 뇌기능개선 영양제가 많으니 수의사와 상담한 후 꾸준히 복용하는 것도 좋다.

종양내과에 내원했던 그 아이는 결국 다른 병원으로 옮겨 갔다. 복서 주인 입장에서는 자신의 호소를 가볍게 여긴 이곳보다는 당시 수의 분야에서 거의 없었던 고용량 자기공명영상(MRI) 검사까지 동원해서 인지기능장애증후군을 진단해 낸 그곳의 의료진이 더 믿을 만했을 것이다.

최근 우리나라도 노령의 개, 고양이가 늘면서 인지기능장애증후군에 대한 관심이 점차 높아지고 있다. 그래서 수의사들도 이 질환의 진단방법과 관리, 치료방법, 유사질환과의 감별 또한 잘 숙지하고 있다. 그러므로 꼭 인지기능장애증후군이 아니더라도 개, 고양이가 7세 이상이라면 최소 1년에 1회 이상 주기적으로 동물병원을 찾아 건강검진을 받는 것이 좋다.

늙는 것은 병이 아니다. 따라서 노화에 의해 나타나는 느림과 약간의 이상행동 또한 병이 아니며 지극히 자연스러운 생리변화일 뿐이다. 반면 인지기능장애증후군은 뇌의 퇴행성 변화에 의해 야기되는 치료가 필요한 질환이다. 따라서 노령의 개와 고양이가 평소와 다른 이상행동과 몸이 불편한 증상을 보인다면 즉시 동물병원을 찾아 진료를 받아야 한다. 그것이 현명한 노령동물 돌보기의 첫걸음이다.

개, 고양이 인지기능장애증후군의 증상

초기 증상

- 활동력 변화 및 감소 : 움직이는 것을 싫어하고 무기력하며 호기심이 급격히 줄어든다.
- 반응 감소 : 자신을 부르는 명령이나 주변 자극에 무감각한 듯 반응이 줄고 귀가 들리지 않는 듯 소리에 반응하지 않는 경우도 흔하다.
- 수면양상과 시간의 변화 : 수면시간이 길어지거나 낮에 자고 밤에는 잠들지 못하고 돌아다니는 등 이상 수면 양상이 나타난다.
- 행동변화 : 불안한 듯 안절부절하지 못하는 경우가 많아지고 때

로 공격 성향을 보인다. 좋아하는 사물과 음식에 대한 선호도가 급격히 바뀌기도 한다. 갑자기 사람이 만지는 것을 싫어하거나 사람과 떨어져 혼자 지내는 시간이 늘어난다.

- 대소변 가리기 변화 : 대소변 실수가 잦아진다. 정해진 장소에서 대소변을 보지 않는 경우가 대부분이다.
- 방향감각 저하 : 익숙한 장소에서도 낯설어하고 당황하며 방향을 잡지 못한다.

후기 증상

초기 증상이 계속적으로 지속되고 악화된다.

- 정신적 혼란 증상 악화 : 이유없이 항상 불안한 듯 안절부절하지 못하고 목적 없이 방황하는 행동이 늘어난다.
- 가족을 알아보지 못함 : 가족을 알아보지 못하고 느닷없이 공격하는 경우가 흔하다.
- 벽을 보고 서 있는 행동 : 벽을 마주보고 멍하게 서 있거나 구석 벽 앞에서 머리를 내리고 서 있는 행동을 한다.
- 목적 없이 방황 : 아무런 목적 없이 하루 종일 이곳저곳을 방황하듯 왔다갔다한다.
- 사납게 짖고 무는 행동이 증가 : 갑작스럽게 짖고 사람과 동물에게 공격성향을 나타내는 빈도가 급격히 증가한다.
- 물을 많이 마시고 대소변을 조절하지 못한다 : 갈증이 있는 듯 물을 많이 마시고 대소변을 아무 곳에나 볼 뿐만 아니라 자고 있거나 음식을 먹을 때에도 대소변을 보는 경우가 생긴다. 즉, 대소변을 참는 의지 자체가 없어지게 된다.

개, 고양이 인지기능장애증후군의 치료법

균형 잡힌 먹을거리 급여

영양적으로 균형 잡힌 식단을 제공한다. 시판되는 양질의 사료를 먹이거나 직접 신선한 재료를 이용해서 다양하게 조리된 밥을 먹인다. 단, 직접 조리한 밥을 먹일 때에는 식재료에 자주 변화를 주어서 편향되지 않도록 주의해야 한다. 매일 과일(포도 제외)과 채소를 소량씩 먹이면 뇌 건강에 도움이 되는 비타민과 미네랄을 보충하는 데 도움이 된다.

규칙적인 운동과 환경풍부화

규칙적인 운동은 비만을 예방하고 노화로 인한 신체기능 저하를 늦출 뿐 아니라 기분전환 및 뇌 자극 효과를 통해 뇌 건강을 강화하는 데도 도움이 된다. 행동학 퍼즐 장난감으로 함께 놀거나 가볍게 동네 산책을 시켜 주는 것이 좋다. 평소 접해 보지 못한 다양한 경험(낯선 사람이나 동물과의 만남, 수영, 등산 등)을 하는 환경풍부화를 통해 뇌를 자극하는 것도 인지기능장애증후군 예방과 치료에 도움이 된다.

산책과 인위적 운동 유발이 어려운 고양이는 평소 흥미를 느끼는 움직임이 있는 장난감을 이용해서 운동을 시킨다. 먹이에 접근하기 위한 동선 사이사이에 약하게 뛰어오르거나 통과해야 하는 장애물 등을 설치하면 뇌를 자극하는 데 도움이 된다.

영양보조제 급여

오메가 3 지방산은 피부, 관절 건강뿐만 아니라 뇌 건강 유지에도 도움이 된다. 소금 간이 되어 있지 않은 등푸른생선을 때때로 급여하거나 시판되는 오메가 3 지방산 제제를 꾸준히 급여하면 좋다. 각종 항산화제와 미네랄이 복합되어 있는 반려동물 전용 뇌기능개선 영양제도 시판되고 있으니 수의사와 상담한 후 복용하는 것도 좋다.

전문 치료제 투약

인지기능장애증후군의 증상이 심한 경우에는 수의사의 진단 후 전문 치료제를 투약하는 것이 도움이 된다. 주로 사람의 알츠하이머 치료에 이용되는 데프레닐이 처방된다.

10 아름다운 이별

안락사 결정 전에 고려해야 하는 것 | 반려동물과 이별할 때 거치는 감정변화의 과정

"선생님! 그냥 집으로 데려가겠습니다."

꼬맹이는 열여섯 살 시추 종이다. 꼬맹이는 심장질환을 앓고 있고, 녹내장과 각막손상으로 인해 눈도 멀고, 귀도 잘 들리지 않고, 몸 이곳저곳에는 조금 흉측한 피부종양이 자라고 있었다. 처음 진료를 받기 위해 내원했을 때는 어릴 적부터 고생했던 피부질환 이외에는 별다른 건강 이상이 없었는데 어느덧 세월이 흘러 사랑스럽고 점잖은 전형적인 시추 종 꼬맹이는 이제 삶의 마지막 관문 앞에 성큼 다가와 있었다.

3년 전 건강검진 시 발견된 지라 내 종양이 며칠 전부터 급속도로 커지기 시작하더니 조금씩 복강 내로 출혈을 야기하고 있었다. 보통

이런 경우에는 응급수술을 실시해서 비장을 제거하는 것이 의학적 관점에서 바라본 치료의 정석이지만 동물을 치료하는 수의학에서는 반드시 그렇지만은 않다. 꼬맹이의 지라 내 종양은 한 달에 한 번 초음파검진 시마다 크기가 조금씩 커져 가는 것이 확인되었다. 하지만 종양을 제거하려면 지금 앓고 있는 심장질환으로 인한 마취의 위험성이 너무 높고 고령의 나이로 인한 기본 체력저하로 수술 후 정상적 회복을 장담하기 어려운 상태였다.

이런 사실을 꼬맹이 가족, 특히 그를 생후 2개월 때부터 막내아들로 보살펴 온 아주머니께서는 아주 잘 숙지하고 계셨다. 이미 평균 수명을 다하고 있는 막내아들을 더 이상 차가운 수술대에 눕히고 싶지 않고, 무엇보다 꼬맹이가 이 세상에서 가장 편하게 생각하는 가족의 품에서 고통 없이 떠날 수 있기를 바라셨다. 그래서 그날이 오면 주저 없이 알려 달라는 부탁을 평소에 잊지 않으셨다.

미약하지만 종양에서 출혈이 시작된 그날. 앞다리에 연결된 정맥주사 줄을 제거하고, 심장 상태를 실시간으로 체크하기 위해서 발바닥에 붙인 심전도 센서와 직장체온측정 센서, 산소공급을 위해 목에 두른 튜브 등을 제거했다. 꼬맹이는 가늘고 깊은 호흡을 반복하고 있었지만 몸에 달려 있던 각종 의료장비가 제거되고 커다란 수건에 쌓인 채 밖으로 내놓은 얼굴은 일순 무척 평안해 보였다.

그렇게 꼬맹이는 의료진의 배웅을 뒤로한 채 집으로 돌아갔다. 다음 날 꼬맹이는 온 가족이 지켜보는 가운데 오랫동안 사용했던 자기 침대에서 별다른 고통 없이 하늘나라로 떠났다고 한다. 가족은 평소 소원을 가능하게 해 준 의료진에게 감사하다며 꼬맹이의 소식을 전했다. 생명을 살리는 것도 중요하지만 가망 없는 환자의 아름다운 이별을 이해하고 도와주는 것도 의미 있는 일임을 잊지 말아 달라는 당부도 잊지 않았다.

반려동물의 죽음은 사람의 그것과 유사하지만 그렇지 않기도 하다. 가족과 같은 반려동물이 사경을 헤맬 때 회복을 위해 해 줄 수 있는 모든 것을 하는 가족도 있지만 고통 속에서 신음하는 모습을 지켜보는 것이 힘들어 그 고통을 끝내게 해 주려는 가족도 있다. 어떤 게 옳다고 할 수 없으며, 두 경우 모두 상황에 따라 가치판단을 해야 한다.

뜻하지 않은 교통사고로 내장파열과 다발성 골절이 발생한 반려견을 9시간에 걸쳐 대수술을 하고 일반 직장인 한 달 월급보다도 훨씬 많은 진료비용을 지불했지만 결국 사망한 경우가 있었다. 비슷한 상황에서 통증으로 신음하는 반려견의 고통 해결을 위해 안락사를 선택한 경우도 있었다. 어느 가족이 옳은 결정을 한 것일까? 전자는 최선의 노력을 다한 경우이고, 후자는 회복불능의 고통받는 반려동물에게 인간이 해 줄 수 있는 최후의 보살핌 중 하나를 신중하게 실행한 경우이다. 두 경우 모두 반려동물을 가장 사랑하는 가족이 결정한 것이니 모두 의미 있는 일이며, 그러한 결정은 존중받아야 마땅하다. 어떤 것도 비난받을 이유가 없으며 죄책감을 가질 필요도 없다.

아픈 반려동물을 돌보는 가족과 수의사는 모두 같은 마음일 것이다. 직접 반려동물에게 자신의 의사를 물어보고 싶지만 가능한 일이 아니기에 그 생사의 극명한 반대적 결과를 매번 인간들이 결정해야 한다. 반려동물과 함께하는 가족이라면, 특히 노령견과 함께 생활하는 가족이라면 한번쯤은 이에 대한 생각을 진지하게 해보길 바란다. 그래야만 아름답고 소중한 반려동물과 함께하는 평소의 삶뿐만 아니라 갑자기 닥칠지도 모르는 이별의 순간 또한 아름답고 행복하고 의연하게 맞이할 수 있을 것이다.

안락사 결정 전에 고려해야 하는 것

반려동물이 치료가 불가능한 질병에 걸렸거나 사고로 인해 회복 불가능한 상태로 극심한 고통을 호소하고 있을 때 사람과는 달리 안락사를 고려할 수 있다. 안락사 결정은 반려인뿐만 아니라 수의사도 결정하기가 쉽지 않다. 일반적으로는 회복불능의 질환으로 진단받고 치료 중인 반려동물이 다음의 조건에 해당될 때 안락사를 고려한다.

1. 호흡과 맥박이 안정적이지 않다.
2. 먹고 마시고 잠자는 데 불편함이 있다.
3. 주변에서 발생하는 일에 여전히 관심이 없고 반응을 보이지 않는다.
4. 통증이 있고 약물복용을 해도 통증이 있어서 일상적인 생활을 할 수 없다.
5. 스스로 배변과 배뇨를 원활하게 할 수 없다.

아이의 상태가 위의 조건 중 한 조건에라도 해당된다면 이미 편안한 삶을 살고 있다고 볼 수 없다. 물론 질병의 경과에 따라 어떤 날은 상태가 좋고 어떤 날은 나빠지는 등 상태변화가 심하여 결정을 내리기 어려울 수도 있다.

이때 중요한 것은 이 조건들 중 일부가 해당되는 상황이라면 동물뿐만 아니라 반려인에게 육체적·정신적 고통을 얼마나 주느냐도 가늠해 보아야 한다. 그러므로 앞의 조건을 바탕으로 각각의 상황별로 감내할 수 있는 범위와 기준을 미리 정해 둔다면 떠나 보내는 바른 시기를 정하기 쉬울 수 있다.

예를 들어서 열두 살 된 우리 집 반려견 타이는 복강 내 혈육종이라는 암을 진단받고 한 달 동안 호스피스 생활을 하다가 안락사로 생을 마감했다. 이미 견종의 평균 수명에 근접해 있었고 수술적 치료와 항암요법을 실시하더라도 기대수명이 3개월을 넘기 힘든 상황이어서 증상에 대한 대증치료만 하다가 상태가 나빠지면 안락사하기로 결정해 놓은 상황이었다.

우리 부부는 앞의 조건 중 특히 3, 4, 5번을 만족하지 못하면(1번, 2번은 내가 수의사인 관계로 의료장비와 의료적 기술을 통해 얼마간은 극복 가능했다) 안락사를 하기로 했다. 그런데 갑자기 경련으로 인해 의식을 잃고 1번과 4번 조건 이외의 조건을 만족하지 못하게 되자 안락사로 타이와 이별하기로 결정했다.

반려동물과 이별할 때 거치는 감정변화의 과정

죽음으로 인한 반려동물과의 이별은 사람의 이별과 마찬가지로 여러 감정변화의 단계를 거친다.

첫 번째 감정변화는 이별에 대한 상황을 충격적인 일로 생각하는 것이다. 특히 준비되지 않은 갑작스런 이별일 경우 심리적 충격이 커서 정신적·신체적으로 심각한 손상을 입는 경우도 있다. 일반적으로 이런 충격의 시기는 오래 지속되지 않지만 수 주 동안 지속되기도 한다.

두 번째 감정은 분노로 일반적으로 앞의 충격기와 더불어 나타난다. 반려동물을 잃은 충격과 함께 원인을 제공한 대상에 대한 분노를 표출한다. 주로 가족, 주변인, 수의사가 되지만 가장 많은 경우 자기 자신에 대해 분노한다. 스스로 반려동물의 죽음에 자신이 가장 큰 원인을 제공했다고 생각하며 책망한다. 이때는 우발적 폭력성이 표출될 수 있으므로 분노의 대상이나 가족구성원과 함께 많은 대화를 나누는 것이 좋다.

세 번째 감정은 반려동물의 죽음을 인정하지 않는 부정심리이다. 반려동물의 죽음을 강하게 부정하면서 자신을 책망하고, 후회하고, 반려동물과의 이별 직전 나타난 모든 상황에 대해서 인정하지 않으려는 심리가 나타난다.

반려동물과의 이별 초기 나타나는 충격, 분노, 부정의 다소 격한 감정기복 단계를 지나면 네 번째로 우울함이 나타난다. 본격적으로 반려동물을 잃은 비통함과 절망감이 몰려드는 우울기이다. 대부분 슬픔과 함께 반려동물의 죽음을 끊임없이 되새기면서 자신을 책망하고 희망이 없고 도움도 받지 못한다고 생각하게 된다. 이러한 우울함은 반려동물을 잃은 후 가장 크게 나타나는 감정으로 가장 오래 지속될 수 있다.

하지만 가능하다면 우울기를 빨리 극복하고 마지막 단계인 회복기로 접어들어야 한다. 반려인이 서서히 반려동물의 죽음을 인정하고 평소와 같은 감정상태로 돌아와 일상으로 복귀하는 것이 떠난 반려동물이 원하는 것이기도 할 것이다.

무지개다리 너머 타이와의 행복한 재회를 꿈꾼다

해가 일찍 뜨는 한여름 새벽, 뜬눈으로 밤을 새웠는데 다행히 밤새 아무 일도 일어나지 않았다. 피곤한 나머지 타이 곁에 누워 깜빡 잠이 든 것 같긴 한데 새벽부터 시끄럽게 울어대는 매미 소리에 나와 타이는 함께 잠에서 깼다. 여느 아침과 다를 바 없는 주말 아침이다. 다만, 어서 일어나 산책 가자고 졸라대는 타이의 징징거림이 없을 뿐. 거실에 깐 침대 매트리스 위에 누워 있는 타이는 이따금 초점 없는 눈으로 천장을 바라볼 뿐 머리를 쓰다듬고 귀에 대고 이름을 불러도 더 이상 아무런 반응을 보이지 않았다.

이렇게 의식이 없고 먹지도 못하고 누운 자리에서 대소변을 보기 시작한 지 오늘로 3일째, 인정하고 싶진 않지만 이제 타이를 보내 주어야 한다. 감당하기 힘든 슬픔이 강하게 밀려왔다. 타이는 아프간하운드의 평균 수명인 12세를 이제 막 넘겼을 뿐인데…. 나는 오늘만큼은 수많은 반려동물의 죽음을 경험한 수의사가 아닌 가망 없는 말기 암을 앓는 노령견을 가족으로 둔 평범한 반려인일 뿐이다. 한 생명의 임박한 죽음 앞에서 당황해서 심장이 멈출 듯이 아프고, 입술을 떨고, 연신 눈물과 콧물을 쏟아내며 서 있을 힘도 없는 반려인이다.

맹렬하게 내리쬐는 여름 햇빛으로 뜨거운 한여름의 토요일 아침, 평온하게 잠든 모습으로 그렇게 타이는 무지개다리를 건넜다. 생후 4개월 무렵 만나 12년간 함께 산 반려견 타이의 죽음은 반려동물과의 이별이 얼마나 힘든 고통인지 다시 한 번 일깨워 주었다. 사실 타이와 이별하기 전에는 삶의 절반 가까운 시간을 수의사로 살아오면서 반려동물의 죽음과 그들을 잃은 가족의 슬픔을 수도 없이 보아 왔기에 누구보다도 반려동물을 잃은 가족의 마음을 이해하고 있다 자부했다. 그러나 직접 이별을 겪고 보니 슬픔과 상실감이 생각했던 것 이상으로 크고 아팠다. 그동안 반려동물을 잃은 가족들에게 내가 한 위로와 격려가 그들의 마음에 와닿지 않았을 수도 있다고 생각하니 부끄럽고 죄송했다.

글을 쓰고 있는 지금도 마음 속 깊은 곳에서 다시 슬픔이 몰려온다. 사랑하는 대상이 사람이든 동물이든 그들과의 이별은 시간이 지나도 잊기 힘든 슬픈 경험이다. 책상 앞에 놓인 해맑게 웃고 있는 젊은 시절 타이의 사진을 본다. 사진을 찍은 날은 겨울이 막 지난 3월의 주말이었다. 한강 고수부지에서 다른 아프간하운드와 만나 신나게 놀고 저녁에는 모두 함께 반려견 카페로 가서 맛있는 음식을 먹었다. 나도 지금보다 훨씬 젊었고 타이도 참 멋진 털을 휘날리는 아름다운 수컷 아프간하운드였다.

타이와 함께했던 행복한 순간의 기억들이 연쇄적으로 밀려와 슬픈 기운을 완전히 밀어냈다. 나는 타이와의 이별이 슬프게 느껴질 때면 이렇게 타이의 사진과 휴대전화에 저장된 타이를 보면서 지난날을 되새긴다. 슬픈 기억으로 타이를 되새기지 않고 타이와 나눴던 행복한 순간들을 나만의 전설로 간직하고 되새기는 것이 타이에게 영원한 고마움을 표하는 방법이라 생각하기 때문이다.

사실 반려동물과 살면 그들의 수명이 사람과 비교해 형편없이 짧기 때문에 이른 이별은 피할 수 없는 숙명이다. 한 순간의 사고로 이별할 수도 있고, 건강하게 지내다가 갑자기 이별할 수도 있고, 오랜 기간 투병생활을 하다가 이별할 수도 있다. 이별의 형태가 다르고 슬픔의 깊이가 개개인마다 다를지라도 모든 이별은 일반적으로 비슷한 감정변화의 과정을 거치면서 자연스럽게 서서히 슬픔을 극복해 나간다. 그러므로 반려동물을 잃은 비탄한 마음을 숨기거나 억지로 외면하지 말고 감정변화를 자연스러운 일로 받아들이면서 차분하게 이별로 인한 슬픔을 경험하고 극복하는 것이 중요하다.

사람이 생각하는 반려동물의 죽음의 가치가 동일하지 않으므로 반려동물과의 이별 후 표출되는 감정표현 또한 다르다. 반려동물을 잃은 충격과 부정, 분노를 심하게 표출하는 사람이 있는가 하면, 쉽게 죽음을 인정하고 별다른 충격과 분노를 느끼지 않는 사람도 있다. 따라서 반려동물을 잃은 후 나타나는 자신의 감정을 남과 비교하는 것은 옳지 않다. 무엇보다 자신의 감정에 솔직해야 한다. 그러나 분노와 부정의 감정을 최소화시켜서 비통하고 슬프며 우울한 감정을 하루라도 빨리 극복하려고 노력해야 한다.

타이가 떠난 날 나와 아내는 타이의 이름을 직접 수놓은 얇은 모포로 타이를 감싸서 화장시킨 후 유골과 함께 곧바로 동해안으로 떠났다. 타이가 여름을 넘길 수 없을 것 같아서 타이가 떠나면 여름휴가를 가는 것으로 병원에 미리 양해를 구했기에 가능한 여행이었다. 운전을 하는 동안 음악을 들으며 흐느껴 울기도 했지만 미국에서 태어난 타이가 한국까지 와서 살게 된 이야기와 아내를 만나기 전에 나와 타이의 즐거웠던 생활에 대해 이야기하며 웃음꽃을 피우기도 했다. 평소 같으면 찍지 않았을 웃긴 표정과 행동의 사진도 찍고, 맛집을 찾아가서 많은 양의 음식을 주문해서 마구 먹기도 했다. 병간호로 인해 며칠 잠을 설쳐서 바다가 보이는 숙소의 푹신한 침대에 편하게 누워 푹 자기도 했다.

며칠은 그렇게 슬픔이 오지 못하도록 평소 해보지 못한 다양한 일들을 찾아서 즐기고 휴식을 취하려고 애썼다. 비록 불쑥 찾아오는 슬픔과 그리움으로 힘든 시간도 있었지만 우리 가족은 타이와 이별한 후 3일간을 즐거운 놀이와 휴식으로 보냈다. 마지막 날에는 타이의 유골을 동해바다 파도에 실어 떠나보내며 태평양 건너 고향인 미국까지 가라고 외쳐 주었다.

돌아오는 길에는 아프간하운드 반려인 몇 분과 만나 저녁을 먹으며 타이의 삶에 대해 이야기를 나누었다. 지인들은 고맙게도 우리 가족이 기억하지 못한 타이와의 추억을 이야기해 주면서 개로서 최고의 삶을 살았다고 위로해 주었다. 이미 이별을 경험한 분들은 자신의 경험을 이야기하고, 곧 닥칠 이별을 준비하는 가족은 사람들의 이야기를 들으면서 마음을 추스르는 좋은 자리였다.

집으로 돌아와 컴퓨터를 켜니 여행을 떠나기 전 SNS에 올린 타이와의 이별 알림에 많은 댓글이 달려 있었다. 지인들의 위로의 글과 한 번도 만나지 못했지만 아프간하운드라는 공통 관심사 덕분에 인터넷에서 만난 수많은 사람들의 진심 어린 글의 개수만큼 슬픔이 나누어져 작아지는 것 같았다.

타이의 사진으로 사진첩도 만들고, 비틀즈의 〈아이 윌I will〉에 맞춰 사진영상 앨범도 만들었다. 마음에 드는 사진을 크게 인화해서 하얀 액자에 담아 타이가 잠을 자던 방에 평생 타이가 걸었던 목걸이, 인식표와 함께 세워 놓았다. 지금은 잘 하지 않지만 한동안은 아침에 일어나 그 사진을 보며 "안녕 타이." 하고 아침인사를 했다.

이렇게 우리 가족은 짧은 애도기간을 보내고 별다른 어려움 없이 다시 일상으로 돌아왔다. 어쩌면 타이가 떠난 후 두 달 만에 상상을 초월할 정도로 날마다 사고를 치는 악동 강아지가 새로운 가족이 되었기에 사고 수습에 정신이 팔려 타이의 존재가 밀려난 것일지도 모른다. 그래도 강아지가 매일 새로운 에너지로 집 분위기를 활기차게 만들어 주니 덕분에 우울하고 슬픈 기분이 자리 잡을 여력이 없어 다행스럽기도 했다.

우리 가족은 이렇게 타이와의 이별을 의미 있는 삶의 한 과정으로 받아들여서 행복하고 즐거운 끝맺음을 하기 위해 노력했다. 이별의 날이 다가올수록 이별의 순간을 어떻게 대처할지 끊임없이 계획하고 준비했으며 이별 후에는 가능한 한 빨리 슬픔을 잊기 위해 충분한 휴식과 놀이를 즐겼고, 같은 생각을 가진 사람들과 자주 만나 즐거운 시간을 보냈다. 그렇게 한 견공의 12년에 걸친 삶을 추념하고 그 삶이 우리 가족의 멋지고 행복했던 영원한 전설이 될 수 있도록 노력했다.

이별이 있다면 새롭게 시작하는 만남도 있어야 한다고 생각했기에 사고뭉치 강아지 재거를 가족으로 맞이했고, 조만간 이별을 하게 될 노견 키씨의 건강하고 행복한 노후를 위해 정성을 다했다. 물론 우리 가족의 이별 방식이 옳다고 우기고 싶지는 않다. 하지만 반려동물과의 생활을 시작했다면 그들과의 이별 또한 피할 수 없는 운명이므로 이별을 의연히 맞이하고 충격과 슬픔을 극복할 수 있도록 나름의 노력을 해야 한다.

개인에 따라서는 반려동물과의 이별 후 끝없는 부정과 비통함의 감정상태를 오랫동안 극복하지 못하는 경우도 있다. 그럴 때는 혼자 고통스러워하지 말고 고통을 남에게 알리고 도움을 받으면 좋겠다. 자신의 비통함과 슬픔을 이해하는 가족, 지인들에게 위로받고, 그래도 힘들다면 전문 심리상담가나 의사의 도움을 받는 것도 나쁘지 않다.

서양에서는 개와 고양이가 죽으면 무지개다리 너머 행복의 세계에서 뛰놀며 가족과 다시 만날 날을 기다린다고 믿는다. 나 또한 이 말을 절대적으로 믿기에 언젠가는 무지개다리 너머에서 타이와 조우해서 그의 툭 튀어나온 뒤통수를 다시 쓰다듬을 수 있을 거라 믿는다. 아마도 무지개다리 너머의 반려동물들은 여전히 깊은 사랑과 충성심으로 우리를 지켜보고 있을 것이다. 그렇기에 떠난 자신으로 인해 끊임없이 비통해하는 가족의 모습을 분명 원치 않을 것이다.

타이 또한 우리 가족 모두 행복하고 건강하게 오래오래 살다가 무지개다리 너머 자신을 찾아주길 간절히 바라고 있을 것이다. 그러니 하루하루를 소중하고 건강하게 감사한 마음으로 살아가야겠다. 그래야만 먼저 떠난 우리의 반려동물들이 행복한 미소를 지으며 우리를 무지개다리 끝에서 기다려 줄 것이다. 모든 반려동물 가족들의 무지개다리 너머 행복한 재회를 꿈꿔 본다.

개정판에 추가되기를 원하는 내용이 있다면

동물책 함께 만들기 프로젝트 카페

cafe.naver.com/animalbook1의

'책공장에 바란다' 게시판에 올려주세요.

찾아보기

ㄱ

ㄴ

ㄷ

ㄹ

ㅁ

ㅂ

ㅅ

ㅎ

개 · 고양이 자연주의 육아백과
세계적 홀리스틱 수의사 피케른의 개와 고양이를 위한 자연주의 육아백과. 40만 부 이상 팔린 베스트셀러로 반려인, 수의사의 필독서. 최상의 식단, 올바른 생활습관, 암, 신장염, 피부병 등 각종 병에 대한 세세한 대처법도 자세히 수록되어 있다.

개, 고양이 사료의 진실
미국에서 스테디셀러를 기록하고 있는 책으로 반려동물 사료에 대한 알려지지 않은 진실을 폭로한다. 2007년도 멜라민 사료 파동 취재까지 포함된 최신판이다.

개 피부병의 모든 것
홀리스틱 수의사인 저자는 상업사료의 열악한 영양과 과도한 약물사용을 피부병 증가의 원인으로 꼽는다. 제대로 된 피부병 예방법과 치료법을 제시한다.

개가 행복해지는 긍정교육
개의 심리와 행동학을 바탕으로 한 긍정 교육법으로 50만 부 이상 판매된 반려인의 필독서이다. 짖기, 물기, 대소변 가리기, 분리불안 등의 문제를 평화롭게 해결한다.

임신하면 왜 개, 고양이를 버릴까?
임신, 출산으로 반려동물을 버리는 나라는 한국이 유일하다. 세대 간 문화충돌, 무책임한 언론 등 임신, 육아로 반려동물을 버리는 사회현상에 대한 분석과 안전하게 임신, 육아 기간을 보내는 생활법을 소개한다.

펫로스 반려동물의 죽음
(아마존닷컴 올해의 책)
동물 호스피스 활동가 리타 레이놀즈가 들려주는 반려동물의 죽음과 무지개 다리 너머의 이야기. 펫로스(pet loss)란 반려동물을 잃은 반려인의 깊은 슬픔을 말한다.

동물과 이야기하는 여자
SBS 〈TV 동물농장〉에 출연해 화제가 되었던 애니멀 커뮤니케이터 리디아 히비가 20년간 동물들과 나눈 감동의 이야기. 병으로 고통받는 개, 안락사를 원하는 고양이 등과 대화를 통해 문제를 해결한다.

고양이 그림일기
(한국출판문화산업진흥원 이달의 읽을 만한 책)
장군이와 흰둥이, 두 고양이와 그림 그리는 한 인간의 일 년 치 그림일기. 종이 다른 개체가 서로의 삶의 방법을 존중하며 사는 잔잔하고 소소한 이야기.

고양이 임보일기
《고양이 그림일기》의 이새벽 작가가 새끼 고양이 다섯 마리를 구조해서 입양 보내기까지의 시끌벅적한 임보 이야기를 그림으로 그려냈다.

우주식당에서 만나 (한국어린이교육문화연구원 으뜸책)
2010년 볼로냐 어린이도서전에서 올해의 일러스트레이터로 선정되었던 신현아 작가가 반려동물과 함께 사는 이야기를 네 편의 작품으로 묶었다.

개.똥.승. (세종도서 문학나눔 도서)
어린이집의 교사이면서 백구 세 마리와 사는 스님이 지구에서 다른 생명체와 더불어 좋은 삶을 사는 방법, 모든 생명이 똑같이 소중하다는 진리를 유쾌하게 들려준다.

노견 만세
퓰리처상을 수상한 글 작가와 사진 작가의 사진 에세이. 저마다 생애 최고의 마지막 나날을 보내는 노견들에게 보내는 찬사.

동물을 만나고 좋은 사람이 되었다
(한국출판문화산업진흥원의 출판콘텐츠 창작 자금 지원 선정)
개, 고양이와 살게 되면서 반려인은 동물의 눈으로, 약자의 눈으로 세상을 보는 법을 배운다. 동물을 통해서 알게 된 세상 덕분에 조금 불편해졌지만 더 좋은 사람이 되어 가는 개 · 고양이에 포섭된 인간의 성장기.

버려진 개들의 언덕 (학교도서관저널 추천도서)
인간에 의해 버려져서 동네 언덕에서 살게 된 개들의 이야기. 새끼를 낳아 키우고, 사람들에게 학대를 당하고, 유기견 추격대에 쫓기면서도 치열하게 살아가는 생명들의 2년간의 관찰기.

암 전문 수의사는 어떻게 암을 이겼나
암에 걸린 암 수술 전문 수의사가 동물 환자들을 통해 배운 질병과 삶의 기쁨에 관한 이야기가 유쾌하고 따뜻하게 펼쳐진다.

후쿠시마의 고양이 (한국어린이교육문화연구원 으뜸책)
2011년 동일본 대지진 이후 5년. 사람이 사라진 후쿠시마에서 살처분 명령이 내려진 동물들을 죽이지 않고 돌보고 있는 사람과 함께 사는 두 고양이의 모습을 담은 평화롭지만 슬픈 사진집.

나비가 없는 세상
(어린이도서연구회에서 뽑은 어린이 · 청소년 책)
고양이 만화가 김은희 작가가 그려내는 한국 최고의 고양이 만화. 신디, 페르캉, 추새. 개성 강한 세 마리 고양이와 만화가의 달콤쌉싸래한 동거 이야기.

강아지 천국
반려견과 이별한 이들을 위한 그림책. 들판을 뛰놀다가 맛있는 것을 먹고 잠들 수 있는 곳에서 행복하게 지내다가 천국의 문 앞에서 사람 가족이 오기를 기다리는 무지개 다리 너머 반려견의 이야기.

고양이 천국
(어린이도서연구회에서 뽑은 어린이 · 청소년 책)
고양이와 이별한 이들을 위한 그림책. 실컷 놀고 먹고 자고 싶은 곳에서 잘 수 있는 곳. 그러다가 함께 살던 가족이 그리울 때면 잠시 다녀가는 고양이 천국의 모습을 그려냈다.

깃털, 떠난 고양이에게 쓰는 편지
프랑스 작가 끌로드 앙스가리가 먼저 떠난 고양이에게 보내는 편지. 한 마리 고양이의 삶과 죽음, 상실과 부재의 고통, 동물의 영혼에 대해서 써내려간다.

인간과 개, 고양이의 관계심리학
함께 살면 개, 고양이는 닮을까? 동물학대는 인간학대로 이어질까? 248가지 심리실험을 통해 알아보는 인간과 동물이 서로에게 미치는 영향에 관한 심리 해설서.

유기동물에 관한 슬픈 보고서
(환경부 선정 우수환경도서, 어린이도서연구회에서 뽑은 어린이 · 청소년 책, 한국간행물윤리위원회 좋은 책, 어린이문화진흥회 좋은 어린이책)
동물보호소에서 안락사를 기다리는 유기견, 유기묘의 모습을 사진으로 담았다. 인간에게 버려져 죽임을 당하는 그들의 모습을 통해 인간이 애써 외면하는 불편한 진실을 고발한다.

후쿠시마에 남겨진 동물들
(미래창조과학부 선정 우수과학도서, 환경부 선정 우수환경도서, 환경정의 청소년 환경책 권장도서)
2011년 3월 11일, 대지진에 이은 원전 폭발로 사람들이 떠난 일본 후쿠시마. 다큐멘터리 사진작가가 담은 '죽음의 땅'에 남겨진 동물들의 슬픈 기록.

인간과 동물, 유대와 배신의 탄생
(환경부 선정 우수환경도서, 환경정의 올해의 환경책)
미국 최대의 동물보호단체 휴메인소사이어티 대표가 쓴 21세기동물해방의 새로운 지침서. 농장동물, 산업화된 반려동물 산업,실험동물, 야생동물 복원에 대한 허위 등 현대의 모든 동물학대에 대해 다루고 있다.

사향고양이의 눈물을 마시다
(한국출판문화산업 진흥원 우수출판콘텐츠 제작지원 선정, 환경부 선정 우수환경 도서, 학교도서관저널 추천도서, 국립중앙도서관 사서가 추천 하는 휴가철에 읽기 좋은 책, 환경정의 올해의 환경책)
내가 마신 커피 때문에 인도네시아 사향고양이가 고통 받는다고? 나의 선택이 세계 동물에게 어떤 영향을 미치는지, 동물을 죽이는 것이 아니라 살리는 선택이 무엇인지 알아본다.

동물들의 인간 심판

(대한출판문화협회 올해의 청소년 교양도서, 세종도서 교양 부문, 환경정의 청소년 환경책, 아침독서 청소년 추천도서, 학교도서관저널 추천도서)

동물을 학대하고, 학살하는 범죄를 저지른 인간이 동물 법정에 선다. 고양이, 돼지, 소 등은 인간의 범죄를 증언하고 개는 인간을 변호한다. 이 기묘한 재판의 결과는?

동물은 전쟁에 어떻게 사용되나?

전쟁은 인간만의 고통일까? 고대부터 현대 최첨단 무기까지, 우리가 몰랐던 동물 착취의 역사.

동물학대의 사회학 (학교도서관저널 올해의 책)

동물학대와 인간폭력 사이의 관계를 설명한다. 페미니즘 이론 등 여러 이론적 관점을 소개하면서 앞으로 동물학대 연구가 나아갈 방향을 제시한다.

묻다

구제역, 조류독감으로 거의 매년 동물의 살처분이 이뤄진다. 저자는 4800곳의 매몰지 중 100여 곳을 수년에 걸쳐 찾아다니며 기록한 유일한 사람이다. 그가 우리에게 묻는다. 우리는 동물을 죽일 권한이 있는가.

대단한 돼지 에스더 (학교도서관저널 추천도서)

인간과 동물 사이의 사랑이 얼마나 많은 것을 변화시킬 수 있는지 알려 주는 놀라운 이야기. 300킬로그램의 돼지 덕분에 파티를 좋아하던 두 남자가 채식을 하고, 동물보호 활동가가 되는 놀랍고도 행복한 이야기.

용산 개 방실이

(어린이도서연구회에서 뽑은 어린이 · 청소년 책, 평화박물관 평화책)

용산에도 반려견을 키우며 일상을 살아가던 이웃이 살고 있었다. 용산 참사로 갑자기 아빠가 떠난 뒤 24일간 음식을 거부하고 스스로 아빠를 따라간 반려견 방실이 이야기.

치료견 치로리 (어린이문화진흥회 좋은 어린이책)

비 오는 날 쓰레기장에 버려진 잡종개 치로리. 죽음 직전 구조된 치로리는 치료견이 되어 전신마비 환자를 일으키고, 은둔형 외톨이 소년을 치료하는 등 기적을 일으킨다.

개에게 인간은 친구일까?

인간에 의해 버려지고 착취당하고 고통받는 우리가 몰랐던 개이야기. 다양한 방법으로 개를 구조하고 보살피는 사람들의 이야기가 그려진다.

사람을 돕는 개

(한국어린이교육문화연구원 으뜸책, 학교도서관저널 추천도서)

안내견, 청각장애인 도우미견 등 장애인을 돕는 도우미견과 인명구조견, 흰개미탐지견, 검역견 등 사람과 함께 맡은 역할을 해내는 특수견을 만나본다.

채식하는 사자 리틀타이크

(아침독서 추천도서, 교육방송 EBS 〈지식채널e〉 방영)

육식동물인 사자 리틀타이크는 평생 피 냄새와 고기를 거부하고 채식 사자로 살며 개, 고양이, 양 등과 평화롭게 살았다. 종의 본능을 거부한 채식 사자의 9년간의 아름다운 삶의 기록.

햄스터

햄스터를 사랑한 수의사가 쓴 햄스터 행복 · 건강 교과서. 습성,건강관리, 건강 식단 등 햄스터 돌보기 완벽 가이드.

토끼

토끼를 건강하고 행복하게 오래 키울 수 있도록 돕는 육아 지침서. 습성·식단·행동·감정·놀이·질병 등 모든 것을 담았다.

똥으로 종이를 만드는 코끼리 아저씨

(환경부 선정 우수환경도서, 한국출판문화산업진흥원 청소년 권장도서, 서울시교육청 어린이도서관 여름방학 권장도서, 한국출판문화산업진흥원 청소년 북토큰 도서)

코끼리 똥으로 만든 재생종이 책. 코끼리 똥으로 종이와 책을 만들면서 사람과 코끼리가 평화롭게 살게 된 이야기를 코끼리 똥종이에 그려냈다.

야생동물병원 24시 (어린이도서연구회에서 뽑은 어린이 · 청소년 책, 한국출판문화산업진흥원 청소년 북토큰 도서)

로드킬 당한 삵, 밀렵꾼의 총에 맞은 독수리, 건강을 되찾아 자연으로 돌아가는 너구리 등 대한민국 야생동물이 사람과 부대끼며살아가는 슬프고도 아름다운 이야기.

고등학생의 국내 동물원 평가 보고서

(환경부 선정 우수환경도서)

인간이 만든 '도시의 야생동물 서식지' 동물원에서는 무슨 일이 일어나고 있나? 국내 9개 주요 동물원이 종보전, 동물복지 등 현대 동물원의 역할을 제대로 하고 있는지 평가했다.

동물원 동물은 행복할까?

(환경부 선정 우수환경도서, 학교도서관저널 추천도서)

동물원에 사는 북극곰은 야생에서 필요한 공간보다 100만 배, 코끼리는 1,000배 작은 공간에 갇혀 있다. 야생동물보호운동 활동가인 저자가 기록한 동물원에 갇힌 야생동물의 참혹한 삶.

동물 쇼의 웃음 쇼 동물의 눈물

(한국출판문화산업진흥원 청소년 권장도서, 환경부 선정 우수환경도서)

동물 서커스와 전시, TV와 영화 속 동물 연기자, 투우, 투견, 경마 등 동물을 이용해서 돈을 버는 오락산업 속 고통받는 동물의 숨겨진 진실을 밝힌다.

고통받은 동물들의 평생 안식처 동물보호구역

(환경정의 올해의 어린이 환경책, 한국어린이교육문화연구원 으뜸책, 문화체육관광부 청소년 북토큰 도서)

고통받다가 구조되었지만 오갈 데 없었던 야생동물의 평생 보금자리. 저자와 함께 전 세계 동물보호구역을 다니면서 행복하게 살고 있는 동물을 만난다.

개·고양이 필수 건강 백과
우리 아이가 아파요!

초판 1쇄 2016년 1월 18일
초판 3쇄 2019년 5월 11일

지은이 황철용
펴낸이 김보경

펴낸곳 책공장더불어
편 집 김보경
교 정 김수미

디자인 나디하 스튜디오(khj9490@naver.com)
인 쇄 정원문화인쇄

책공장더불어

주 소 서울시 종로구 혜화동 5-23
대표전화 (02)766-8406
팩 스 (02)766-8407
이메일 animalbook@naver.com
홈페이지 http://blog.naver.com/animalbook
출판등록 2004년 8월 26일 제300-2004-143호

ISBN 978-89-97137-18-3 (03520)

*잘못된 책은 바꾸어 드립니다.
*값은 뒤표지에 있습니다.